Harold Klawans

Die Höhlenfrau, die Sprache und wir

13 merkwürdige Geschichten über das menschliche Gehirn

Aus dem Amerikanischen
von Friedrich Griese

Klett-Cotta

Klett-Cotta
Die Originalausgabe erschien unter dem Titel
»Defending the Cavewoman and Other Tales of Evolutionary Neurology«
im Verlag W. W. Norton & Company, New York / London, 2000

Printed in Germany
Schutzumschlag: Finken & Bumiller, Stuttgart
Gesetzt aus der Boton von Typomedia GmbH, Ostfildern
Auf säure- und holzfreiem Werkdruckpapier gedruckt und gebunden
von Clausen & Bosse, Leck
ISBN 3-608-94042-1

Bibliographische Information Der Deutschen Bibliothek
Die Deutsche Bibliothek verzeichnet diese Publikation in der
Deutschen Nationalbibliographie; detaillierte bibliographische
Daten sind im Internet über <http://dnb.ddb.de> abrufbar.

Inhalt

Vorwort 7

Teil I

Der Aufstieg der kognitiven Funktion 11

Geschichte 1

Plädoyer für die Höhlenfrau: Warum wir Sprache nur vor der Pubertät erwerben können 13

Geschichte 2

Meine ganz persönliche Lucy: Lokalisieren von Händigkeit und Sprache 38

Geschichte 3

Das Geschenk der Sprache: Frank Morrell und wie er eine erworbene epileptische Aphasie behandelt 58

Geschichte 4

Mangan-Bergleute: Warum nur der Mensch an Parkinson erkrankt 76

Geschichte 5

Mir hat noch kein Film mit Untertiteln gefallen: Die Architektur des Lesens 93

Geschichte 6

Eines dieser Dinge ist nicht wie die anderen: Wie das Lesen das Gehirn verändert 114

Geschichte 7

Die Musik macht die Runde: Aber wo kommt sie herein? 126

Teil II

Die Schwachstsellen des Gehirns: Programmierter Zelltod, Prionen und Schmerz 147

Geschichte 8

Mein Mittagessen mit Oliver Sacks: Ein Morgen anders als alle anderen Vormittage 149

Geschichte 9

Zwei Gehirne: Etwas Altes, etwas »Neues« 160

Geschichte 10

Antizipation: Bis ins dritte Glied und darüber hinaus . . 171

Geschichte 11

Der Einsiedler von Thief River Falls: Erste Begegnung mit einem Namensgeber 199

Geschichte 12

Wahnsinnige Kühe und verrückte Märkte: Eis 9 und die nicht-darwinistische Evolution von Mensch und Krankheit 220

Geschichte 13

Was ist eigentlich aus dem Neandertalerbaby geworden? Eine Nachbetrachtung 248

Vorwort

Dies ist keine Einführung in die Funktionsweise des Gehirns. Es ist auch kein Lehrbuch der Neurologie. Dennoch enthält diese Sammlung mehr als nur eine Reihe von klinischen Geschichten über interessante und bisweilen richtig merkwürdige Patienten, die nicht ganz zufällig in meinem Sprechzimmer erschienen: Von der ersten Visite bis zur letzten klinischen Vignette war kaum etwas zufällig daran, daß meine Patienten mich als ihren Neurologen auswählten und ich sie und ihre Geschichten in dieses Buch aufnahm. Auf viele der Patienten wurde ich gerade deshalb aufmerksam, weil sie sonderbar, bemerkenswert oder merkwürdig waren. Und die Geschichten, aus denen dieser Band besteht, sind mit Bedacht aus meinen klinischen Erfahrungen ausgewählt worden, die sich über die letzten 35 Jahre erstrecken. Sie wurden nicht wegen ihrer Besonderheit oder Seltsamkeit ausgewählt, sondern um einen bestimmten Aspekt eines gemeinsamen Themas darzustellen.

Worum geht es dann in diesem Buch?

Einerseits ist es so komplex, daß es nur anhand einer ganzen Reihe klinischer Berichte erläutert werden kann. Andererseits ist es die einfachste Sache der Welt. Wir sind unsere Gene. Und unsere Gene sind, was sie sind, aufgrund ihrer Evolution. Daran ist nichts Neues oder Sonderbares oder Merkwürdiges. Dieses Buch schildert die Ansicht eines Neurologen von der Evolution. Ich habe mir unter anderem folgende Fragen gestellt: Wie hat sich unser Nervensystem entwickelt? Wie hat sich diese Evolution darauf ausgewirkt, wer wir als Art sind? Welche Fähigkeiten haben wir? Welche Krankheiten bekommen wir? Und schließlich, wie sind wir zu dem geworden, was wir sind? Unser Gehirn ist so organisiert, wie es organisiert ist, weil sein evolutionärer Aufstieg – oder Abstieg, je nachdem, welche Perspektive Sie einnehmen – so und nicht anders verlaufen ist.

So läßt sich die seltene Krankheit namens »Schmerzender-Fuß-und-Zehenbewegungs-Syndrom« nur dann verstehen, wenn man begreift, daß wir denselben Vorfahren haben wie Dinosaurier und Vögel. Und dieser hatte zwei »Gehirne«. Es geht hier also um viel mehr als um seltene Krankheiten, weil sie sich nur mit neurologischen und zugleich evolutionären Faktoren erklären lassen. Diese spielen eine entscheidende Rolle für die Fähigkeiten, die unser Gehirn erwirbt, und dafür, wie es diese Fähigkeiten erwirbt. Evolutionäre Faktoren sind aber auch an Krankheiten beteiligt, die wir entwickeln, und daran, wie diese sich auf unsere geistigen, seelischen und körperlichen Funktionen bis hin zu unserem Verhalten auswirken.

Wie haben wir die Fähigkeit erworben, eine symbolische Sprache – sei es in der Mathematik, in den Naturwissenschaften oder im Alltag zum Zweck der Verständigung mit Zeichen – zu entwikkeln? Komplexe Musik zu komponieren? Zu lesen? Wie unser Gehirn funktioniert, dies alles kann und will dieses Buch nicht erklären. Sein Ziel ist bescheidener und reicht zugleich doch tiefer. Es begnügt sich, soweit es unser Gehirn betrifft, mit Fragen nach dem »Warum« und fragt nicht nach dem »Wie«:

- Warum gibt es Menschen, deren Gehirn ansonsten normal funktioniert, die jedoch kaum lesen können?
- Warum gibt es hingegen keinen Menschen mit einem normal entwickelten Gehirn, der unfähig ist zu sprechen?
- Warum gibt es Dyslexie, den Teilverlust intakter Lesefähigkeit durch Hirnverletzungen oder Hirnerkrankungen? Diese letzte Frage führt zu weiteren, eigentlich neurologischen Fragen, teils tiefschürfenden, teils trivialen. Ist Lesen verwandt mit der Art und Weise, wie unser Gehirn funktioniert? Ist es wirklich möglich, bei einen Film die Untertitel zu lesen und ihn gleichzeitig zu betrachten? Wenn ja, wie geschieht das? Wird die Compu-

ter-Revolution die Funktionsweise des Gehirns unserer Kinder verändern?

- Warum ist es schwieriger, eine zweite Sprache zu lernen, wenn man älter als sechzehn ist? In den Vereinigten Staaten sind Kinder und Jugendliche beim Erwerb einer zweiten Sprache zum Scheitern verurteilt. Warum wird diese Methode seit 100 Jahren immer noch angewendet, obwohl jedem intelligenten Pädagogen die Beweise bekannt sind, daß sie scheitern muß?
- Warum haben die Neandertaler sich mit dem modernen Menschen vermischt und sogar mit ihm zusammengelebt und sind doch spurlos verschwunden?
- Warum ist der Mythos vom »Menschen als Jäger« nichts anderes als ein Mythos?
- Warum spielte die Frau die entscheidende Rolle beim Aufstieg der Menschheit?

Das alles sind elementare neurologische Fragen, deren Antwort in den bemerkenswerten Funktionszusammenhängen des Gehirns und seiner Evolution liegt. Darum geht es in diesem Buch.

***

Viele Menschen haben dieses Buch möglich gemacht. Der wichtigste war mein Freund und Agent David Hendin. Er gab mir Hinweise zum Aufbau des Buches und hat trotz zahlreicher Rückschläge nicht den Glauben an dieses Projekt verloren. Angela von der Lippe, meine Lektorin, hatte ebenfalls verstanden, worum es mir ging, und half mit Ermutigung und Rat.

Mein größter Dank gilt jedoch meinen geistigen Mentoren, die die Art und Weise, wie ich heute über das Gehirn und seine Funktionen denke, beeinflußt haben. Dazu gehören weltbekannte Persönlichkeiten im Bereich der Neurologie und andere, die von Neurologie kaum etwas wußten. Die Liste beginnt mit Clark Hopkins, einem Archäologen, der an Ausgrabungen in Dura-Europas teilgenommen hat. Er lehrte mich, Augen und Gehirn gleichzeitig zu nutzen, zu sehen und gleichzeitig zu klassifizieren, zu bewerten und zu analysieren. Diese Fähigkeit, die 25jährigen Medizinstudenten schwerer zu vermitteln ist, erlernte ich mit achtzehn. Zu meinen neurologischen Mentoren, denen ich Dank schulde, gehören Henry Higman, der mich lehrte, bei der Untersuchung eines Patienten an grundlegende wissenschaftliche Fragen zu denken, A. B. Baker, John Garvin, Sigwald Refsum sowie meine Kollegen George Bruyn, Frank Morrell und Oliver Sacks.

Schreiben ist nicht einfach. Über Patienten auf eine Weise zu schreiben, die Mitgefühl und neurologisches Verständnis vermittelt, ist noch schwerer. Oliver Sacks hat mir gezeigt, wie man das macht. Der Erfolg des Buches *Der Mann, der seine Frau mit einem Hut verwechselte* war mehr als nur ein Vorbild für das, was ich in meinen Geschichten versucht habe. Er hat meinen Büchern Türen geöffnet. Harvey Plotnick von Contemporary Books las es und bat mich, meine erste Sammlung von Geschichten zu schreiben, dabei aber Oliver nicht nachzuahmen, sondern aus meiner eigenen Perspektive zu schreiben. Das Ergebnis war *Toscanini's Fumble* und jetzt, nach einer Reihe anderer Bücher, *Die Höhlenfrau, die Sprache und wir*. Oliver ist wahrhaftig der Vater von uns allen.

TEIL I

Der Aufstieg der kognitiven Funktion

Plädoyer für die Höhlenfrau: Warum wir Sprache nur vor der Pubertät erwerben können

Den Namen des Kindes kannte ich nicht. Ich wußte nicht einmal, ob es überhaupt einen hatte. Wir nannten sie später Lucy. Das Mädchen war ungefähr sechs Jahre alt. Im Rahmen einer Konsultation wurde ich gebeten, mir Lucy anzusehen. In einem heruntergekommenen Mietshaus, das abgerissen werden sollte, hatte man sie in einem Verlies entdeckt und ins Krankenhaus gebracht. Der Inspektor, der sie gefunden hatte, hatte versucht, mit ihr zu sprechen. Sie aber hatte nichts gesagt; keinen Laut von sich gegeben, keine Versuche gemacht, mit ihm zu kommunizieren.

Als ich Lucy zum erstenmal sah, wußten wir bereits etwas mehr. Sie mußte ungefähr sechs Jahre alt sein, wie Radiologen anhand ihres Knochenalters schätzten. Solche Schätzungen beruhen auf dem Muster der altersabhängigen Entwicklung der Wachstumszentren der Knochen und auf der altersabhängigen Schließung bestimmter Verschmelzungslinien zwischen Knochen. Die Schädelknochen zum Beispiel sind bei der Geburt getrennt. Es gibt sogar zwei große Öffnungen zwischen den Knochen, die das Gehirn umhüllen, die Fontanellen. Dadurch kann der Schädel bei der Geburt zusammengepreßt werden und sich nach der Geburt ausdehnen, wenn das Gehirn wächst. Diese Öffnungen schließen sich rasch nach der Geburt und verwachsen. Die kleinere Fontanelle ist nach ein bis zwei Monaten geschlossen, die größere nach etwa anderthalb Jahren. Bei fast allen Kindern mit zwei Jahren ist der Verschmelzungsvorgang abgeschlossen. Aber dies sind geschätzte Zeiträume, die von vielen Faktoren abhängen wie dem Ernährungszustand und dem Gesundheitszustand, um nur zwei Möglichkeiten zu nennen.

Lucy war schlecht ernährt und für ihr Alter viel zu klein, oder wissenschaftlicher ausgedrückt: neun von zehn Kindern sind größer als dieses sprachlose Mädchen, 95 Prozent aller Sechsjährigen wiegen mehr als sie. Daraus konnte man schließen, daß sie während ihres Lebens überwiegend unterernährt worden war; sie hätte aber auch das Kind zweier kleinwüchsiger, magerer Eltern sein können. Bei der Aufnahme ins Krankenhaus war das spindeldürre Mädchen zwar unterernährt, hatte aber keinen Hunger gelitten. Und sie war sauber. Man hatte sie zwar nackt aufgefunden, aber sie hatte sich weder eingekotet, noch war sie schmutzig. Jemand – wer, erfuhren wir nie – hatte mehr getan, als sie in ein Kellerverlies zu sperren.

Ich wurde gebeten, sie zu untersuchen, um eine sehr komplizierte Frage zu beantworten: Warum konnte dieses Mädchen nicht sprechen? Es gab nur zwei Möglichkeiten: »Natur oder Umwelt«, »angeboren oder erworben«, die klassische Dichotomie und die älteste aller Fragen. Was traf auf Young Girl Doe – diesen Namen hatte man auf ihr Krankenhaus-Armband geschrieben – zu? Diese Frage mußte zuerst geklärt werden. War es Natur? Litt sie unter einer neurologischen Störung, die sie am Sprechen hinderte? Oder war es die Umwelt? Lag es nur daran, daß sie nie mit Sprache konfrontiert worden war? Mit Sprache konfrontiert, erwirbt das normale Gehirn Sprache, und das gilt sogar für die meisten anomalen Gehirne.

Ich suchte also nach keiner schwer auffindbaren neurologischen Anomalie, sondern einer schwer beeinträchtigenden neurologischen Anomalie, die hinreichte, um die völlige Unfähigkeit zu erklären, auch nur ein einziges Wort zu sagen. Oder war ihr Gehirn doch ziemlich normal, also innerhalb jenes Funktionsbereichs, bei dem ein Mädchen in diesem Alter – und Young Girl Doe befand sich im passenden Alter – wenn es mit Sprache konfrontiert wird, automatisch sprechen lernt?

Ich erahnte die Antwort schon, als ich ins Zimmer trat und »Hi« sagte. Denn sie blickte von ihrem Bett zu mir auf und antwortete: »Hi.«

Ihr Gehirn hatte in weniger als zwei Tagen zumindest ein Wort erworben. Es hatte sogar mehrere erworben, darunter »milk«, »TV« und »Lacey« – so hieß die Schwesternhelferin, die sie sozusagen adoptiert hatte. Sie brachte auch andere Laute hervor, von denen einer eindeutig »Big Bird« bedeutete (in der deutschen Version der *Sesamstraße* ist »Bibo« gemeint), obwohl die meisten Erwachsenen dies kaum von der Lautfolge »Bert« hätten unterscheiden können, dem berühmten Pärchen Ernie und Bert. Dem Himmel sei dank für die *Sesamstraße*. Diese Kindersendung hat uns vor einer langwierigen neurologischen Untersuchung bewahrt. Abgesehen von ihrem Sprachdefizit ergab eine gründliche medizinische Untersuchung nichts Auffälliges, und Young Girl Doe erwarb neue Wörter, noch während ich sie untersuchte. Ihr gefiel meine kleine Taschenlampe, und sie lachte jedesmal, wenn ich ihr in die Augen leuchtete. Als ich mich neben ihr Bett setzte, um meinen Untersuchungsbericht zu schreiben, konnte sie »light«, also »Licht« oder »Lampe« sagen, und sie tat es jedesmal, wenn sie auf den Knopf der Taschenlampe drückte.

Der Spracherwerb funktionierte bei ihr ganz eindeutig. Ihre Sprachunfähigkeit war also weit eher der Umwelt zuzuschreiben – und nicht der Natur. Dessen war ich mir sicher. Sicher war ich mir auch, daß sie rasch ihre Defizite überwinden würde, auch wenn ich noch kein Kind beobachtet hatte, dem so lange das Sprechen und die Sprache vorenthalten worden waren. Meine Gewißheit rührte daher, daß ich wußte, wie das Gehirn funktioniert; genauer, daß es einen neuronalen Schalter gibt, der für bestimmte Entwicklungsjahre geöffnet ist, während derer ein Kind Sprache erwerben kann.

Als Young Girl Doe, die inzwischen Lacey hieß, zwei Wochen später das Krankenhaus verließ, hatte ich über diese Fragen nachgedacht und begriffen, warum die ganze Vorstellung vom »Menschen als Jäger« ein Mythos war: Den Triumph des Menschen, des Homo sapiens, verdankt unsere Spezies ausnahmslos den Frauen. Die Männer taten wenig mehr, als den Samen zu liefern, aus dem die Frauen durch ihre Pflege den modernen Menschen machten. Das Verhalten der Männer entsprach ihrem natürlichen Urtrieb. Sich selbst überlassen würden die Männer der Spezies noch immer in Höhlen wohnen und an den primitiven Feuersteinklingen herumschaben, an denen sie seit vielen hunderttausend Jahren geschabt hatten. Seine herausragende Stellung verdankt der Mensch dem Verhalten der Frauen, das zur Entwicklung der Sprache führte.

Lacey erinnerte mich sofort an den französischen Film *L'enfant sauvage* (Der Wolfsjunge). Aus eigenem Antrieb hätte ich mich nicht entschlossen, mir diesen Film anzusehen, weil ich Filme mit Untertiteln nicht ausstehen kann. Und dies war ein französischer Schwarzweißfilm mit englischen Untertiteln. Ich mußte ihn mir anschauen, weil einer meiner besten Freunde, der Neuropsychologe David Garron, ihn bei sich zu Hause auf einer Party vorführte. Aus Höflichkeit blieb ich. Und dann war es plötzlich faszinierend, sich den Film nicht nur anzuschauen, sondern ihn als wissenschaftliches Dokument zu begreifen, denn der Film ist ein regelrechter Schlüsselroman über die Entwicklungsjahre der klinischen Neurologie und Neuropsychologie. Inszeniert wurde er von dem legendären französischen Regisseur François Truffaut, der auch die Rolle des Dr. Jean Marc Itard spielte, jenes Mannes, der als erster das beschrieb, was wir heute als Tourette-Syndrom kennen. Der Film beruhte auf einer wahren Begebenheit, die Itard erlebt und dann der wissenschaftlichen Gemeinschaft berichtet hatte.

Gegenstand dieses klinischen Berichts war ein Jugendlicher, der wie Lacey weder einen Namen noch Sprache hatte. Man nannte ihn »das wilde Kind vom Aveyron«, weil man ihn gegen Ende des 18. Jahrhunderts alleinlebend in den Wäldern des südfranzösischen Departements Aveyron entdeckte; Itard gab ihm den Namen Victor. Der Junge wurde, als man ihn fand, auf zwölf Jahre geschätzt. Es gab damals keine Radiologen, die das Alter seiner Knochen hätten taxieren können. Daher stützte sich die Schätzung auf den Gesamteindruck seiner körperlichen Reife, eine Schätzung, die mit noch mehr Fehlermöglichkeiten behaftet ist als eine radiologische. Zweifellos war der Junge mindestens zehn Jahre alt, er hätte aber auch vierzehn oder fünfzehn sein können. Als man Victor auffand, konnte er weder sprechen noch Sprache verstehen. Offensichtlich besaß er keine Vorstellung davon, daß man sich mit Wörtern verständigen kann.

Zu diesem Zeitpunkt trat Professor Itard, ein Arzt, der das menschliche Verhalten studierte, in Victors Leben. Er war, wenn man so will, ein Neurologe – lange bevor Neurologie erfunden wurde – oder ein Neuropsychologe – lange bevor diese Fachdisziplin entstand; oder eine Kreuzung zwischen beiden. Itard hatte als erster über den Fall publiziert, der später als Tourette-Syndrom bezeichnet wurde. Er war auf diesem damals noch nicht klar definierten Gebiet bekannt und geachtet.

Um Victor kümmerte er sich hingebungsvoll. Über fünf Jahre lang bemühte er sich, ihm das Sprechen beizubringen; er wollte erreichen, daß Victor wenigstens die Anfangsgründe von Sprache in sich aufnahm. Doch selbst einfache Wörter waren zu anspruchsvoll für Victor. Lacey dagegen sog Wörter wie ein Schwamm auf. In der kurzen Zeit, die ich für ihre Untersuchung benötigte, erlernte sie das Wort »Lampe« und wandte es korrekt an. Sie erlernte Wörter und begriff, daß sie der Verständigung dienen. Victor vermochte selbst nach mehrjährigen Bemühungen nur eine geringe Zahl von Wörtern und Phrasen zu verstehen; alles, was er jemals sagte, waren einige wenige Äußerungen wie »lait« (Milch) und »oh Dieu« (o Gott), und diese Ausdrücke wandte er oft unkorrekt an. Als mein zweiter Besuch bei Lacey endete, konnte sie bereits klar zwischen Big Bird und Bert unterscheiden. Sie sprach diese beiden Namen so gut aus, daß auch für zufällig Vorüberkommende erkennbar war, welche Figur aus der *Sesamstraße* sie meinte. Nach den fünf Jahren, die Itard und Victor miteinander verbrachten, war das wilde Kind gezähmt, aber Victor hatte seinen Spracherwerb nicht im entferntesten abgeschlossen.

Warum konnte Lacey Wörter erlernen, so als sei ihr Gehirn genau dafür geschaffen, während dies für Victor ein Vorgang war, der die Fähigkeiten seines Gehirns so weit überstieg wie das Erlernen von Windows 95? Es war wieder die alte Frage: Natur oder Umwelt? Alle Einzelheiten in Victors Krankengeschichte kennen wir nicht. Vielleicht war er in seiner Entwicklung zurückgeblieben oder litt an einer neurologischen Störung, was zwar möglich, aber auch unwahrscheinlich ist. Itard war ein geübter Beobachter der neurologischen Funktion, und eine solche Anomalie wäre ihm aufgefallen. Im übrigen hatte der Junge gelernt, sich allein in den Wäldern des Aveyron durchzuschlagen, eine erstaunliche Leistung, an der die meisten Menschen scheitern dürften.

Die Ursache von Victors Sprachunvermögen war höchstwahrscheinlich die Umwelt. Oder vielmehr ihr Fehlen. Jahrelang hatte er allein in den Wäldern gelebt. Höchstwahrscheinlich war er in dieser Zeit mit Sprache nicht in Berührung gekommen, weder mit Wörtern noch mit der Vorstellung, daß Wörter eine Form der Kommunikation sind. Diese fehlende Konfrontation mit Sprache vor der Pubertät wirkte sich bei Victor so aus, daß ihm trotz der besten Bemühungen eines der besten Köpfe seiner Zeit für immer verwehrt war, Sprache zu erwerben. Gewiß, es gab damals kein Fernsehen, er konnte also die *Sesamstraße* nicht sehen. Trotzdem lernten alle seine Zeitgenossen, fließend und sogar mit korrekter Aussprache französisch zu sprechen.

Lacey dagegen lernte Englisch mit einer Schnelligkeit, die alle in Erstaunen versetzte. »Alle« stimmt nicht ganz. Seit ich sie zum erstenmal »Lampe« sagen hörte und sie beim Anschalten der Taschenlampe lächeln sah, war mir klar, daß sie rasche Fortschritte machen würde. Die Sprache sollte ihr geringstes Problem sein. Denn das sich entwickelnde Gehirn ist für den Spracherwerb wie geschaffen.

Dies ist natürlich eine rein rückwärtsgerichtete Feststellung. Das Gehirn wurde nicht dafür geschaffen, Sprache zu erwerben – so funktioniert die Evolution nicht. Der Evolutionsprozeß führte zu einem Gehirn, das automatisch Sprache erwirbt, wenn es mit ihr konfrontiert wird. Lacey wurde gleich, nachdem man sie entdeckt hatte, mit Wörtern konfrontiert. So war es auch bei Victor gewesen. Sie erwarb Sprache, Victor nie. Was war der Unterschied zwischen beiden? Das Alter, in dem sie erstmals der Sprache begegneten: Lacey war sechs, Victor ungefähr doppelt so alt. Der erste Spracherwerb kann nur erfolgen, während das Gehirn sich noch entwickelt, noch auf dem Weg zu seinen sämtlichen Möglichkeiten ist. Ist dieser Prozeß einmal abgeschlossen, ist auch das neuronale

Fenster für das Erlernen einer Sprache als Form der symbolischen Kommunikation geschlossen.

Um zu begreifen, warum es im menschlichen Gehirn einen solchen neuronalen Schalter gibt, der es dem Menschen für begrenzte Zeit ermöglicht, Sprache zu erwerben, muß man verstehen, wie unser Gehirn zu dem wurde, was es ist, und wie es konkret Fertigkeiten erlernt und erwirbt. Das menschliche Gehirn in unserem Schädel war nicht sofort voll ausgebildet, sondern entwickelte sich im klassischen Rahmen der Darwinschen Evolution.

Das Überraschendste an diesem »Aufstieg der Menschheit« bezeichnet folgender Umstand: Das menschliche Gehirn hat seine absolute Zunahme an Größe und Komplexität einer minimalen genetischen Änderung zu verdanken. Wie weit unsere genetische Ausstattung mit der des Gorillas oder des Schimpansen übereinstimmt, ist fast peinlich. Obendrein ist die Gesamtmenge der genetischen Information, die in den beiden Doppelhelices der DNA kodiert wurden, im gesamten Evolutionsverlauf der Säugetiere beachtlich konstant geblieben, ob wir nun Spitzmäuse, Känguruhs, Delphine oder Menschen betrachten. Die Zahl der Gene wird auf eine Million geschätzt. Sie verteilen sich bei den einzelnen Arten auf eine unterschiedliche Anzahl von Chromosomen, aber die Gesamtzahl der Gene ist relativ stabil und bei der Maus annähernd die gleiche wie beim Menschen. Sie ist bei allen Menschen identisch, die Anzahl der aktiven Gene liegt weit unter einer Million, eher bei der Hälfte. 40 oder mehr Prozent der chromosomalen DNA scheint redundant zu sein und in der individuellen Entwicklung gar keine aktive Rolle zu spielen. Also hat sich die Hälfte unserer Gene durch Evolution gar nicht entwickelt.

Nach gut begründeten Schätzungen sind etwa 10 000 Gene aktiv an der Gestaltung und am Aufbau des Gehirns und des übrigen Nervensystems beteiligt, das ist etwa 1 Prozent des gesamten Genbestandes oder rund 2 Prozent des aktiven Genbestandes. Dies gilt für Menschen, Schimpansen, Walrösser und sogar für Rennmäuse.

Diese Zahl mag mehr als ausreichend für die Rennmaus oder die gewöhnliche Hauskatze, vielleicht sogar für den Schimpansen erscheinen. Aber ist sie es auch für den Mensch? Unser Gehirn besteht aus rund 10 Milliarden Zellen, und das ist noch nicht das Ende der großen Zahlen und der Komplexität. Es gibt 10^{14} Synapsen, aktive Verbindungen zwischen Nervenzellen, an denen Signale weitergegeben oder zurückgehalten werden können. Das sind 100 Billionen Verbindungen. Wie aber schaffen es gerade einmal 10 000 Gene, so viele Synapsen zu kontrollieren? Warum leisten relativ wenige Gene so viel mehr für uns Menschen als für andere Arten?

Tatsächlich unterscheidet sich das, was diese Gene für uns und unser Gehirn leisten, kaum von dem, was sie bei anderen Arten leisten. Die vergleichende Anatomie des Nervensystems der Säugetiere liefert dafür schlagende Beweise. Die Grundstrukturen sind dieselben, ob nun das Gehirn einem Schaf gehört oder einem Menschen. Die Sehrinde liegt immer an der Rückseite des Gehirns. Schafe haben denselben Thalamus, der unter den beiden Hirnhälften versteckt ist, und denselben Hypothalamus, der das Gehirn und das endokrine System integriert. Die meisten großen Nervenbahnen sind dieselben. Bei allen Wirbeltierarten befindet sich die motorische Rinde im hinteren Teil des Stirnlappens. Derselbe Strang von Neuronenfasern, der durch das Rückenmark absteigt, steuert die Muskeln der jeweils entgegengesetzten Körperhälfte. Dieses Kreuzen auf die andere Seite ist ebenso universal wie die Abhängigkeit der Muskeln vom Gehirn.

Die Gene diktieren feste Verdrahtungen, die bei allen Arten fast dieselben sind, so daß im Gesamtaufbau die Ähnlichkeiten die Abweichungen weit überwiegen. Doch allein beim Menschen entwickelt sich und wächst das Gehirn nach der Geburt weiter. Wenn die feste Verdrahtung und die Grundstruktur des menschlichen Gehirns denen anderer Arten so ähnlich sind, warum funktioniert unser Gehirn dann so anders? Weil unsere Evolution und die Art und Weise, wie wir funktionieren, nicht restlos auf unserer biologischen Evolution, unserem Erbgut beruhen. Anders gesagt, weil die »feste Verdrahtung« in unserem Gehirn nicht das Ende der Geschichte ist. Zur Komplexität unseres Gehirns kommen soziale, kulturelle und Umweltveränderungen hinzu. Unsere erbliche Programmierung sieht vor, daß das Gehirn, während es sich in Wechselwirkung mit seiner Umwelt befindet, wächst und sich entwikkelt. Uns trennt von anderen Arten gerade dieser neuronale Schalter, der unserem Gehirn für eine bestimmte Zeit die Gelegenheit einräumt, zu wachsen – denken Sie an die Lücken im Schädel des Neugeborenen – und zu lernen, vor allem Sprache zu erwerben und zu verstehen.

Säuglinge sind bei der Geburt unterentwickelt und hilflos und bleiben weit länger abhängig als die Nachkommen aller anderen Arten. Wir werden mit einem unausgereiften, fast embryonalen Gehirn geboren, das anschließend in einem Ausmaß und über eine Zeitspanne, wie man sie bei keiner anderen Art antrifft, im Zusammenhang mit seiner Umwelt wächst und sich entwickelt.

Bei den meisten anderen Arten ist das Gehirn bei der Geburt vollständig entwickelt; selbst bei den übrigen Primaten wächst das Gehirn nach der Geburt nur noch kurze Zeit. Beim Menschen setzt das Gehirn noch lange nach der Geburt sein Wachstum mit einer hohen, fötalen Wachstumsrate fort. Darum schließen sich die Lücken in unserer Schädeldecke weit später als bei irgendeinem anderen Tier. Dieser Prozeß der Gehirnentwicklung, der auch noch weitergeht, nachdem die Lücken sich geschlossen haben, erstreckt sich über viele Jahre. Die Entwicklung einzelner Gehirnsysteme ist von unterschiedlicher Dauer und setzt sich bei manchen bis ins Erwachsenenalter fort. Diese anhaltende postnatale Entwicklung des menschlichen Gehirns bezeichnet man vielfach als Juvenilisierung des Gehirns. Beim Schimpansen beträgt die Tragzeit siebeneinhalb Monate; sie ist also anderthalb Monate kürzer als die durchschnittliche Schwangerschaft beim Menschen. Der Schimpanse einschließlich seines Gehirns ist schon mit neun Monaten erwachsen, weit früher als jedes noch so frühreife menschliche Wesen. Das Schimpansenjunge kann zwei Wochen nach der Geburt seinen Kopf heben, ein Baby schafft das im Schnitt erst nach zehnfacher Lebenszeit, also zwanzig Wochen. Der Schimpanse eilt in seiner Entwicklung weiter voraus und vergrößert den Abstand zum menschlichen Säugling, indem er mit dem Ende der vierten Lebenswoche zu laufen beginnt. Wenn unser zweibeiniger Nachwuchs das schafft, hüpft der Schimpanse bereits umher.

Bei der Geburt hat das menschliche Gehirn nur rund ein Viertel des Volumens und Gewichts, das es im ausgewachsenen Zustand erreicht. Das Gehirn des neugeborenen Schimpansen hat ein Volumen von rund 350 Kubikzentimetern, beim ausgewachsenen Schimpansen erreicht es 450 Kubikzentimeter. Die Zunahme beläuft sich auf 100 Kubikzentimeter, etwas mehr als 85 Gramm, und beträgt insgesamt rund 28 Prozent. Das menschliche Neugeborene hat ein ähnliches Hirnvolumen wie der neugeborene Schimpanse, rund 350 Kubikzentimeter. Damit endet die Ähnlichkeit. Während der Schimpanse rundum fertig ist, wächst das menschliche Gehirn weiter, bis es schließlich rund 1400 Kubikzentimeter erreicht, das Vierfache des mittleren Geburtsvolumens. Das bedeutet eine Zunahme um 300 Prozent, mehr als das Zehnfache dessen, was unsere engen Verwandten, die Schimpansen, schaffen. Mit anderen Worten, das menschliche Gehirn entwickelt sich größtenteils erst nach der Geburt. Dieses ganze Wachstum vollzieht sich, während das Gehirn bereits auf einem gewissen Niveau funktioniert, und die meisten Hirnfunktionen haben direkt mit der Umwelt zu tun. Daher gestalten Umwelteinflüsse die gesamte postnatale Entwicklung mit. Während dieser ausgedehnten Phase der Abhängigkeit wächst und entwickelt sich das Gehirn; es ist äußerst plastisch und wie nie mehr später empfänglich für Umwelteinflüsse. Es sind nicht nur die 10 000 Gene, die festlegen, wie all diese Synapsen zusammenwirken sollen. Vielmehr hilft die Umwelt mit, die »mentale Software« zu schreiben. In dieser Zeit werden auch die meisten umweltabhängigen Fähigkeiten vom Gehirn erworben.

Das Gehirn eines Schimpansen und das aller anderen Arten entwickelt sich nahezu vollständig im Muttertier, das menschliche Gehirn dagegen hauptsächlich außerhalb des Mutterleibs. Allein der Delphin ist dem Menschen in dieser Hinsicht ähnlich, denn sein Gehirn verdoppelt sich nach der Geburt. Das Gehirn des Menschen wird durch Umwelteinflüsse bereichert, während man vom Gehirn des Schimpansen geradezu sagen könnte, es sei von der Umwelt abgeschnitten. Diese Kluft kann nach der Geburt nicht überbrückt werden, und sei die Anregung und Bereicherung noch so zielgerichtet.

Der Mensch muß im Laufe seines Aufstiegs für diese postnatale Entwicklung selektiert worden sein, anders gesagt, die wenigen genetischen Unterschiede, die uns zum Homo sapiens machen, müssen sich vornehmlich auf die verlängerte, ausgedehnte postnatale Ausdehnung und Entwicklung des Gehirns beziehen. Es gibt für die Größe des Kopfes bei der Geburt einen begrenzenden Faktor: die Größe des ausgewachsenen weiblichen Beckens. Die Delphine haben dieses Problem dadurch gelöst, daß das Becken bis auf einen Rest verkümmerte und deshalb keine Begrenzung für die Kopfgröße mehr darstellt. Die Evolution des Menschen hat das Problem dadurch gelöst, daß die menschliche Gehirnentwicklung zum größten Teil auf die postnatale Phase verschoben wird. Die Evolution des Menschen ist so verlaufen, daß er sich zuerst aufrecht halten und dann zweibeinig (bipedisch) fortbewegen konnte. An der Größe des weiblichen Beckens und damit am Volumen des neugeborenen Gehirns änderte sich nichts, übrigens bis heute nicht: Bei der Geburt hat das Gehirn eines Säuglings ungefähr dieselbe Größe wie das eines Schimpansenbabys. Erst danach setzte die postnatale Entwicklung des Gehirns ein. Wie aber war es möglich, daß genau dies während mehrerer Millionen Jahre selektiert wurde?

Die Phase der Abhängigkeit dauert beim Menschen recht lang und ist eine Schattenseite während des Heranwachsens. Säugling und Kleinkind sind allein nicht überlebensfähig, und zwar über viele Jahre hinweg. Bis in die frühe Adoleszenz hinein wäre ein auf sich gestellter Jugendlicher kaum überlebensfähig. Diese Abhängigkeit ist eine Folge davon, daß es dem Gehirn an erlernten Funktionen fehlt, und sie ist ein Zeichen dafür, daß der Erwerb solcher adaptiver Fertigkeiten noch im Gange ist. Das menschliche Gehirn unterscheidet sich zwar erheblich vom Gehirn anderer Arten durch seine postnatale Lernfähigkeit und seine offenkundige Plastizität, aber es hat auch Grenzen. Es gibt für das Lernen kritische Phasen, günstige Zeiträume, in denen das neuronale Fenster geöffnet ist, damit bestimmte Fertigkeiten erworben werden. Wenn das in dieser kritischen Phase nicht geschieht, fällt der Erwerb im späteren Leben schwer, oder er wird sogar unmöglich. Nichts macht dies deutlicher als der Spracherwerb.

Nicht allein der Mensch hat solche neuronalen Fenster, die nur während bestimmter Lebensphasen offenstehen. Singvögel erlernen ihren artspezifischen Gesang, wenn sie den Gesang von Artgenossen nachahmen. Fast jede Vogelart muß deshalb diesen Gesang in den ersten Lebensmonaten hören. Ein Vogel, der diesen Gesang in dieser kritischen Phase nicht hört, erlernt ihn nie. Vögel, die diese Erfahrung nie gemacht haben, bleiben stumm. Einzig Kanarienvögel – keine Regel ohne Ausnahme – können anscheinend in jedem Jahr neue Gesänge erlernen. Es ist fast so, als erlangten sie ihre Jugend wieder. Diese alljährliche Wiedergeburt einer kritischen Lernphase geht einher mit einem jährlichen Zuwachs neuer Neuronen, der den Erwerb möglich macht.

Kleinkinder erwerben eine verblüffende Zahl unterschiedlicher Fertigkeiten, während ihr Gehirn reift. Sie lernen sich aufzusetzen, zu stehen, zu krabbeln, zu laufen. Diese Fertigkeiten müssen ihnen nicht beigebracht werden. Es bedarf dafür auch keines äußerlichen Reizes. Diese Fähigkeiten basieren weder auf Unterricht noch auch nur auf Nachahmung. Eines Morgens kommen die Eltern herein, und das Baby steht in seinem Bettchen. Ein blindes Kind meistert diese Fertigkeiten ebenso wie ein gehörloses oder ein vernachlässigtes Kind. Es ist, als sei der Erwerb dieser Fertigkeiten in das Nervensystem eingebaut. In dem Zustand, in dem das Gehirn sich bei der Geburt befindet, kann es diese Tätigkeiten nicht steuern. Während es reift, erschließt es sich laufend neue Funktionen. Sobald solche Fähigkeiten erworben sind, werden sie automatisch ausgeübt. Das nennt man Reifung.

Es gibt andere potentielle Fähigkeiten, die aber auf einen Anstoß aus der Umwelt angewiesen sind. Die Fähigkeit, das Singen zu erlernen, ist genetisch im Gehirn von Vögeln fixiert. Sie wartet darauf, von der Umwelt aktiviert zu werden. Der spezifische Gesang, den ein bestimmtes Gehirn erwirbt, hängt vom Umweltanreiz ab. Das Gehirn eines Vogels kann nur den Gesang erwerben, den es hört. Dies entspricht dem menschlichen Spracherwerb. Die Fähigkeit, Sprache zu erlernen, ist genetisch in unserem Gehirn verankert. Konfrontiert seine Umwelt es mit Sprache, wird ein normales menschliches Gehirn immer Sprache erwerben. Wird ein Gehirn mit Sprache konfrontiert und es entwickelt wider Erwarten keine Sprache, ist es anomal.

Welche artspezifische Sprache ein bestimmtes Gehirn erlernen wird, hängt davon ab, mit welcher Sprache oder welchen Sprachen es in seiner kritischen Phase konfrontiert wird. Lediglich durch die Konfrontation mit der Sprache ihrer Umwelt hätte Victor also Französisch und Lacey Englisch lernen müssen. Kinder brauchen kaum Hilfe von anderen, um Sprache zu erwerben. Sie lernen das im wesentlichen autodidaktisch, fast so wie sie laufen lernen, so wie Lacey lernte, »Lampe« und »Big Bird« und »Bert« zu sagen. Unser Gehirn ist anscheinend von Natur aus mit Systemen ausgestattet, die Sprache zu erwerben. Diese angeborene Fähigkeit wird jedoch von der Reifung des Gehirns sowohl gesteuert als auch zeitlich begrenzt.

Während das Gehirn reift und autodidaktisch bestimmte »festverdrahtete« Fähigkeiten erwirbt, durchläuft es in seiner Offenheit für den Spracherwerb verschiedene Stadien. Wenn das Kind ein Jahr alt ist und ohne Hilfe aufstehen kann, dann kann es auch ein paar Silben wiederholen und einige Wörter verstehen. Sechs Monate später kann es die Treppe hinunter und rückwärts krabbeln sowie vorwärts laufen. Inzwischen hat das Kind ein Repertoire, das bis zu fünfzig oder mehr Wörter umfaßt. Es handelt sich nicht nur um nachgesprochene Laute, sondern um Wörter, die Kleinkinder benutzen und verstehen, aber noch keine ganzen Sätze. Mit zwei Jahren läuft ein Kind, fällt ziemlich oft hin, aber es läuft dennoch. Es benutzt jetzt eine größere Zahl von Wörtern als Bestandteil kurzer Phrasen. Das Plappern, das mit sechs Monaten begonnen hatte, als das Kind anfing, sich aufzusetzen, geht zurück. All diese Veränderungen vollziehen sich, während das Kind in einer – hoffentlich – behüteten Umgebung heranwächst, die es mit einer Sprache versorgt, auf die das wachsende und sich entwickelnde Gehirn reagiert und die es in sein Wachstums- und Entwicklungsschema integriert. So geht es weiter, bis sich die Sprache mit vier Jahren gut gefestigt hat.

Wenn keine Krankheit vorliegt, läuft dieser Prozeß bei allen Kindern gleich ab – nur die Sprache ist von einer Kultur zur anderen verschieden. Die Unterschiede bestehen nicht nur im Wortschatz. Bei der Bildung von ganzen Sätzen und selbst beim Aufbau der einfachsten Gedanken, außer von den bloßen Substantiven und Verben, sind die einzelnen Sprachen sehr unterschiedlich aufgebaut. Das alles geht dem Kind in Fleisch und Blut über. Das Gehirn kann die erworbene Sprache auch dann weiter für interne Denkprozesse benutzen, wenn es auf das Sprechen verzichten muß – wie zum Beispiel bei Lacey, die niemanden zum Sprechen hatte – denn die Sprache des internen Denkens geht nie verloren.

Der Spracherwerb kann, ganz gleich, in welcher Kultur das Kind aufgezogen und mit welcher Sprache es konfrontiert wird, nur in einer bestimmten kritischen Entwicklungsphase erfolgen. Diese kritische Phase scheint mit dem Beginn der Adoleszenz abgeschlossen zu sein, und danach wird das neuronale Fenster zum Spracherwerb geschlossen.

Ausgangspunkt für unsere Erkenntnis, daß es für den Spracherwerb einen solchen kritischen Zeitpunkt gibt, war Victor. Seitdem wurden andere, weit besser dokumentierte Fälle von Kindern, die keinen sprachlichen Anreiz von ihrer Umwelt erhielten, untersucht und geschildert, und alle scheinen diesen Sachverhalt zu beweisen. Einer der bekanntesten Fälle ist ein Mädchen, das man »Genie« getauft hat. Genie wurde in einem isolierten Zimmer gehalten, seit sie zwanzig Monate alt war, und man versagte ihr praktisch jeden menschlichen Kontakt. Zu diesem Zeitpunkt war ihr neuronales Fenster zum Spracherwerb bereits geöffnet, und sie hätte in der Lage sein müssen, mehrere Wörter zu sagen und sehr viel mehr Wörter zu verstehen. Sie hätte fähig sein müssen, Wörter nachzusprechen, und wissen, wie sie benutzt werden. Vielleicht hatte sie sogar schon begonnen, Wörter zu kurzen, aber sinnvollen Sätzen zu verknüpfen. Ihre erzwungene Isolation und sprachliche Deprivation – der Entzug der sprachlichen Zuwendung – hielten an, bis sie dreizehn Jahre alt war und die Pubertät bereits hinter sich hatte. Ihr Gehirn hatte das ausgewachsene Volumen erreicht, ohne von der Umwelt je mit Sprache konfrontiert worden zu sein. Kein Big Bird sprach mit ihr, und auch sonst niemand. Ihr offenbar schizophrener Vater behandelte sie wie ein Tier. Das ging so weit, daß er sie anbellte, statt mit ihr zu sprechen.

Als Genie schließlich befreit wurde, war sie gänzlich ohne Sprache. Genau wie Victor und Lacey konnte sie weder sprechen noch verstehen. Alles, was sie in den ersten Lebensmonaten gelernt haben mochte, war verlorengegangen. Sie konnte gar nichts sagen. An diesem Punkt begann man mit dem Sprachunterricht. Genie kam weit besser voran als Victor. Sie lernte, Sprache leidlich gut zu verstehen, aber ihr Sprechvermögen blieb weit zurück, und die Grammatik blieb ihr völlig verschlossen. Ihre Mutter sagte, sie habe einzelne Wörter gekonnt, bevor sie eingesperrt wurde. Sie hatte also in ihrer »kritischen Phase« schon begonnen, Sprache zu erlernen. Anders als Victor hatte sie den Vorteil, daß sie wichtige Elemente des Sprechenlernens nach der Pubertät also *wieder* erlernte. Dank dessen konnte Genie zumindest ein eingeschränktes Verständnis wiedererlangen.

Victor war das Urbild eines Jugendlichen, dem während der Öffnungszeit seines Sprachfensters jeder Anstoß seiner Umwelt vorenthalten worden war. Aus dem Fall Genie hingegen lernen wir, daß es beim Spracherwerb nicht um alles oder nichts geht. Genie konnte lernen, aber ihre Leistungen blieben mangelhaft. In unserem Verständnis der neurophysiologischen Grundlage des Spracherwerbs füllte sie die Lücke zwischen Victor und Lacey. Ihr Fall warf ein Licht auf die Parameter, von denen der Spracherwerb des Gehirns abhängt. Der Prozeß ist, wie immer er im einzelnen ablaufen mag, an eine kritische Phase gebunden, wie ein Fenster, das nur für eine bestimmte Zeit geöffnet ist.

Gewiß, Victor und Genie sind ausgesprochene Sonderfälle, denn ihnen wurde nicht nur das Sprechen vorenthalten, sondern auch die soziale und emotionale Zuwendung. Sind sie unser einziger Beweis für eine kritische Phase, in der Sprechen und Sprache erworben werden müssen?

Natürlich nicht. Victor war lediglich der Ausgangspunkt unserer Erkenntnis. Die Vorstellung einer kritischen Phase stützen am ehesten Ergebnisse, die Neurologen bei Patienten ermittelt haben, die die Fähigkeit verloren hatten, sich der Sprache zu bedienen, ein Leiden, das wir Aphasie nennen. Meistens setzt die Aphasie plötzlich durch einen Schlaganfall ein. Nach landläufiger Auffassung betrifft das die ältere Bevölkerung, tatsächlich kann ein Schlaganfall in jedem Alter auftreten, mögen auch die Ursachen je nach Alter ganz unterschiedlich sein. Ein Schlaganfall verursacht bei einem Dreijährigen dieselben Probleme wie bei seinem Großvater. Doch während das neurologische Defizit bei allen so ziemlich dasselbe ist, hängt der weitere Verlauf nach einem Schlaganfall sehr vom Alter ab. Unsere Beobachtungen darüber, wie die Genesung einer Aphasie verläuft, bestärken unsere These einer kritischen Phase für den Spracherwerb. Diese These wiederum ist zentral für unsere Auffassung, daß kritische Phasen ein wesentlicher Bestandteil der normalen Hirnfunktion und -entwicklung sind.

Die neuroanatomischen Grundlagen des Verlusts eines erworbenen Sprechvermögens lassen sich in einigen allgemeinen Regeln zusammenfassen, die ich aus den Beobachtungen von Generationen von Neurologen abgeleitet habe:

Regel 1: Der plötzliche Verlust der Sprache bedeutet, daß in der einen Hemisphäre – der einen Hälfte des Großhirns – etwas nicht stimmt. Wir haben von dieser Hemisphäre durch das Studium der Aphasie erfahren; daraus haben wir erschlossen, daß eine Hemisphäre für unser Sprechvermögen dominant ist.

Regel 2: Ein Patient mit Aphasie hat eine Läsion in seiner sprachdominanten Hemisphäre.

Regel 3: Bei Rechtshändern ist die dominante Hemisphäre stets die linke Hemisphäre. Ist ein Rechtshänder aphasisch, hat er ein Problem in seiner linken Hemisphäre. Bei Linkshändern ist die Situation nicht so klar, obwohl auch bei den meisten Linkshändern die linke Hemisphäre sprachdominant ist.

Regel 4: Es gibt unterschiedliche Aphasien. Ein Patient, dem das Sprechen schwerer fällt als das Verstehen, hat eine Läsion im vorderen Teil der dominanten Hemisphäre. Ein Patient, dem das Verstehen schwerer fällt als das Sprechen, hat eine Läsion im hinteren Teil der dominanten Hemisphäre.

Regel 5: Alle übrigen Theorien über den Sitz der Sprache im Gehirn sind reines Gerede.

Was hat die Aphasie damit zu tun, wie unser Gehirn sich dahin entwickelt hat, Sprache zu erlernen? Erleidet ein Patient einen plötzlichen Sprachverlust, wissen wir, daß in den spezifischen Bereichen der linken Hemisphäre eine Verletzung vorliegt. Die Sprache ist weg. Ist damit alles zu Ende? Das hängt vom Alter des Patienten ab. Folglich erlaubt uns die Aphasie, das neuronale Fenster zu verstehen, das uns das Erlernen oder Wiedererlernen der Sprache ermöglicht. Bei Kindern sind Traumata oft die Folge einer Entzündung der Kopfschlagader, die eine der Hemisphären des Gehirns mit Blut versorgt. Die Folge ist eine erhebliche Läsion dieser Hemisphäre und eine Hemiplegie, eine halbseitige Lähmung der Gliedmaßen der entgegengesetzten Körperhälfte, »infantile Hemiplegie« genannt. Es ist durchaus möglich, daß das Kind sich von der Lähmung nicht erholt, weil die Fähigkeit zur Bewegung mit der Hemisphäre, in der sie von Geburt an oder noch früher sitzt, fest verdrahtet ist. Ist die sprachdominante Hemisphäre vom Verlust der Blutzufuhr betroffen, entwickelt das Kind auch eine Aphasie und kann nicht mehr sprechen.

Tritt der Schlaganfall mit drei bis vier Jahren ein, wird die Sprache schwer beeinträchtigt, doch nach kurzer Zeit wird das normale Sprechvermögen rasch und fast immer vollständig zurückgewonnen. Aber es wird nicht von der verletzten dominanten Hemisphäre zurückgewonnen. Es kommt jetzt in der bisher nichtsprachdominanten Hemisphäre unter. Im Zuge der normalen Entwicklung wird die linke Hemisphäre als die dominante selektiert. Auch wenn ich mich wiederhole: Bei Linkshändern kann die eine oder andere Hemisphäre selektiert werden, aber meistens ist es auch die linke. Bei einem ganz kleinen Kind ist diese Selektion noch nicht starr festgelegt: Wird die linke Hemisphäre verletzt, kann die dominante Seite ohne große Umstände gewechselt werden. Sobald die Genesung eingesetzt hat, legen diese hirnverletzten Kinder die Etappen ihrer sprachlichen Entwicklung beschleunigt zurück, bis sie genau den Stand erreicht haben, der ihrem Alter entspricht. Danach machen sie weiter, als wenn ihnen nie etwas zugestoßen wäre. Die andere Hirnhälfte übernimmt die Aufgabe und bewältigt sie genauso gut, wie es die verletzte Hälfte vorher tat. Folglich müssen beide Hälften anfangs strukturell und funktional gleich gut für die Kontrolle der Sprache gerüstet gewesen sein.

Doch die Fähigkeit, die sprachlich dominante Hemisphäre zu wechseln, besteht nicht lebenslang. Sonst würden alle Erwachsenen nach einem Schlaganfall ihr Sprechvermögen wiedererlangen, was aber, wie wir nur zu gut wissen, nicht der Fall ist. Die meisten Kinder erlangen ihr Sprechvermögen vollständig wieder, sofern sie beim Schlaganfall noch nicht 9 Jahre alt sind. Die Pubertät ist der Wendepunkt. Das haben wir aus dem Fall Genie gelernt. Kinder, die im Alter von 9–14 Jahren aphasisch werden, nehmen eine mittlere Stellung ein. Es kommt selten vor, daß sie das Sprechvermögen vollständig wiedererlangen, aber es gelingt in höherem Maß als bei Erwachsenen. Mit fünfzehn oder sechzehn ist die Prognose für die Genesung von einer akuten Aphasie dieselbe wie für Erwachsene, bei denen die Genesung einer Aphasie nicht ausgeschlossen ist. Es handelt sich dann um eine ganz andere Genesung, die überwiegend rasch eintritt. Weder paßt sich das Gehirn an, es findet auch kein neues Areal in der gegenüberliegenden Hemisphäre, das die Funktion der verletzten Sprachregion übernimmt; noch handelt es sich um einem Prozeß des Wiedererlernens. Vielmehr besteht die Heilung im »Schrumpfen« des vorausgegangenen Schlaganfalls. Eine solche rasche Genesung deutet darauf hin, daß der vorausgegangene Sprachverlust auf dem Ausfall von Hirnarealen beruhte, die zwar teilweise verletzt, aber nicht auf Dauer zerstört wurden. Die Symptome, die nach einigen Wochen noch zurückbleiben, sind in der Regel bleibende.

Soweit die neurologischen Beobachtungen über die Lernfenster. Es gibt darüber hinaus bedeutende Beobachtungen aus anderen Bereichen. Manches, was für die Vorstellung von einer kritischen Phase für den Spracherwerb spricht, kann fast jeder Amerikaner erleben. Von einem Kind mit infantiler Hemiplegie muß er nie gehört haben, nie unserer Genie, die im Keller eingesperrt war, begegnet sein oder Victor, der auf sich gestellt in abgelegenen Wäldern sein Dasein fristete. Wir alle haben beobachten können, wie schwer es einem normalen Gehirn fällt, neue sprachliche Fertigkeiten zu erwerben. Wir haben es bei unseren eigenen Eltern oder Großeltern oder denen von Freunden gesehen, bei jeder neuen Generation von Einwanderern. Vielleicht haben wir selbst Mühe gehabt, eine neue »erste« Sprache zu erlernen. Die Sprache der Einwanderer mag sich ändern, doch das Gehirn denkt immer noch in der Muttersprache.

Wir alle kennen die Probleme, eine zweite Sprache zu erlernen. Welcher erwachsene Tourist hat sich in Frankreich nicht darüber gewundert, daß vierjährige englische Kinder vollendet und mit korrekter Aussprache französisch sprechen! Zweitsprachen erwirbt man im Kindesalter sehr viel leichter als in der Jugend oder im Erwachsenenalter, und wir können den Prozeß des Sprachenlernens noch so sehr erforschen, es wird immer dasselbe herauskommen.

Zahlreiche Untersuchungen belegen, wie rasch chinesische und koreanische Einwanderer das Englische erlernen. Kinder lernen bis zum Pubertätsalter sehr schnell, korrekt und ohne jeden Akzent Englisch zu sprechen. Das Entscheidende dabei ist das vollständige Eintauchen in eine Umgebung, in der englisch gesprochen wird.

Natürlich kann man auch nach der Pubertät und sogar noch als Erwachsener eine zweite Sprache erlernen. Aber es macht erhebliche Mühe, weit mehr als vor der Pubertät. Außerdem bleibt eine nach der Pubertät erlernte zweite Sprache stets eine zweite, auf die erste aufgepfropfte Sprache; sie wird nie zu einer natürlichen, vollständig und mühelos erworbenen Sprache.

Das ist nichts Neues. Meine Großeltern sprachen die neu erlernte Sprache noch mit Akzent. Mein Vater aber erlernte als Kind ganz mühelos eine zweite Sprache, weil seine Eltern sich in ihrer Muttersprache verständigten und er die zweite Sprache in seiner Umwelt hörte, und so nahm sein Gehirn sie auf. Es bedurfte dazu keines förmlichen Unterrichts, keiner Zweitsprachenkurse – es genügte, die Sprache zu hören.

In diesem Zusammenhang ist es äußerst ärgerlich, daß ungeachtet neurologischer Studien, klinischer Beobachtungen und persönlicher Erfahrungen, die uns allesamt lehren, daß der Spracherwerb direkt an ein neuronales Fenster mit der günstigen Gelegenheit zum Spracherwerb während der kindlichen Entwicklung geknüpft ist, der Zweitsprachenunterricht an unseren amerikanischen Schulen ernsthaft erst mit der zehnten Klasse beginnt. Und das ist genau der falsche Zeitpunkt, um damit anzufangen.

Die Sprache ist nicht das einzige System im Gehirn, das von der Umwelt beeinflußt wird und für das es eine kritische Phase gibt, in der dieser Umwelteinfluß zum Ausdruck kommen kann. Das ist bei den Hirnfunktionen die Regel, nicht die Ausnahme. Auf diese Weise entwickelt sich das juvenile menschliche Gehirn zum ausgewachsenen menschlichen Gehirn. Es entwickelt sich in Verbindung mit Umwelteinflüssen (Erziehung), und ohne solche Einflüsse entwickelt sich das menschliche Gehirn nicht normal. Diese allgemeine Regel erfährt ihre beste Bestätigung durch die Forschung zweier amerikanischer Neurowissenschaftler, David H. Hubel und Torsten N. Wiesel, die 1981 gemeinsam den Nobelpreis für Physiologie und Medizin erhielten. Ihre Forschung galt nicht der Sprache, sondern dem Sehen. Das Sehsystem ist wirklich fest verdrahtet. Es liegt bei der Geburt fest. Wenn es verletzt wird, kann kein anderer Teil des Gehirns seine Aufgabe übernehmen. Und wenn das Gehirn nicht verletzt ist, funktioniert es automatisch. Jedenfalls glaubten wir das.

Die Sehrinde von Katzen und Affen – und vermutlich auch die beim Menschen – enthält Neuronen, die auf bestimmte Merkmale der Umwelt wie Farbe oder räumliche Beziehungen reagieren.

Diese selektive Aufgabenverteilung ist im normalen Gehirn immer gegeben, aber sie funktioniert nicht ganz so automatisch, wie es den Anschein hat. Sie hängt ganz von der Umgebung ab. Das ist es, was Hubel und Wiesel demonstrierten. Wurde ein Kätzchen in einer Umgebung aufgezogen, die gänzlich aus senkrechten Streifen bestand, so »lernten« die Neuronen, die auf visuelle und räumliche Orientierung reagierten, vorwiegend auf senkrechte Linien zu reagieren. Wurden, als die Katzen älter waren, waagerechte Linien in ihre Umgebung eingeführt, reagierten diese Neuronen nicht. Ihre Gehirne waren, wenn man so will, unfähig, diese Linien zu sehen. Die »Tendenz« der Hirnzellen, bevorzugt auf bestimmte Linien zu reagieren und auf andere nicht, konnte nur während einer kritischen Wachstumsphase der jungen Kätzchen erworben worden sein, und sie belegt, daß nicht ein Instruktions-, sondern ein Selektionsprozeß stattgefunden hatte.

Hier sollte ich vielleicht erklären, daß es darüber, wie das Gehirn erworbene Fähigkeiten erlernt, zwei gegensätzliche Ansichten gibt; die eine bezeichnet man als instruktive oder konstruktive, die andere als selektive Auffassung. Das instruktive Modell ist die ältere Auffassung: Netze von Zellen werden durch Erfahrungen »instruiert«, bestimmte Synapsen (Bahnen) zu bilden, die, einmal entstanden und verstärkt, dauerhaft werden. Nach dieser Auffassung schließt sich das neuronale Lernfenster, wenn die Nervenzellen die Bahnen nicht mehr zu verstärken vermögen, sei es aufgrund des Alters, sei es aufgrund einer Verletzung.

Der selektive Prozeß verläuft umgekehrt. Alle Bahnen des Kätzchens für das Farbensehen und das Beobachten von räumlichen Beziehungen sind bei der Geburt vorhanden und warten darauf, benutzt zu werden. Während das juvenile Gehirn reift, werden jene Bahnen, die nicht benutzt (selektiert) werden, eliminiert: sie verkümmern und verschwinden für immer. Die Mehrheit der Forscher ist sich einig, daß unser Gehirn höchstwahrscheinlich durch den Selektionsprozeß lernt. Dieser Prozeß hat viel für sich. Er bedeutet, daß das Gehirn um so mehr lernt, je mehr Reize ihm dargeboten werden, besonders in kritischen Phasen; er kann, auch ohne förmliche Instruktion, zum Erlernen von Sprachen oder Farben oder Lauten beitragen. Ist das Gehirn jedoch nicht einer förderlichen Umwelt ausgesetzt, machen die Bahnen Schluß – Ende der Übertragung. Anders gesagt: Das System des Kätzchens war anfangs in der Lage, sowohl auf senkrechte als auch auf waagerechte Linien zu reagieren; weil seine Erfahrung jedoch künstlich auf senkrechte Linien beschränkt wurde, entstand die Bevorzugung des Senkrechten. Damit wurde die neurophysiologische Funktion des Gehirns eingeengt. Die Katzen erlernten ausschließlich die »Sprache« der senkrechten Linien.

Victor war es also ebenso ergangen wie den Katzen, die in den ersten Lebensmonaten nicht mit waagerechten Linien konfrontiert wurden: Er hatte in seiner Umwelt keine Erfahrung mit Sprache gemacht. Die Katzen lernten nie, waagerechte Linien zu sehen, und Victor lernte nie zu sprechen.

Lacey aber durchaus. Ihr Lernfenster war noch nicht geschlossen. Ihr Gehirn konnte noch Sprache erwerben, und das tat es. Nicht im Übermaß, sondern mit den normalen Fähigkeiten eines normalen Gehirns, das mit seiner Umwelt interagiert. Es bedurfte keines Unterrichts. Es genügte der Reiz. Es genügte eine Umwelt, in der Sprache vorkam. Und Genie scheint gerade noch rechtzeitig befreit worden zu sein, um ihr diese Entwicklung zu ermöglichen.

Wie sind die Menschen dahin gekommen? Wie hat sich die Sprache entwickelt? Um das zu verstehen, müssen wir uns einiger Mythen entledigen, die tief in unserer Kultur verwurzelt sind. Wir müssen unsere Aufmerksamkeit der Höhlenfrau zuwenden. Gott schuf den Menschen nach seinem Bilde. So überliefern es zumindest die westlichen Religionen. Diese Tradition entstand und florierte in männlich dominierten Kulturen. Es ist exakt das kulturelle Umfeld, in dem unsere Vorstellung vom biologischen Aufstieg des Menschen entstand. In den anderthalb Jahrhunderten seit der Veröffentlichung von Darwins Entstehung der Arten haben weiße männliche Anthropologen und Paläontologen ein Evolutionsschema für den Menschen entworfen, das mit dem Jagderfolg erklärte, warum und wie sich der Mensch ausbreiten und die Vorherrschaft in seiner Umwelt erringen konnte.

Nach diesem Schema entwickelte der »Mensch als Jäger« immer vollkommenere Hilfsmittel, um Beute zu erlegen, und gewann genau dadurch die Überlegenheit über die wilden Tiere. Was dem Menschen seinen großen biologischen Vorteil im Überlebenskampf verlieh, waren diese Werkzeuge, die, von Männern geschaffen, von Männern bei der männlichen Betätigung der Jagd benutzt wurden. Der Höhlenmensch und das Wollmammut hatten beide zu kämpfen, um die Eiszeit zu überleben. Der Mensch hat es geschafft. Das Wollmammut auch. Aber dann erfand der Mensch eine Geheimwaffe, und plötzlich gab es keine Wollmammuts mehr. Mit der Schaffung besserer Werkzeuge veränderte der Mann den Schauplatz. Dann zog er die Frau hinter sich her, vielleicht nicht an den Haaren, aber gewiß nicht als gleichberechtigte Partnerin beim Aufstieg. Diese Vorstellung über Männer wurde von Männern für Männer geschaffen. Ihr zufolge führte der Erfolg, den Männer mit ihren neu geschaffenen Werkzeugen erzielten, zu den kulturellen Fortschritten, die es möglich machten, daß die Ägypter die Pyramiden errichteten und Homer die *Ilias* verfaßte. Nachdem die Männer das geschafft hatten, war es bis zur Blüte einer literarischen Kultur nur noch ein Sprung. Wir sollen glauben, all dies sei daher gekommen, daß Männer herausfanden, wie man bessere Feuersteinklingen und Speere macht.

Der Haken ist, daß dieses »Flußdiagramm« einer strengen Prüfung nicht standhält. Tatsächlich ist es ziemlich einfach, Jagdbeute fürs Überleben zu erlegen. Löwen schaffen das recht gut. Und sie bringen ihren Jungen bei, es ebenso erfolgreich zu tun. Und natürlich können Löwen noch immer nicht reden, und zu einer literarischen Gesellschaft haben sie es auch noch nicht gebracht. Wölfe jagen in koordinierten Rudeln und recht erfolgreich, Generation für Generation. Bei meiner letzten Nachprüfung waren aber auch sie ohne Sprache.

Gewiß stellen verbesserte Jagdgeräte eine bessere Nahrungsversorgung sicher, senken dadurch die Kindersterblichkeit – der Schlüssel zu echter Darwinscher biologischer Überlegenheit –, doch mehr als eine bloße zahlenmäßige Zunahme wird man einem solchen technischen Fortschritt schwerlich zuschreiben können, auf jeden Fall nicht das gewaltige Aufblühen der menschlichen Kultur und auch nicht die Entwicklung der Sprache.

Wenn also nicht der »Mensch als Jäger« für die sprunghaft ansteigende Überlegenheit des modernen Menschen verantwortlich war, was war es dann?

Unsere Vorteile gegenüber anderen Arten verdanken wir höchstwahrscheinlich der Entwicklung einer komplexen Sprache. Und es spricht sehr viel dafür, daß Frauen daran stärker beteiligt waren als Männer. Die schwierige Arbeit leisteten die Frauen: Sie zogen in Höhlen oder sonst einer Umgebung die Kleinkinder auf und lehrten sie, was sie wissen mußten, um in der Welt zu überleben, während sie noch abhängig, schwach und schwerfällig waren. Ein Kleinkind für das Überleben zu unterweisen war nur mittels Sprache möglich. Die Sprache gab dem Menschen den entscheidenden Überlebensvorteil. Und so kam es innerhalb von ein bis zwei Millionen Jahren zur Evolution von Gehirnen, die daraufhin selektiert sind, während der verlängerten Juvenilisierungsphase Sprache und andere Fähigkeiten zu erwerben.

Wie lange hat das gedauert?

Manche schätzen eine Million Jahre. Andere legen noch eine Million zu. Auf jeden Fall eine lange Zeit. Aber es war ein Evolutionsprozeß. Die Sprache entwickelte sich so, daß Mütter mit Kindern sprachen, die ihre Worte nachsprachen und das ganze Konzept der symbolischen Sprache entwickelten. Nicht nur der Sprache als »Mittel der Kommunikation«, als Mittel, um eine gellende Warnung auszustoßen. Das können viele Primaten auch. Sogar ein aphasischer Erwachsener, der fast stumm und außerstande ist, seinen Namen zu sagen oder ihn auch nur zu erkennen, kann fluchen und eine Warnung herausschreien. Solches »Sprechen« ähnelt den plötzlichen Warnrufen anderer Arten, aber es ist keine symbolische Sprache. Genau das aber brachten Mütter und Kinder in Gang. Wenn das heranwachsende Kind nicht genug lernte, um zu überleben, bis es einen Speer werfen konnte, wurde aus dem Jagen wahrscheinlich nicht mehr viel. Die Kinder mußten die Sprache erwerben, solange sie jung waren, und sie mußten sie von ihren Müttern lernen. Die Mütter mußten eine Sprache entwickelt haben, die über die bloßen, zum Jagen erforderlichen Laute hinausging. Kaum jemand hält ein Plädoyer für die Höhlenfrau, doch ihr verdanken wir, daß wir alle die Sprache unserer Mütter sprechen.

Auch Lacey spricht ihre Muttersprache. Sie hat sich sogar als sehr sprachgewandt entpuppt. Sie kann Englisch und Französisch, und damit hat sie es weiter gebracht als Genie und Victor. Sie kann außerdem Spanisch und lernt zur Zeit Polnisch, beides sehr nützlich für ihre Tätigkeit als Krankenschwester auf der Intensivstation des größten Krankenhauses ihrer Heimatstadt. Faszinierend ist daran für mich, daß Lacey als Kind Schwierigkeiten hatte, sprechen zu lernen, die erworbene Fähigkeit des Homo sapiens, für die wir unseren Urmüttern dankbar sein sollten. Diese Erfahrung veranlaßte Lacey, als Erwachsene einen pflegerischen Beruf zu ergreifen. Ursprünglich jagten die Männer, während die Frauen sich um den Nachwuchs kümmerten und dabei auch das juvenile Gehirn so anregten, daß das kleine Kind die Sprache erwerben konnte. Lacey, von der ich so viel über diesen komplexen menschlichen Vorteil gelernt habe, ist zurückgegangen zur Quelle, der Pflege und Fütterung des Kleinkindes und seines Gehirns. Womit wir wieder bei der Höhlenfrau sind.

Meine ganz persönliche Lucy: Lokalisieren von Händigkeit und Sprache

Lucy – so nannte Donald Johanson, ein berühmter Erforscher der verschollenen Vorfahren des Menschen, das von ihm entdeckte Skelett einer der frühesten Hominidenarten, des *Australopithecus afarensis*. Innerhalb weniger Jahre wurde »Lucy« zur berühmtesten Frau der gesamten Human-Paläontologie. Sie wurde in einer einsamen Schlucht in Äthiopien entdeckt, und Johanson war dorthin aufgebrochen, um nach ihr oder ihresgleichen zu fahnden. Diese junge Frau, die vor 3,5 Millionen Jahren gelebt hatte, besaß noch viele äffische Merkmale: kurze Beine, einen kleinen affenartigen Schädel und ein affenartiges Gebiß. Aber sie ging bereits auf zwei Beinen – ein entscheidender Fortschritt, denn dadurch hatte sie ihre Hände zu weit besseren Dingen frei als nur zur Fortbewegung. Ihre zweibeinige Fortbewegung und die anatomischen Veränderungen, die diese ermöglicht hatten, waren für die Forscher keine Überraschung. Lucy war schon das vierte Beispiel eines solchen Hominiden – zuvor hatte Mary Leakey an verschiedenen Fundorten in Tansania schon drei Fußspuren entdeckt.

Das zu rund 40 Prozent vollständige Skelett gewann rasch einen Ehrenplatz in der Ahnenreihe der Menschheit. Sie war in einem gewissen Sinne das sprichwörtliche »Missing link«, der seit langem gesuchte fehlende Beweis eines frühen Vorläufers des Menschen, der die Lücke zwischen unseren Vorfahren und ihren Vorläufern schloß. Sie war – so wird dieser Begriff oft mißverstanden – nicht das Bindeglied zwischen uns und den heute lebenden Menschenaffen, sondern ein jüngeres Glied in der Entwicklungsreihe der Prähominiden, die sich zuvor abgezweigt hatte und dann zu den Menschen führte, aus der aber auch die verschiedenen

Schimpansenarten hervorgingen, mit denen wir so eng verwandt sind. Diese unsere sehr frühen Vorläufer hatten ein niedriges, affenartiges Schädeldach, affenartige Zähne und kurze Beine. Sie waren noch Vierbeiner, konnten sich aber notfalls auch zweibeinig fortbewegen, wie andere Schimpansen auch. Doch Lucy und ihre Verwandten hatten diese Grenze überschritten: Sie gingen aufrecht. Lucy gab somit die Antwort auf eine Frage, die so alt ist wie die Erforschung der Evolution zum Menschen: Was war zuerst da, das große Gehirn oder die Zweibeinigkeit?

Zuerst kam die Zweibeinigkeit. Das wissen wir dank Lucy. Wir kennen durch sie nur die Tatsache als solche, nicht aber den Grund. Eine andere, weit jüngere Frau, die ebenfalls Lucy hieß, brachte mich darauf, mich als Neurologe mit dieser Frage zu befassen.

Lucy Arft lernte ich 1969 kennen. Um anthropologische Spekulationen kümmerte ich mich damals nicht. Auch sie nicht und ihre sehr bekümmerte Mutter. Die beiden waren von Ann Arbor, Michigan, nach Chicago gekommen, um mich zu konsultieren. Man hatte ihnen gesagt, Lucy habe sehr wahrscheinlich einen Hirntumor.

Lucy Arft studierte an der Universität von Michigan. Sie war gesund, unauffällig und ohne Probleme gewesen, bis bei ihr auf einmal ohne erkennbaren Grund rätselhafte Anfälle von Bewußtseinsstörungen auftraten. Sie begannen jeweils mit der Wahrnehmung eines eigenartigen Geruchs, den sie nicht recht zu beschreiben wußte. Der Geruch ähnelte dem von geröstetem Kaffee, entsprach ihm aber nicht ganz. Der Geruch war aber jedesmal derselbe.

»Nimmt sonst noch jemand diesen Geruch wahr?« fragte ich. Das verneinte sie. »Riechen die anderen überhaupt etwas?« Auch das verneinte sie.

Dieser Geruch von geröstetem Kaffee war folglich eine Wahrnehmung, die ausschließlich im Gehirn selbst entstanden war. Er war keine Fehldeutung eines äußeren Reizes, sondern ein Ergebnis der spontanen Aktivität von Zellen in Lucys Gehirn. Solche anomalen Aktivitäten sind immer ein Hinweis auf Zellen, die nicht normal funktionieren. Und von der anomalen Funktion schließen Ärzte rasch auf eine anomale Struktur. Wenn die Zellen, die normalerweise Gerüche empfangen oder interpretieren, selbst Gerüche produzierten, war es möglicherweise ein Tumor in dem betreffenden Teil des Gehirns, der sie dazu veranlaßte.

Jedesmal wenn der Geruch auftrat, nahm Lucy ihn nur einige Sekunden lang wahr, und danach schmatzte sie jedesmal mit den Lippen. Sie wußte von diesen Lippenbewegungen nichts. Andere hatten sie an ihr beobachtet: ihre Zimmergenossin, ihr Freund, ihre Mutter. Sie nahmen den Geruch nicht wahr; sie sahen nur, wie sie schmatzte und sie geistesabwesend anstarrte. Abgesehen von dem Schmatzen waren ihre sonstigen Bewegungen normal. Danach versank sie jedesmal in geistiger Abwesenheit, während derer sie nicht ansprechbar war. Sie stand dann regungslos da, mit leerem Blick, und ganz gleich, ob man sie ansprach oder sie berührte – es kam keine Reaktion.

»Wie lange dauert das?« »Ein paar Minuten. Meine Zimmergenossin hat einmal auf die Uhr geschaut.«

Sie selbst wußte davon nichts; es war ihr von anderen berichtet worden. Wenn sie aus einer dieser Absencen erwachte, fühlte sie sich jedesmal vollkommen erschöpft, und erst nach einem kurzen Schlaf von 20–30 Minuten hatte sie wieder das Gefühl, ganz sie selbst zu sein, nur daß sie sich überhaupt nicht an das, was mit ihr geschehen war, erinnern konnte. Jedesmal entstand eine neue Lücke in ihrer Erinnerung.

Der Neurologe in Michigan, der Lucy als erster begutachtete, hatte ihre Zustände korrekt als psychomotorische Anfälle diagnostiziert, eine Erscheinungsform der Epilepsie, die man heute als komplex-partielle Anfälle bezeichnet: komplex deshalb, weil die von der epileptischen Entladung erzeugte Aktivität unglaublich verwickelt ist, und partiell, weil nur ein Teil des Gehirns von der anomalen Aktivität betroffen ist.

Ihr erster Neurologe hatte überlegt, ob sie vielleicht einen Hirntumor haben könnte. Er machte sich wegen dieser Möglichkeit solche Sorgen, daß Lucy und ihre Mutter seine Sorge in eine Wahrscheinlichkeit und dann nahezu in eine Gewißheit umdeuteten. In diesem Fall war ein Hirntumor durchaus eine mögliche, aber nicht die wahrscheinlichste Diagnose.

Wir Neurologen sind schon immer ein merkwürdiger Menschenschlag. Zu den sonderbarsten Dingen dieser Außenseiter, wie sie die Neurologie hervorgebracht hat, gehört ihre seltsame Auffassung von der Welt des Gehirns und ihre eigentümliche Logik für die Konstruktion und die Analyse dieser Welt. Wer von uns dieses eigentümliche Modell liebt, wird Neurologen.

Viele dieser Vorstellungen waren unvermeidlich, weil es den Neurowissenschaftlern und Klinikern des 19. und des frühen 20. Jahrhunderts nicht möglich war, das Funktionieren des intakten Gehirns zu erforschen. Es gab noch nicht die Positronenemissionstomographie (PET), die uns zeigt, welche Areale des normalen Gehirns bei einer bestimmten Funktion betroffen sind und deshalb in der Physiologie dieser Funktion eine Rolle spielen müssen. Heute können wir das beobachten. Vor weniger als 20 Jahren war es noch nicht möglich. Am bemerkenswertesten dabei ist, daß sich genau das bestätigte, was Neurologen an Patienten mit anomalen Gehirnfunktionen herausgefunden hatten.

Was wir Neurologen über das Gehirn wissen und täglich für die Diagnose bei unseren Patienten anwenden, beruht überwiegend auf der Erforschung von anomal funktionierenden Gehirnen. Das ist nicht erstaunlich, denn der Neurologe wird erst dann von Patienten zu Rate gezogen, wenn etwas passiert ist. Wir untersuchen sie, wie Neurologen in den letzten 100 Jahren ihre Patienten untersucht haben, und wir gehen so sorgfältig und umfassend vor, wie es uns möglich ist. Wir versuchen zunächst eine einzige Frage zu klären: Welche Funktion(en) sind genau verlorengegangen?

Wenn das geklärt ist, benutzen wir dieses Wissen, um eine zweite Frage zu beantworten: Wo im Gehirn ist etwas schiefgegangen? Anders gesagt: Wo ist der Funktionsverlust genau lokalisiert? Welches ist die anatomische Grundlage der veränderten Physiologie? Anfangs wurde diese Frage anatomisch in der Weise beantwortet, daß man bei Patienten, die zuvor untersucht worden waren, nach deren Tod das Gehirn studierte; man nannte das »brain cutting«. Auf diese Weise lokalisierte Mitte des 19. Jahrhunderts Paul Broca, Chirurg und Amateur-Anthropologe, das Areal, das beim Verlust der Sprache betroffen ist. Broca untersuchte einen Patienten, der das Sprechvermögen eingebüßt hatte. Kurz darauf starb der Patient, und als Broca sein Gehirn betrachtete, ohne es aufzuschneiden, fand er in der linken Hirnhälfte im hinteren Teil des Stirnlappens ein zerstörtes Areal. Broca schloß daraus, daß dieses Areal für das Sprechvermögen verantwortlich war.

Er gab seine bedeutende Entdeckung in einer Sitzung der französischen Anthropologenvereinigung bekannt, denn sie interessierte sich für den Aufstieg des Menschen, die Entwicklung der Sprache und anderer Fähigkeiten, die den Menschen auszeichnen. Neurologen gab es damals noch nicht.

Die Anthropologen waren sich der Tatsache bewußt, daß die beiden menschlichen Merkmale, die aufs engste mit der Evolution zum modernen Menschen zusammenhängen, Händigkeit und Sprache waren: Die Händigkeit ist unsere Fähigkeit, Werkzeuge herzustellen und Herausforderungen im Überlebenskampf erfolgreich zu bewältigen. Sprache aber ist das wichtigste Attribut unseres Nervensystems. Beide Merkmale haben ihre Grundlage in der Struktur und Funktion unseres Gehirns, und mit ihnen beschäftigt sich die Neurologie vor allem. Das Areal, das Broca diesen Anthropologen beschrieb, wurde Broca-Zentrum genannt.

Die moderne klinische Untersuchung unterscheidet sich also nicht sonderlich von dem, was Ärzte zu Brocas Zeit taten. Wir sind jedoch nicht mehr auf Vermutungen angewiesen, wenn wir eine Läsion lokalisieren wollen. Die Computertomographie (CT) und die Kernspintomographie (MRI) verschaffen uns heute Bilder vom Gehirn lebender Patienten. Wie alt ein Neurologe ist, mit dem man am Telefon über einen Patienten spricht, kann man zuverlässig daran erkennen, was er zuerst erwähnt: die Untersuchung oder die CT. Nennt er zuerst die CT, ist er unter vierzig. Nennt er die CT nach der neurologischen Untersuchung, ist er über vierzig und wurde in den Denkbahnen der Neurologie ausgebildet. Den Vorgang, von der neurologischen Untersuchung her den Teil des Gehirns zu bestimmen, der verletzt oder erkrankt ist, nennen wir zerebrale Lokalisation.

Die neurologische Überlegung geht jedoch noch einen Schritt weiter. Wenn eine spezifische Funktion bei Verletzung eines bestimmten Areals verlorengegangen ist, dann muß dieses Areal im unverletzten Zustand der Ort sein, an dem diese Funktion ausgeführt wird. Das Broca-Zentrum zum Beispiel ist nicht nur das Areal, dessen Verletzung zum Sprachverlust führt, sondern auch dasjenige, das bei unversehrtem Gehirn die normale Sprache kontrolliert. Die zerebrale Lokalisation diente zunächst dazu, den Teil des Gehirns zu bestimmen, der an einer Krankheit beteiligt ist. Später wurde sie zur Grundlage dafür, die Funktionen des normalen Gehirns seinen Teilen zuzuordnen. Dieses theoretische Gerüst war ein großer Sprung, der die normale Funktion mit dem Areal verknüpfte, das verletzt war, wenn diese Funktion ausfiel.

Die Neurologen waren nicht die ersten, die vermuteten, daß bestimmte Teile des Gehirns bestimmte Funktionen kontrollieren. Das Gehirn unterscheidet sich nämlich von der Leber. Es gibt natürlich Gemeinsamkeiten zwischen dem Gehirn und der Leber. Auch diese ist eine Ansammlung von Zellen, die in ihrer Größe voneinander abweichen mögen, sich aber dennoch ziemlich ähnlich sind, ganz gleich, auf welche Stelle man in diesem Organ schaut. So ist es auch mit dem Gehirn. Doch alle Leberzellen tun praktisch dasselbe. Das ist bei Hirnzellen anders. Warum funktionieren sie nicht als ein einheitliches System, sondern als Teilsysteme? Wie einfach wäre die Neurologie, wenn alles, was das Gehirn tut, immer vom gesamten Gehirn getan würde und nicht jedes Areal seine eigene Sache machen und einen ganz eigenen Funktionskreis darstellen würde.

Es waren die Phrenologen, die als erste den Gedanken der Lokalisation der Hirnfunktion betonten. Sie haben richtig gelesen: die Phrenologen, jene Schwindler, die im 19. Jahrhundert behaupteten, sie könnten durch Abtasten der Höcker am Schädel eines Patienten die Hirnfunktionen erkennen. Einer der gescheiteren Phrenologen hatte das Innere des Schädels von Menschen und einigen anderen Primaten untersucht und war zu dem Schluß gekommen, daß die Sprache im hinteren Teil des Stirnlappens angesiedelt sei, genau dort, wo Broca die Läsion im Gehirn seines

Patienten entdeckte. Und Broca suchte dort nach der Läsion, weil ihm diese Theorie bekannt war.

Unterschiedlicher Meinung waren Phrenologie und Neurologie jedoch darüber, wie die Phrenologen den Sitz zerebraler Funktionen bestimmten. Die Logik der Neurologie ist die Logik von Paul Broca: Finde das Areal im Gehirn, das nicht funktioniert, und du hast das Zentrum dieser Funktion lokalisiert. So seltsam diese Logik von Störung und Lokalisation sein mag, sie ist dennoch bis heute die beste, über die wir verfügen.

Das war der Stand der Dinge, als Lucy Arft in mein Leben trat. Ungewollt sollte diese junge Frau mich mit der ganzen Idee des zeitweise geöffneten neuronalen Spracherwerbsfensters sowie mit der Neurologie der Händigkeit und der Sprache vertraut machen.

Lucy hatte Epilepsie. Das war mir klar. Neurologen verstehen unter »Epilepsie« nichts anderes als eine Tendenz zu wiederkehrenden Anfällen. Ansonsten ist keine bestimmte Bedeutung damit verbunden. Lucy hatte, bevor sie überhaupt einen Arzt aufgesucht hatte, Dutzende von Anfällen. An manchen Tagen hatte sie acht oder zehn. Es verging kaum ein Tag ohne wenigstens einen Anfall, obwohl sie Antikonvulsiva in hohen Dosen einnahm. Nicht einzudämmende Anfälle deuten oft auf ein schwerwiegendes Problem hin, etwa einen Hirntumor. Kein Wunder, daß alle sich so große Sorgen machten.

Aber was ist denn eigentlich ein Anfall?

Ein Anfall ist ein Ereignis, eine Änderung des Verhaltens, ein Fall anomalen Verhaltens – zum Beispiel mit den Lippen zu schmatzen und unansprechbar sein –, das eine direkte Folge übermäßiger elektrischer Hirnaktivität ist. Es gibt Anfälle, bei denen das ganze Gehirn gleichzeitig zu feuern scheint und die anomalen Entladungen sich über die gesamte Großhirnrinde erstrecken. Das ist dann der »klassische« Krampf, die Epilepsie im eigentlichen Sinne. In anderen Fällen feuert nur ein Teil der Großhirnrinde in anomaler Weise. In diesen Fällen tritt die anomale elektrische Aktivität nur in einem umschriebenen Bereich auf, und das anomale Verhalten ist stärker eingeschränkt. Es handelt sich zwar immer noch um einen Anfall, aber nicht um das Grand mal, sondern um einen partiellen Anfall oder, wie die Neurologen sagen, einen fokalen oder lokalen Anfall.

Wenn ein Patient Anfälle hat, die mit anomalen Zuckungen des linken Beins beginnen, sitzt der Fokus des Anfalls im Bein-Areal der rechten frontalen motorischen Rinde. Schreit der Patient auf und hört danach auf zu sprechen, sitzt der Fokus des Anfalls wahrscheinlich im Broca-Zentrum, in den Stirnlappen. Der Phrenologe würde ihn dort vielleicht ertasten. Als Neurologe würde ich dort nachschauen. So funktioniert die zerebrale Lokalisation.

Die Art von Anfällen, die Lucy hatte, ist auch verbunden mit einer lokalen Form anomaler elektrischer Entladungen in dem Areal, das Gerüche empfängt und interpretiert. Solche Anfälle gehen von den Schläfenlappen aus. Deshalb erzeugt die anomale Entladung einen Geruchseindruck. Eine anomale Entladung in der Sehrinde würde einen Seheindruck erzeugen, und Entsprechendes gilt für die anderen Sinne.

Anomale Entladungen, die von den Schläfenlappen ausgehen, deuten auf Läsionen am Schläfenlappen hin. Bei Lucy Arft stimmte also etwas nicht in einem ihrer Schläfenlappen. Meine Aufgabe war es, die Läsion bei Lucy herauszufinden und in welchem Schläfenlappen sie sich befand, denn beide Lappen, der rechte wie der linke, erzeugen dieselbe Art von Anfällen.

Während der Anamnese beobachtete ich sie genau. Als sie mir die gesamte Vorgeschichte erzählt hatte, war mir klar, daß sie vermutlich keinen Hirntumor hatte. Was sie hatte, war sehr viel interessanter als das unkontrollierte Wachstum von wild gewordenen anomalen Zellen. Lucy Arft, meine ganz persönliche Lucy, war nämlich die einzige Linkshänderin in ihrer gesamten Familie. Beide Eltern, alle vier Großeltern, ihre zwei Brüder und drei Schwestern sowie alle Cousins und Cousinen ersten Grades waren Rechtshänder. Hundertprozentig. Na und, werden Sie vielleicht sagen. Aber dieser Umstand war in der Tat so erstaunlich und bedeutend, daß er in die Geschichte der Neurologie eingegangen ist.

Die Händigkeit hat nichts mit unseren Händen zu tun. Sie hat mit unserem Gehirn zu tun. Den Händen eines Patienten sieht man es nicht an, ob er Links- oder Rechtshänder ist, es sei denn, die Haut wiese verräterische Veränderungen auf, die mit seiner Tätigkeit oder seinen Gewohnheiten zusammenhängen, wie etwa Tinte an der rechten Hand eines Schreibers oder Rauchspuren an den Fingern eines linkshändigen Rauchers. Worin sich beide Hände unterscheiden, sind die motorischen Fertigkeiten, nicht ihre Kraft oder Struktur und auch nicht die Fähigkeit der Hand, feine, rasch wechselnde Bewegungen oder andere, hochgradig koordinierte Tätigkeiten auszuführen. Der Unterschied besteht im Grad der Geschicklichkeit.

Anatomisch sind Hände ein perfektes Beispiel für spiegelbildliche Strukturen. Sie sind sogar das Vorbild für die Einteilung der Enantiomere in der organischen Chemie. Enantiomere sind eine besondere Form von Isomeren, organischen Substanzen, die bei gleicher Summenformel verschiedene Strukturen aufweisen können. Zwei Enantiomere stehen in einem bestimmten geometrischen Verhältnis zueinander: das eine ist rechtshändig, das andere linkshändig – beide sind Spiegelbilder des anderen. Diese Händigkeit beruht darauf, daß sie Kohlenstoff enthalten; weil das Kohlenstoffatom symmetrisch ist, können Atome sich auf beiden Seiten an sie binden. Enantiomere haben unterschiedliche Eigenschaften und bilden daher zusammen ein Paar identischer Isomere, deren Funktionen ganz verschieden sind.

Wie verschieden? Die meisten Verbindungen, die wir in unserem Körper benutzen, sind linkshändige Isomere, während ihre rechtshändigen Partner wirkungslos sind. Nehmen wir zum Beispiel das Dihydroxyphenylalanin, abgekürzt Dopa. Das linkshändige Enantiomer, abgekürzt Levodopa oder auch L-Dopa, ist unser wirksamstes Mittel gegen das Parkinson-Syndrom. Ins Gehirn gelangt, wird Levodopa in Dopamin umgewandelt, eine Substanz, an der es im Gehirn von Patienten mit der Parkinson-Krankheit mangelt. Dieses neugebildete Dopamin lindert die körperlichen Gebrechen des Patienten, die darauf beruhten, daß das Gehirn selbst nicht genügend Dopamin erzeugen konnte. Das zu Levodopa komplementäre Isomer Dextrodopa (rechtshändiges Dopa) ist unwirksam; die Enzyme des Gehirns können sich nicht an seine aktive Bindungsstelle binden, und so kann es nicht in Dopamin umgewandelt werden; es bewirkt beim Patienten überhaupt nichts.

Die Hände eines Patienten sehen, genau wie die chemischen Strukturen von Enantiomeren, identisch aus, so identisch, wie Spiegelbilder nur sein können. Die Unterschiede zwischen diesen äußerlich identischen Händen werden jedoch deutlich, wenn man den Patienten untersucht und seine motorische Geschicklichkeit testet. Bisweilen wird auch erkennbar, worauf diese Unterschiede beruhen.

Es ist jedoch irreführend, zu sagen, wir seien Rechts- oder Linkshänder. Unsere Geschicklichkeit hat ihre Grundlage nicht in den Händen, sondern im Gehirn, das die Bewegungen unserer Hände steuert. Wir sind also, wenn es um die manuelle Geschicklichkeit geht, entweder linkshirnig und dadurch rechtshändig oder umgekehrt. Aus der Sicht der Neurologen ist die Händigkeit nur eine der erworbenen nonverbalen, motorischen Fähigkeiten des Gehirns. Die Händigkeit ist zwar im Grunde erblich, aber wir werden nicht händig geboren; wir erwerben die Händigkeit. Diese Aussage ist nicht so widersprüchlich, wie es den Anschein hat; das wird man gleich sehen.

Rund 90 Prozent der Bevölkerung sind Rechtshänder. Rechtshänder benutzen nicht nur bevorzugt die rechte Hand, sondern sind auch bei den verschiedensten erlernten Tätigkeiten mit dieser Hand geschickter, darunter Schreiben, Zeichnen und Ballwerfen. Diesem Unterschied in der Funktion entspricht kein Unterschied in der Struktur der beiden Hände. Die Händigkeit hat daher, anders als bei den Enantiomeren, keine strukturelle Grundlage, sondern beruht ausschließlich auf der Hirnfunktion.

Die Bevorzugung der rechten Hand ist universal, sie kennzeichnet die ganze Familie der Menschheit. Sie erstreckt sich über alle Kulturen, von der Steinzeit bis zum Informationszeitalter, und ist unabhängig von der Sprachgruppe, von der Art und Weise, wie die Sprache geschrieben und gelesen wird (von rechts nach links, von links nach rechts oder auch von oben nach unten) und von sogenannten rassischen Merkmalen. Weshalb werden angesichts dieser universalen Bevorzugung dann in einer Generation nach der anderen und in allen Teilen der Welt 10 bis 12 Prozent der Bevölkerung zu Linkshändern? Es gibt natürlich Linkshänder, die deshalb zu Linkshändern werden, weil in ihrer linken Hemisphäre etwas schiefgeht, was sie daran hindert, zu Rechtshändern zu werden. Für diesen Sachverhalt haben die Neurologen den Terminus »pathologische Linkshänder«.

Als Lucy zu mir kam, erkannte ich fast auf Anhieb, daß sie Linkshänderin war. Sie trug ihre Armbanduhr am rechten Handgelenk. Damit stellte sich eine grundlegende Frage: War ihre Händigkeit erblich oder pathologisch? Steckten ihre Gene dahinter – oder eine Schädigung ihrer linken Hemisphäre? Letzteres ist weit seltener der Fall, selbst bei denen, die als Patienten zu uns kommen, die wir unser Leben damit verbringen, erkrankte oder beschädigte Gehirne zu untersuchen.

Bei den meisten Linkshändern ist die Tatsache, daß sie, was die Händigkeit angeht, rechtshirnig werden, nicht einer Hirnverletzung zuzuschreiben, sondern genetisch bedingt. Die spannendste genetische Theorie trug 1985 der britische Psychologe Marian Arnett vor. Die genetischen Variationen bezüglich der Händigkeit können auf einem einzigen Gen beruhen, von dem es zwei Varianten (oder Allele) geben kann, die gewöhnlich durch Mutation entstehen. Das dominante Allel erzeugt bei seinen Trägern eine »Rechts-Verschiebung«, erhöht also die Wahrscheinlichkeit, daß sie Rechtshänder werden. Diese Dominanz ist dafür verantwortlich, daß die Verteilung der Händigkeit stark zur Rechtshändigkeit hin verschoben ist. Ein ganz geringer Bruchteil der Bevölkerung würde dennoch aufgrund von Umwelteinflüssen linkshändig werden, wobei dieser Teil aber nicht groß genug ist, um die Häufigkeit der Linkshändigkeit in allen menschlichen Bevölkerungen (10 Prozent) zu erklären.

An dieser Stelle kommt das andere Allel ins Spiel. Das rezessive Allel verursacht allein keine Händigkeit, beseitigt aber jede Tendenz zu einer bestimmten Händigkeit, so daß beide Seiten dominant werden können. Das würde erklären, warum die Kinder zweier linkshändiger Eltern sich gleichmäßig in Links- und Rechtshänder aufteilen, und es würde auch erklären, warum Linkshänder bei anderen Maßen wie Augendominanz, Füßigkeit und sogar Fingerabdrücken eine uneinheitliche Verteilung der Asymmetrie aufweisen.

Da ihre beiden Eltern Rechtshänder waren, war es weit eher wahrscheinlich, daß Lucy das Allel geerbt hatte, das für eine »Rechts-Verschiebung« sorgte, neurologisch gesehen eine »Verschiebung der Geschicklichkeit ins linke Gehirn«.

Trotzdem war sie Linkshänderin. War sie also eine pathologische Linkshänderin? Und wenn ja, wann hatte dieser pathologische Zustand angefangen?

Die Händigkeit wird ganz früh im Leben erworben, und sie ist ein Beweis für ein anderes, zeitweise geöffnetes neuronales Fenster, neben dem für den Spracherwerb. Wenn die dominante rechte Hand eines Erwachsenen durch einen Schlaganfall gelähmt ist, kann er lernen, für Tätigkeiten, zu denen er bisher die rechte Hand benutzte, die linke Hand zu benutzen. Er kann lernen, zu schreiben, die Gabel zu benutzen und unterschiedlichste Aufgaben auszuführen. Allerdings werden diese Aufgaben niemals mit derselben Geschicklichkeit ausgeführt wie zuvor mit der dominanten rechten Hand. Kinder können die dominante Seite jedoch ganz mühelos wechseln.

Darauf beruht ja gerade das neurologische Konzept, daß ein Gen verantwortlich ist, das allerdings nur die Chancen verschiebt beziehungsweise beeinflußt. Zum Zeitpunkt der Geburt kann jede Hemisphäre bezüglich der Händigkeit dominant werden. Normalerweise ist es wegen der genetischen Dominanz die linke Hemisphäre. Wenn in der linken Hemisphäre jedoch etwas schiefgeht, macht es eben die rechte Hemisphäre, und zwar genauso gut wie ihr Spiegelbild.

Auch wenn nicht so viele Untersuchungen vorliegen wie für die Sprache, gelten doch für die Genesung von der Hemiplegie (eingeschlossen der Wechsel der dominanten Seite für die Händigkeit) dieselben Regeln wie für den Wiedererwerb der Sprache. Auf der Grundlage des Erbguts und der Umwelteinflüsse wählt das Gehirn eine dominante Hemisphäre für die Händigkeit. Wird diese Hemisphäre in jungen Jahren beschädigt, kann das Gehirn dann die andere Hemisphäre wählen und die Dominanz wechseln. Nach der Pubertät wird das immer schwieriger, und bei Erwachsenen ist es nicht mehr möglich. Die nichtgeschädigte Hand und die nicht-dominante Hemisphäre können Fähigkeiten erwerben, aber echte Geschicklichkeit kann die nicht-dominante Hemisphäre niemals erlangen.

Pathologische Linkshändigkeit liegt also vor, wenn jemand Linkshänder wird, weil eine Schädigung der linken Hemisphäre in jungen Jahren die Entwicklung der Geschicklichkeit der (erblich dominanten) rechten Hand verhinderte. Hatte Lucy eine Läsion der linken Hemisphäre, die sie zu einer pathologischen Linkshänderin machte? Und was war mit ihrer Sprache geschehen? Bei den meisten von uns ist die linke Hemisphäre auch bezüglich der Sprache dominant: das Broca-Zentrum. Schon die Phrenologen wußten das. Lucys Sprache und allgemeine Intelligenz waren jedoch offensichtlich normal. Die linke Hemisphäre hätte bei ihr dominant sein sollen. Wenn nicht, warum nicht? Und wann war der Dominanzwechsel eingetreten?

Die neurologische Untersuchung ergab, daß Lucys rechte Hand kleiner war als die linke: die Nagelbetten ihrer Finger waren schmaler und die Finger kürzer. Ihre Hände waren keine echten Spiegelbilder voneinander. Dieselben Asymmetrien bemerkte ich bei ihren Füßen. Ihr rechter Fuß war kleiner, die Nagelbetten schmaler und die Zehen kürzer. Heureka! Ich wußte genau, was mit Lucys Gehirn los war. Diese Asymmetrien waren die klassischen Anzeichen einer Wachstumsstörung, bei der die eine Körperhälfte nicht die volle Größe erreicht. Man beobachtet sie nur, wenn eine Hirnverletzung oder -erkrankung vor der Pubertät aufgetreten ist – in den meisten Fällen geschieht das mehrere Jahre vor der Pubertät, wenn der Körper noch am Wachsen ist, und lange bevor die neuronalen Fenster für die Händigkeit und für die Sprache sich schließen. Wann war das bei Lucy der Fall gewesen, und was war mit ihrem Gehirn geschehen? Lucy konnte sich an nichts erinnern. Soweit sie wußte, war sie normal und immer normal gewesen. Ihre schulischen Leistungen waren der Beweis, daß sie nie auch nur den geringsten Hirnschaden erlitten hatte.

Wie alle Mütter wußte Mrs. Arft besser als irgend jemand sonst, was in jungen Jahren mit ihrer Tochter geschehen war. Wir fingen also ganz am Anfang an. Die Schwangerschaft war normal verlaufen, aber die Wehen und die Entbindung nicht. Lucy hatte sich in einer Steißlage befunden. Nach Wehen, die sich über mehr als 24 Stunden hingezogen hatten, war sie endlich durch einen dringend notwendigen Kaiserschnitt zur Welt gekommen und anschließend fast einen Monat im Brutkasten geblieben. Höchstwahrscheinlich hatte Lucy im Verlauf ihrer Geburt eine Verletzung am Gehirn davongetragen, aufgrund deren sie dann später die Epilepsie entwickelte.

Ich verfolgte Lucys Geschichte weiter. Als Kleinkind hatte sie das rechte Bein nachgezogen, als sie zu laufen begann. Man glaubte an ein orthopädisches Problem und verordnete ihr entsprechende Schuhe. Auch nachdem sie diese nicht mehr benötigte, blieb es schwierig, ihr passende Schuhe zu kaufen. Ihr rechter Fuß war immer eine bis zwei Nummern kleiner, so daß zwei Paar Schuhe von unterschiedlicher Größe erstanden werden mußten.

Nach dieser Vorgeschichte war klar, daß Lucys Hemiatrophie auf ihre Geburt zurückging. Wie bei Cäsar war die Schädigung von Lucys linker Hemisphäre höchstwahrscheinlich auf anomalen Sauerstoffmangel in den letzten Stadien der Schwangerschaft und der Entbindung zurückzuführen. Weil die Fähigkeit ihrer linken Hemisphäre, den rechten Arm und das rechte Bein zu steuern, beeinträchtigt war, wurde Lucy pathologisch linkshändig.

Der Rückschluß war einwandfrei. Eine frühe Schädigung der linken Hemisphäre zog rechtsseitige Hemiatrophie und Anfälle nach sich. Aber kamen ihre Anfälle von dieser geschädigten linken Hemisphäre? Komplex-partielle Anfälle sind nicht voneinander zu unterscheiden, gleichgültig, in welcher Hemisphäre sie entspringen. Und daß in einer Hemisphäre eine alte Schädigung vorliegt, verhindert nicht, daß in der anderen, zuvor normalen Hemisphäre eine neue Krankheit entsteht. Auch die Logik der zerebralen Lokalisation hat ihre Grenzen. Lucy konnte in der anderen Hirnhälfte einen Tumor haben.

Das war eine Frage, die sich klären ließ, auch schon in den vorsintflutlichen Zeiten, als es weder CT noch MRI gab. Wir konnten ein EEG machen, ein Elektroenzephalogramm, mit dem die elektrische Aktivität des Gehirns aufgezeichnet wird. Es gab bereits mehrere EEGs von Lucy, und sie wiesen anomale Ausbrüche von elektrischer Aktivität auf, die alle von ihrem linken Schläfenlappen ausgingen. Die zerebrale Lokalisation funktionierte noch.

Ich teilte das Lucy und ihrer Mutter mit, und beide verstanden genau, was ich meinte. Die Mutter begann vor Erleichterung und Freude zu weinen: Lucy hatte keinen Hirntumor. Gott sei Dank mußte ihre Kleine nicht am Gehirn operiert werden.

Aber ob ich nicht dafür sorgen könnte, daß die Anfälle verschwinden?

Ich hielt das nicht für möglich, jedenfalls nicht mit Medikamenten. Sie war mit allen erdenklichen Antikonvulsiva in hohen Dosen behandelt worden, und trotzdem hatte sie immer noch acht bis zehn Anfälle täglich.

Ob ich ihr denn sonst mit nichts helfen könnte? »Doch«, sagte ich, »mit einer Hirnoperation.«

Mit einer Hirnoperation! Es war, als hätte ich beiden den Boden unter den Füßen weggezogen. Sie waren niedergeschmettert und verwirrt. Wenn Lucy keinen Hirntumor hatte, brauchte sie doch keine Hirnoperation. Aber die brauchte sie eben doch, denn sie hatte Anfälle.

Ich holte tief Luft und versuchte, es ihnen so schonend wie möglich zu erklären. Die in ihrer anomalen linken Hemisphäre zurückgebliebenen Narben waren die Ursache dafür, daß die beschädigten Zellen Anfälle hervorriefen. Wenn diese Entladungen nicht medikamentös zu unterbinden waren, gäbe es die Möglichkeit, die Narben und die anomalen Zellen zu entfernen.

Wie gefährlich das sei?

Das hing ganz davon ab, welche Hemisphäre ihre Sprache kontrollierte, welche Hälfte ihres Gehirns sprachdominant war. Wir sprachen es noch einmal durch: Die Sprache wird, genau wie die

Händigkeit, gewöhnlich von der linken Hemisphäre kontrolliert. Wenn Kinder früh im Leben eine größere Schädigung der linken Hemisphäre erleiden, verlieren sie das Sprechvermögen, doch gesunden sie ziemlich rasch und lernen wieder sprechen. Nicht, weil ihre linke Hemisphäre sich selbst repariert. Ihr Gehirn wechselt vielmehr die Dominanz, wodurch das Sprechvermögen von der ungeschädigten rechten Hemisphäre kontrolliert wird.

Genau wie die Händigkeit.

Und genau wie die Händigkeit ist diese Fähigkeit, die Dominanz zu wechseln, altersabhängig. Bei Beginn der Pubertät ist sie vergangen, das neuronale Fenster ist geschlossen.

Lucys Verletzung war lange vor der Pubertät geschehen. Vielleicht hatte sie gar nicht die Dominanz gewechselt. Aber welche Seite war nun dominant? Wenn ihre rechte Hemisphäre wegen der Sprache angezapft worden war, weil sie gebraucht wurde, bevor sich der neuronale Sprachfenster schloß, dann würde eine Operation an ihrer linken Hemisphäre keine Gefahr für ihr Sprechvermögen darstellen. Wenn aber die linke Hemisphäre trotz der Schädigung noch immer ihre Sprache kontrollierte, konnte eine Operation dort zu gefährlich sein.

Wie ließ sich das feststellen?

Durch einen Wada-Test. Das Verfahren ist nach dem kanadischen Neurologen John A. Wada benannt, der es vervollkommnete. Man injiziert eine geringe Menge eines rasch wirkenden Barbiturats nacheinander in jede der Kopfschlagadern und beobachtet, wie sie sich auf die Sprache auswirkt. Die Kopfschlagadern versorgen jeweils nur eine Hemisphäre mit Blut, die linke Kopfschlagader die linke Hemisphäre, den üblichen Sitz des Broca-Zentrums, und die rechte Kopfschlagader die rechte Hemisphäre, den Sitz des gewöhnlich inaktiven Spiegelbildes des Broca-Zentrums. Wenn die Aktivität des dominanten Broca-Zentrums durch das Barbiturat zum Erliegen kommt, wird das Sprechvermögen unterbunden. Wenn das Medikament auf die andere Seite einwirkt, passiert nichts.

Drei Tage später führten wir an Lucy den Wada-Test durch, wobei wir ihr EEG überwachten. Die Injektion in die linke Kopfschlagader versetzte die linke Hälfte ihres Gehirn in Schlaf, wirkte sich aber nicht im geringsten auf ihr Sprechvermögen aus. Lucy sprach weiter mit uns, während wir beobachteten, wie die elektrische Aktivität in dieser Hälfte ihres Gehirns zurückging, bis nur noch die anomalen Entladungen übrigblieben. Wir hatten ihr Gehirn in einen Zustand versetzt, in dem alle normale Aktivität aufhörte und allein die Anfallsentladung weiterfeuerte. Also befand sich bei Lucy das Broca-Zentrum nicht in der linken Hemisphäre. Das war ein gutes Zeichen.

Eine anschließende Injektion in die rechte Kopfschlagader verursachte eine schwere Aphasie. Da durch die Injektion allein die rechte Hemisphäre in Schlaf versetzt worden war, blieb Lucy wach und aufmerksam, aber sie konnte selbst die einfachsten Anweisungen nicht verstehen und kein Wort sprechen. Heureka! Wir hatten ihr Broca-Zentrum gefunden. Auf der »verkehrten« Seite. Genau wie ihre Hand-Dominanz.

Genetisch hätte Lucy, wie schon gesagt, Rechtshänderin sein müssen, und ihre linke Hemisphäre hätte normalerweise das Sprechvermögen entwickeln müssen. Doch ihre rechte Hemisphäre hatte diese Fähigkeiten entwickelt. Während ihrer kritischen Phase war die normale rechte Hemisphäre ausgewählt worden, das Sprechvermögen zu entwickeln. Und sie hatte reagiert.

Der Rest ihrer Geschichte ist ebenso dramatisch wie befriedigend. In der folgenden Woche wurde die Operation durchgeführt, die zu vermeiden sie mich aufgesucht hatte. Das heißt, nicht ganz dieselbe Operation. Von ihrer geschädigten linken Hemisphäre wurde eine kleine Narbe entfernt und dazu die angrenzenden Areale, die die Anfallsentladungen erzeugten.

Als sie aufwachte, prüften wir sogleich ihr Sprechvermögen. Es war normal wie immer. Nichts hatte sich geändert. Mit einer Ausnahme: Sie hatte nie wieder einen Anfall.

Ich denke oft an diese meine Lucy, einerseits, weil sie mir noch immer jedes Jahr Weihnachtskarten schickt, vor allem aber wegen der Dinge, die sie mich gelehrt hat. Lange bevor wir uns kennenlernten, hatte ich alle Theorien über die Hirnentwicklung und die zerebrale Lokalisation studiert, aber erst durch Lucy wurden sie für mich lebendig. Nicht daß ich sie mit all ihren Implikationen wirklich verstanden hätte. Zu Beginn unseres Lebens sind unsere beiden Hemisphären identisch. Wir können, wie die erste Lucy, zweibeinig gehen und aufrecht auf unseren eigenen zwei Füßen stehen. Wie schon in unserer Evolution als Spezies kommt auch in unserer individuellen Entwicklung die Zweifüßigkeit zuerst. Mit zwei gleichen Hirnhemisphären sowie Händen und Beinen, die hinsichtlich Struktur und Funktion Enantiomere sind. Während dann die Hände zunehmend für Tätigkeiten benutzt werden, die mit bloßer Fortbewegung nichts zu tun haben, setzt die Selektion bezüglich der Dominanz für die Händigkeit ein. Dies vollzog sich im Leben von Lucy Arft, wie es sich während unserer Evolution zum Menschen vollzogen hatte.

Warum hat sich die aufrechte Haltung und die Bipedie in dieser einen ungewöhnlichen Evolutionslinie durchgesetzt? Die gängige Erklärung lautet, daß die Umwelt sich änderte und die frühen Hominiden in der afrikanischen Savanne irgendwie überleben mußten. Nach dieser Auffassung der Evolution wurden unsere Vorläufer durch den Übergang vom Leben in den Wäldern zum Leben in einem offeneren Umfeld zur Übernahme der Bipedie gezwungen, weil die aufrechte Haltung ihnen inmitten der hochgewachsenen Savannengräser ein weiterreichendes Gesichtsfeld verschaffte. Oder weil sie sich so besser vor Feinden, die sie fressen wollten, in Sicherheit bringen konnten. Oder weil sie auf effizientere Weise größere Strecken zurücklegen konnten. Oder weil dank der aufrechten Haltung ein kleinerer Teil der Körperoberfläche der sengenden Sonne ausgesetzt war.

Der Haken ist, daß nicht alle Exemplare von *Australopithecus afarensis* in der Savanne gefunden wurden. Lucy fand man in Hadar in Äthiopien, einem trockenen Savannenland, aber ihre Verwandten, die die berühmten Fußabdrücke sowie Teile von zahlreichen Skeletten hinterließen, wurden in Laetoli in Tansania entdeckt, einer Fluß- und Waldlandschaft. Warum also sind wir – oder vielmehr unsere Vorfahren – zu Zweibeinern geworden? Woher der Erfolg dieser andersartigen Anpassung der einen Evolutionslinie, die dann immer größere und komplexere Gehirne entwickelte?

Als Neurologe würde ich sagen, daß beides durchaus miteinander zu tun hatte. Und daß die Entwicklung der Bipedie ebensowenig eine Voraussetzung für die Vergrößerung des Gehirns war wie die Vergrößerung des Gehirns eine Voraussetzung für die Bipedie. Beide Entwicklungen zusammen ließen ein System positiver Rückkoppelungen entstehen, in dem beide Prozesse sich gegenseitig verstärkten, wobei aber die Bipedie als erste da war.

Warum? Weil die Bipedie die Arme und Hände befreite. Nicht für die Herstellung von Werkzeugen. Das kam erst Ewigkeiten später. Wofür dann? Für einen Neurologen scheint die Antwort auf der Hand zu liegen. Was uns vor allen anderen Arten auszeichnet, ist das Ausmaß der Juvenilisierung unseres Gehirns. Dies ist wohl teilweise durch die Größenbegrenzung des fötalen Gehirns durch die Abmessungen des weiblichen Beckens bedingt. Es ist die Juvenilisierung, die das menschliche Gehirn zu dem gemacht hat, was es heute ist. Dadurch wurde das Kleinkind aber auch auf längere Zeit abhängig als die Nachkommen aller anderen Arten.

Wie konnte dieser abhängige Nachwuchs nun geschützt werden? Weit besser als mit jeder anderen verfügbaren Methode dadurch, daß die Arme der Mutter befreit wurden, um die Kleinen zu tragen, sie zu schützen, sie von Gefahren fernzuhalten. Und das über eine lange Zeit. Ein erschrecktes Schimpansenjunges kann sich ans Fell des Muttertieres klammern, das mit ihm davonläuft. Ein fünfjähriges Kind aber hat vielleicht noch nicht begriffen, daß es sich an die Mutter klammern muß, wenn ihm sein Leben lieb ist, und da ist es gut, wenn die Mutter die Arme frei hat; sie kann das Kind einfach aufnehmen und wegtragen.

Zuerst war also die Bipedie da, dann kam die Entwicklung des juvenilisierten und beschützten menschlichen Gehirns. Als Teil dieses Prozesses verlagerte sich die Dominanz für Händigkeit in die linke Hirnhälfte. Dann folgte die Entwicklung des Sprechvermögens. Es kann natürlich nicht von beiden Hirnhälften gleichzeitig kontrolliert werden, also muß hier ebenfalls eine Verlagerung stattfinden, und das heißt, daß eine der beiden gleichermaßen begabten Hemisphären selektiert werden muß. Diese Selektion ist jedoch nicht endgültig und unumkehrbar. Sie läßt sich ändern – aber nur eine Zeitlang, bis zur Pubertät.

Ich denke, daß das neuronale Fenster sich nicht ohne Grund schließt. Irgendwann ist das entwickelte Gehirn theoretisch »auf sich gestellt«, wird es nicht mehr von der Mutter außer Gefahr gebracht. Die Schließung des Fensters ist nicht auf eine benennbare Ursache zurückzuführen, sondern kam in einem allmählichen Prozeß zustande. Als unsere Vorfahren ein bestimmtes Alter erreicht hatten und ohne den Schutz ihrer Mütter überleben mußten, da mußten auch die Systeme unseres Gehirns für die Auseinandersetzung mit der Welt aktionsbereit sein. Sonst hätten wir in einer gefährlichen Situation nicht nachahmen können, was unsere Mütter getan hatten, und uns auf diese Weise retten können. Es hätte also gar keinen Sinn gehabt, das neuronale Fenster über die Pubertät hinaus offenzulassen. Wir wären längst umgekommen, bevor wir das vollentwickelte Gehirn hätten nutzen können.

Wie läuft das alles ab? Wie schließt sich das Fenster? Was geschieht mit dem juvenilen Gehirn, wenn es in die Adoleszenz und ins Erwachsenenalter kommt und dabei an Plastizität einbüßt?

Die Antworten auf diese Fragen erfuhr ich, nachdem meine Lucy längst zur Lehrbeauftragten für romanische Sprachen und zur Mutter dreier Töchter geworden war – die alle Rechtshänder sind.

GESCHICHTE 3

Das Geschenk der Sprache: Frank Morrell und wie er eine erworbene epileptische Aphasie behandelt

Eigentlich war Marilou Atlan nie meine Patientin, aber kaum einer meiner Patienten hat mich so sehr beschäftigt wie sie, selbst jene nicht, die ich so viele Male gesehen und untersucht habe. Ich machte ihre Bekanntschaft, als sie mit ihrer Mutter Terri und ihrem Großvater in meine Sprechstunde kam, den ich wegen seiner Parkinson-Krankheit behandeln sollte. Gerade mal drei Jahre alt, war sie offenkundig ein frühreifes Kind mit einem starken Willen und einem eigenen Kopf. Ich hatte gar keine Gelegenheit, mich vorzustellen, denn sie erklärte mir sogleich, daß sie nach ihrer verstorbenen Großmutter Mary benannt worden sei, die sie nicht mehr kennengelernt hatte, und nach ihrem Großvater Lou. Dann erklärte sie mir in aller Eile, daß sie mitgekommen sei, um sicherzustellen, daß ich ihrem Großvater nichts Schlimmes antue – ihre Großmutter habe sie schon verloren, und sie habe nicht die Absicht, nun auch noch ihn zu verlieren. Ganz wie eine Erwachsene. Nachdem sie das gesagt hatte, setzte sie sich und ließ mich reden.

Was ich zu sagen hatte, war relativ einfach. Bei ihrem Großvater Louis Fournier war vor kurzem die Parkinson-Krankheit diagnostiziert worden, und er und seine Familie hatten beschlossen, mich aufzusuchen. Meine Untersuchung kam ebenfalls zu dem Ergebnis, daß er sich im Anfangsstadium der Parkinson-Krankheit befand. Ich erklärte ihm, daß Tests nicht nötig seien; Parkinson wird klinisch diagnostiziert, also lediglich durch Beobachtung. Das war ihm bereits bekannt.

Warum hatte er mich dann aufgesucht?

»Ich habe einen Mercedes«, begann er. »Er kostet mich eine

Menge Geld. Wenn etwas dran zu machen ist, kann ich zu den Typen an der Ecke gehen. Ich kenne sie seit Jahren. Sie berechnen mir nicht viel für ihre Arbeit. Oder ich kann mit dem Wagen zum Händler fahren. Das ist eine Fahrt von einer halben Stunde, und er ist erheblich teurer. Was mache ich also? Ich fahre zum Händler, denn dort kennen sie sich mit meinem Mercedes am besten aus. Sie sind der Fachmann für die Parkinson-Krankheit. Deshalb bin ich hier.«

Ich verstand. Ich empfange jede Woche 70 oder mehr Patienten mit Parkinson-Krankheit.

Wir sprachen noch ein paar Minuten darüber, was er von der Krankheit möglicherweise zu erwarten hatte und wie oft er sich wieder bei mir vorstellen sollte. »Alle drei Monate«, sagte ich zu ihm. Seine Aufgabe war es, sich wie seinen Mercedes regelmäßig zur routinemäßigen Wartung zu bringen.

Er lächelte. »Die planmäßige Wartung versäume ich nie.«

»Opa hatte Angst davor, heute hierher zu kommen«, meldete sich Marilou. »Aber ich habe ihm gesagt, er ist dumm.«

»Magst du es nicht, wenn dein Opa sich dumm benimmt?«

»Die Art von dumm meine ich nicht, sondern blöd«, klärte sie mich auf.

Nachdem das geklärt war, zeigte ich ihr, daß ich meinen Daumen in zwei Stücke reißen kann. Sie schaute aufmerksam zu, reagierte aber ansonsten nicht. Dann sagte sie nach gründlicher Überlegung: »Das ist ein sehr guter Trick. Damit kann ich meine Freunde erschrecken. Zeigst du mir, wie das geht?«

Das tat ich. Als ich fertig war, erinnerte ich Mr. Fournier daran, sich einen Termin in drei Monaten geben zu lassen.

»An einem Tag, an dem ich mitkommen kann«, sagte Marilou.

Im folgenden Jahr sah ich Louis Fournier, seine Tochter Terri und seine Enkelin Marilou alle drei Monate. Als sie vier war, beherrschte Marilou mein gesamtes Repertoire kleiner Tricks, die ich im Laufe meines Lebens erlernt hatte, und natürlich konnte sie auch schon lesen. Sie hatte es sich selbst beigebracht, nur ein wenig unterstützt von ihrem Großvater.

Leider ging es Louis nicht ganz so gut. Bei ihm schritt die Krankheit weit rascher fort als bei den meisten anderen Patienten. Wir wissen, daß sie bei verschiedenen Patienten unterschiedlich rasch verläuft, aber wir wissen nicht, warum. Er hatte einen schlurfenden Gang, und sein Gleichgewicht war nicht so sicher, wie er es gern gehabt hätte. Ich stellte seine Medikation entsprechend um und schlug vor, daß er mich alle zwei Monate aufsuchen sollte.

Als Marilou fünf war und alles las, was ihr in die Finger kam, verlor Louis Fournier mindestens einmal in der Woche das Gleichgewicht und fiel hin. Ich hielt es für das Beste, es mit einem anderen Medikament zu versuchen. Während ich darüber mit ihm sprach, schien Marilou nicht sie selbst zu sein. Normalerweise saß sie still da, vollkommen reglos und ganz darauf konzentriert, sich nur ja keines meiner Worte entgehen zu lassen, damit sie es ihrer Mutter und ihrem Großvater wiederholen konnte, falls diese sich nicht daran erinnern konnten.

An diesem Tag schien sie nicht so aufmerksam zu sein wie sonst. Ich dachte, daß es möglicherweise damit zu tun hatte, daß sie größer wurde und mehr mit ihrem eigenen Leben beschäftigt war. Auf einmal bemerkte ich aus dem Augenwinkel, daß Marilou mehrmals schnell mit den Augen zwinkerte, sie dann kurz ruckartig nach links wendete und eine Sekunde lang den Kopf sinken ließ. Im nächsten Moment rieb sie rasch die Hände aneinander. Als ich ihr meinen Blick zuwandte, lächelte sie mich wie gewohnt an, zum Zeichen, daß alles in Ordnung sei.

Als sie ihren Großvater an der Hand nahm und hinausführte, damit er sich seinen nächsten Termin geben ließ, erkundigte ich mich bei ihrer Mutter, ob mit Marilou alles in Ordnung sei.

»Sie ist in der letzten Zeit merkwürdig still. Das ist mal was Neues. Wir machen uns alle Sorgen um Papa, besonders Marilou. Wenn er einen schlechten Tag gehabt hat, ist sie sehr besorgt um ihn, und er hat letzthin so viele schlechte Tage gehabt. Außerdem ist sie auf einer neuen Schule und findet dort schwer Freunde. Sie ist ihren Altersgenossen weit voraus, aber sie ist noch zu jung, um eine Klasse zu überspringen. Ich glaube, deshalb ist sie so still.«

In dem Moment blickte Marilou mich an und fragte: »Wann?« Es war ihr erstes Wort während der gesamten Visite.

Offenbar war sie in ihre eigenen Gedanken versunken gewesen und hatte nicht gehört, daß ich ihrem Großvater gesagt hatte, er solle in einem Monat wiederkommen. »In zwei Wochen«, sagte ich nun.

»Ich meine, Sie hätten gesagt, in einem Monat«, sagte ihre Mutter.

»Ich habe meine Meinung geändert.« Ich machte mir Sorgen um Louis Fournier, aber ich machte mir auch Sorgen um Marilou. Was war mit dem quicklebendigen kleinen Mädchen passiert, das ich so ins Herz geschlossen hatte?

Zwei Wochen später, nachdem Louis Fournier das neue Medikament genommen hatte, waren bei ihm Anzeichen einer Besserung zu beobachten. Der schlurfende Gang hatte sich verloren, und das Gleichgewicht hatte sich gebessert. Ich änderte die Verschreibung und erhöhte sie von drei auf vier Dosen täglich. Normalerweise hätte ich einem solchen Patienten gesagt, er solle in sechs bis acht Wochen wiederkommen. »In zwei Wochen«, sagte ich.

Dann wandte ich mich Marilou zu. Sie hatte noch kein einziges Wort gesagt. Ich konnte tun, was ich wollte, ich bekam keine Antwort aus ihr heraus. Ich führte ihr alle meine alten Tricks vor. Sie schaute lächelnd zu, sagte aber nichts. Nicht ein Wort.

Wieder nahm sie ihren Großvater bei der Hand und ging mit ihm zur Anmeldung.

»Terri«, begann ich.

»Ich weiß. Nächste Woche geht sie zu einem Psychiater. Sie wirkt so bedrückt.« Terri nannte den Namen des Kinderpsychiaters, den ihr Kinderarzt empfohlen hatte.

Ich fand die Entscheidung richtig. Der Psychiater Dr. Rolland Pignon hatte einen ausgezeichneten Ruf. Ich hatte schon mehrere meiner Patienten zu ihm geschickt. »Was ist passiert?«

»Sie lebt in ihrer eigenen Welt. Zuerst schien es, als wolle sie nur nicht auf uns hören oder mit uns reden. Jetzt sagt sie überhaupt nichts mehr. Es interessiert sie anscheinend nicht, was wir sagen. Sie beachtet nicht einmal ihren Hund. Dabei mag sie den Hund sehr – früher jedenfalls. Wie es jetzt ist, weiß ich nicht.« Terri brach in Tränen aus.

Es gab so vieles, wonach ich gerne gefragt hätte, aber ich wollte Terri nicht beunruhigen. »Wann gehen Sie zu Dr. Pignon?«

»Montag nachmittag.«

»Dann möchte ich Ihren Vater am Dienstagmorgen sehen. Wir setzen einen längeren Termin an.«

»Danke«, sagte sie. »Wir sind dann alle da.«

Am folgenden Dienstagmorgen kamen die drei um halb neun in meine Sprechstunde. Bei Louis Fournier hatte die neue Verordnung Wunder gewirkt. Er war fast wieder der alte.

Marilou dagegen war ein Schatten ihrer selbst.

Dr. Pignon war sich sicher, daß sie an einer Depression litt, aber da gab es etwas anderes, das ihm Sorgen machte, und er wünschte, daß sie einen Kinder-Neurologen aufsuchte. Da die Atlans ohnehin schon einen Termin bei mir hatten, hoffte Terri, daß ich mir Marilou einmal anschaute.

»Als erstes«, sagte ihre Mutter, »fiel mir auf, daß sie mich anscheinend gar nicht beachtete. Manchmal war es, als würde sie mich nicht einmal hören.«

»Als hätte sie Sie nicht verstanden?«

»Das auch, aber es kam vor, daß ich etwas sagte, und es schien, als hätte sie es gar nicht gehört.«

»Ist das nur bei Worten so? Achtet sie auf andere Geräusche?«

Das wußte ihre Mutter nicht, wohl aber der Großvater. »Sie spielt noch mit Marty. Das ist ihr Hund. ›Marty‹ ist die Abkürzung von Charles Martel. Doch wenn Marty im Zimmer nebenan ist und bellt, blickt Marilou nicht einmal auf.«

Jetzt war ich besorgt.

»Wann hat das angefangen?«

»Vor sechs Wochen, zu Beginn des neuen Schuljahres.«

Alles innerhalb von sechs Wochen. Von der normalen Sprache zum völligen Verlust aller sprachlichen Funktionen, der rezeptiven wie der expressiven: Sie konnte Sprache nicht verstehen, und sie konnte keine Sprache produzieren. Sie war verstummt.

Ich wollte wissen, ob Marilou hören konnte, und schrie sie an. Sie sagte nichts.

Ich ging hinter sie und ließ ein schweres Buch zu Boden fallen. Ihre Mutter schreckte zusammen, ihr Großvater auch. Marilou saß da, als hätte sie den Knall gar nicht gehört.

Ich stellte mich vor sie und führte meinen alten Trick mit dem Zerreißen des Daumens vor. Marilou lächelte und führte wie gewohnt alle Tricks vor, die ich ihr beigebracht hatte. Sie zeigte mir sogar einige, die ihr Großvater ihr beigebracht hatte. Dann holte Marilou ein Kartenspiel aus der Tasche und zeigte mir zwei Kartenkunststücke.

»Wann hat sie die gelernt?« fragte ich.

»Letzte Woche«, sagte ihr Großvater.

Ich war verblüfft. Marilou verstand nicht ein Wort, das man zu ihr sagte. Sie begriff nicht einmal mehr, was verbale Kommunikation war. Sie reagierte nicht auf Geräusche, nicht einmal auf das Bellen von Charles Martel. Aber sie konnte komplizierte Kartenkunststücke erlernen, bei denen es darauf ankam, daß sie mit anderen interagierte, um die komplexen Handlungsfolgen zu erlernen. Der größte Teil ihres Gehirns funktionierte offenbar noch recht gut.

Während ich überlegte, was genau hier vorlag, führte Marilou wieder, in derselben Reihenfolge, folgende motorische Handlungen aus: sie zwinkerte rasch mit den Augen und bewegte sie ruckartig erst nach links, dann wieder zur Mitte, immer wieder: links, Mitte; links, Mitte; links, Mitte – und derweil flatterten ihre Lider.

Dann hörte das Lidflattern auf; fast im selben Augenblick hörten auch die ruckartigen Augenbewegungen auf, und die Augen gingen langsam in ihre normale Stellung zurück.

Aber es war noch nicht vorbei. Sie legte ihre Hände aneinander und begann sie zu bewegen, als würde sie sie waschen. Immer wieder. Ich maß die Zeit: Das Händewaschen dauerte etwa 40 Sekunden, dann hörte es auf.

Mir war vollkommen klar, was ich beobachtete: einen Anfall. Der ganze Anfall hatte nicht länger als eine Minute gedauert. Begonnen hatte er mit Augenbewegungen und geendet mit einem sogenannten Automatismus, einer Form automatischen Verhaltens. Mit dem Ausdruck »Automatismus« bezeichnet man eine komplexe Bewegung oder Bewegungsfolge, die man, zur rechten Zeit und am rechten Ort ausgeführt, als normal betrachten würde, die aber zur falschen Zeit und am falschen Ort ausgeführt wird und keiner erkennbaren Funktion dient, wie etwa das Händereiben, wenn es kalt ist. Solche Automatismen beobachtet man gewöhnlich bei Anfällen, die ihren Ursprung im Schläfenlappen haben.

Marilous Unvermögen, Worte zu verstehen, deutete auf eine Aphasie hin, einen Ausfall der Sprache. Sie ließ insbesondere Anzeichen einer rezeptiven Aphasie erkennen, was bedeutete, daß ihre Fähigkeit, Sprache zu verstehen, stärker betroffen war als ihre Fähigkeit, Sprache zu produzieren. Dies deutete auf ein Problem in ihrer sprachdominanten Hemisphäre hin, und da sie Rechtshänderin war, mußte das Problem in ihrer linken Hemisphäre angesiedelt sein. Der Neurologe will immer wissen, wo eine Funktionsstörung im Gehirn lokalisiert ist.

Aber wo in der linken Hemisphäre? Die linke Hemisphäre ist ein weites Feld. Sie ist eine ganze Hälfte des Gehirns. Die rezeptive Aphasie findet man gewöhnlich eher im hinteren als im vorderen Teil des Gehirns, in einer Region, die als Wernicke-Zentrum bezeichnet wird. Benannt ist sie nach Carl Wernicke, dem Neurologen, der als erster Patienten mit rezeptiver (sensorischer) Aphasie beschrieb und nachwies, daß dieses Leiden in der hinteren Region des linken Schläfenlappens lokalisiert ist. Eine Wernicke-Aphasie beruht auf einer Erkrankung im Wernicke-Zentrum, ein Zirkel von Eponymen.

Was verursacht Aphasien? Zumeist Schlaganfälle. Bisweilen aber auch Tumore, aggressive, bösartige Hirntumore.

Marilou schien jedoch nicht an einer klassischen rezeptiven (sensorischen) Aphasie, einer Wernicke-Aphasie, zu leiden. Solche Patienten haben gewöhnlich dieselben Probleme, Sprache zu verstehen, wie ihre Mutter sie mir beschrieben hatte. Aber sie achten noch auf denjenigen, der zu ihnen spricht. Sie haben noch die Vorstellung, daß Sprache etwas mit Verständigung zu tun hat und daß jemand, der zu ihnen spricht, mit ihnen zu kommunizieren versucht. Sie hören zu, und sie reagieren. Sie haben bloß keine Ahnung, was zu ihnen gesagt wurde, und so sind auch ihre Antworten unsinnig. Sie reden einfach drauflos und äußern viele Wörter. Aber Marilou war stumm.

Wenn sie nicht an einer klassischen Wernicke-Aphasie litt, was hatte dann die Anfälle ausgelöst und die Aphasie verursacht? Was war mit dieser hübschen kleinen Fünfjährigen los?

Ich war mir nach wie vor sicher, daß Marilous Anfälle von der Großhirnrinde ihres Wernicke-Zentrums kamen. (Die Großhirnrinde besteht aus den äußeren Schichten der grauen Substanz beider Hemisphären.) Dort, direkt im Zentrum für die Sprachwahrnehmung, hatte sie einen Fokus, einen Herd, von dem die Anfälle ausgingen.

»Ihre Geburt ist normal verlaufen?« fragte ich.

»Völlig normal.«

»Und Ihre Schwangerschaft?«

»Auch. Sie war so ein schönes Kind. Was ...«

»Und sie hat alle Entwicklungsschritte in der üblichen Zeit erreicht«, mutmaßte ich. »Wahrscheinlich hat sie sogar sehr früh angefangen zu sprechen.«

Das wurde nickend bestätigt.

»Fünf Jahre lang war sie völlig normal?«

»Sie war mehr als normal«, sagte ihr Großvater. »Sie haben sie gesehen und mit ihr gesprochen, haben sie reden hören. Sie wissen, wie intelligent sie war.«

Dann, mit fünf, begannen ihre Probleme. Diesen Teil der Geschichte kannte ich. Zuerst fiel es ihr schwer, Wörter zu verstehen. Man kam nicht recht an sie heran – aber vielleicht war sie ja nur müde oder unaufmerksam oder laborierte an einer Krankheit. Doch nach rund einer Woche war klar, daß ein größeres Problem vorlag; jetzt konnte sie Wörter nicht nur nicht verstehen, sie konnte sie auch nicht richtig vorbringen, benutzte die falschen Wörter. Sie sprach immer weniger, bis sie endlich gar nichts mehr sagte. Sie reagierte nicht mehr auf Wörter, so als wären es für sie sonstige Geräusche. Zum Schluß reagierte sie auch nicht mehr auf Geräusche wie das Bellen von Charles Martel.

»Könnte ich sie doch nur wieder reden hören ...«, sagte ihr Großvater.

Nur zwei Augen im Raum waren tränenlos, und sie gehörten der Person, über die wir alle sprachen. Sie saß da, als hätte Sprache für sie keinen Sinn. Als wäre sie Genie oder das wilde Kind vom Aveyron, als hätte jemand sie in einen dunklen Keller eingesperrt. Im übertragenen Sinne war genau das passiert. Ihr eigenes Gehirn hatte sie von der Sprache weggesperrt.

»Sie hat das sogenannte Landau-Kleffner-Syndrom. Das vermute ich jedenfalls.«

Ich war kein Experte für das Landau-Kleffner-Syndrom. Ich hatte die Diagnose noch nicht gestellt, und rein formal stellte ich sie auch jetzt nicht, denn offiziell war Marilou nicht meine Patientin. Ich kannte aber jemanden, der ihr würde helfen können, den Neurologen Frank Morrell, einen alten Freund, der sich auf Epilepsie spezialisiert hatte, so wie ich mich auf Bewegungsstörungen spezialisiert hatte. Er war außerdem Experte für die Großhirnrinde. Die beiden Bereiche greifen ineinander, denn die meisten epileptischen Anfälle werden durch anomale elektrische Entladungen von Zellen der Großhirnrinde verursacht.

Das Landau-Kleffner-Syndrom ist das perfekte Beispiel für das verkehrte Problem am falschen Ort und oft auch zur falschen Zeit im Leben. Die verkehrte Krankheit besteht in fokalen epileptischen Anfällen, die durch plötzliche elektrische Entladungen einer Gruppe von anomal feuernden Zellen der Großhirnrinde ausgelöst werden. Der falsche Ort ist die Sprachrinde. Die falsche Zeit ist der Zeitraum, während das Spracherwerbfenster geöffnet ist. Das Ergebnis ist der völlige Verlust der Sprache, eine globale Aphasie, die manchmal auch als erworbene epileptische Aphasie bezeichnet wird. »Erworben« heißt, daß dieses Syndrom einem zuvor normalen Kind zustößt; es konnte einmal sprechen, hat diese Fähigkeit dann aber verloren.

Mittlerweile sprach ich meine Überlegungen laut aus, um Terri und ihrem Vater zu erklären, was meiner Ansicht nach in Marilous Gehirn geschah. Genauer gesagt, an der Oberfläche von Marilous Gehirn.

Das Landau-Kleffner-Syndrom tritt in jungen Jahren auf, stets nachdem die Entwicklung des Sprechvermögens begonnen hat – nachdem das Kind zwei geworden ist –, aber vor dem Alter von sechs Jahren, bevor die Sprache sich gänzlich gefestigt hat.

Marilou war erst fünf. Sie war mitten in der kritischen Phase für den Spracherwerb, in der ihre Großhirnrinde all die Verbindungen verstärkte, die ihr Gehirn lebenslang benutzen würde, um Sprache zu verstehen und zu sprechen. Wie wir durch Laceys Geschichte erfahren haben, muß diese Verstärkung stattgefunden haben, bevor das Spracherwerbfenster sich schließt.

»Wann ist das?« fragte ihr Großvater.

»Ungefähr mit zwölf.«

»Dann müssen wir uns beeilen.«

»Wir haben Zeit«, sagte ich. »Sie wird, denke ich, wieder sprechen können. Der Mann, der ihr helfen kann, befindet sich am Ende des Flurs.«

Das waren die ersten Worte realer Hoffnung, die ich ihnen gegenüber äußerte. Es war, als wären auf einen Schlag die Glorreichen Sieben eingefallen, um die Lage zu retten, zusammen mit Harrison Ford, Clint Eastwood und Arnold Schwarzenegger.

Ihre Mutter tupfte sich noch die Tränen ab.

Marilou war dabei, ihren Hund Charles Martel zu zeichnen, einen Hund, der nicht bellen konnte. Man hätte eine solche Zeichnung vielleicht von einer frühreifen Achtjährigen erwartet, aber nicht von einer Fünfjährigen, die kein Wort mehr herausbringen konnte.

»Patienten mit dem Landau-Kleffner-Syndrom«, fuhr ich fort, »haben auch Anfälle, die bei den meisten Patienten ziemlich gleich aussehen.« Dann beschrieb ich einen Anfall. Zwinkern. Verdrehen der Augen. Verdrehung mit zuckenden Augenbewegungen. Herabsinken des Kopfes. Dann irgendein Automatismus.

Hatte Marilou jemals einen richtigen Krampf gehabt? Einen generalisierten Anfall? Beide betonten, das sei nicht der Fall gewesen.

Marilou zeichnete derweil weiter. Wenn sie eine Zeichnung fertig hatte, stand sie auf und zeigte sie ihrem Großvater, auf sein beifälliges Lächeln wartend, das sie stets erhielt und das bei ihr als Antwort ein freudiges Lächeln auslöste. Daraufhin zeigte sie sie ihrer Mutter und danach mir, wieder mit einem beiderseitigen Lächeln. Jedesmal mit den angemessenen Reaktionen.

Danach noch ein Blatt Papier und noch eine Zeichnung. Noch eine Zeichnung von Charles Martel, aber keine Wiederholung. Charles Martel, wie er an einem Knochen nagt. Charles Martel, wie er mit einem Ball spielt. Charles Martel, wie er an einem Baumstamm schnuppert. Charles Martel bis zum Überdruß. Aber kein einziges Wort.

»Gewöhnlich«, fuhr ich fort, »sind die Anfälle leicht beherrschbar. Sie reagieren auf Antikonvulsiva, und wenn die Patienten ins Teenageralter kommen, lassen die Anfälle nach, und die Patienten brauchen auch keine Antikonvulsiva mehr.«

»Aber wird sie wieder sprechen? Wird sie uns verstehen?« Es war ihr Großvater, der jetzt das Wort führte. Seine Stimme war kraftvoller, als ich sie je vernommen hatte, ohne eine Spur von Parkinson. Das überraschte mich nicht. Die Erregung des Augenblicks hatte all seine Reserven mobilisiert, und daher sprach er mit der Stimme eines normalen, besorgten, erschrockenen Großvaters.

Ich holte tief Luft. Es war an der Zeit, in den ersten von zwei sauren Äpfeln zu beißen. Die Sprache und die Anfälle, das sind zwei verschiedene Dinge. Wenn die letzteren aufgehört haben, kommt auch die Sprache wieder, aber nur ein bißchen. Vollständig wird sie niemals wiederhergestellt. In seltenen Fällen reicht es aus, daß der Patient ein normales Leben führen kann, aber diese Patienten haben stets ihr Leben lang eine schwere Aphasie.

»Schtees . . .?« Die Aussprache des Großvaters wurde undeutlich. Die Aufregung hatte zu lange gedauert, die Anstrengung war ihm zuviel gewesen, und jetzt war er körperlich und seelisch erschöpft. Er sprach jetzt mit der leisen, undeutlichen und monotonen Stimme eines Patienten, bei dem die Parkinson-Krankheit ihren Tribut forderte.

»Sagten Sie nicht, daß man etwas tun könne, um ihr zu helfen?« Diese Frage kam von ihrer Mutter.

Jetzt war es an der Zeit für den zweiten sauren Apfel. Hier kam Frank Morrell ins Spiel. Ich versuchte die Sache zu erklären, so gut ich konnte.

Die Elektroenzephalogramme (EEG) der Patienten zeigen gewöhnlich, daß sie Anfälle haben, die in ihrer Sprachrinde beginnen. Die Aufzeichnungen sind voller anomaler Entladungen mit großen Spannungsschwankungen, Spikes genannt, die vom Wernicke-Zentrum im linken Schläfenlappen ausgehen. Ich war mir sicher, daß Marilous EEG dies zeigen würde.

Manche Ärzte haben bei einigen Patienten die Anfälle und Anfallsentladungen durch Steroide in hohen Dosen unterbunden. Nachdem die Anfälle aufgehört hatten, kam bei den meisten dieser Patienten die Sprache wieder. Um unerwünschte Nebenwirkungen abzuwenden, setzt man die Steroide ab. Danach treten aber wieder die anomalen elektrischen Entladungen auf, die Anfälle kommen wieder, und die Aphasie wird erneut erworben. Die Folgerung ist klar: Die Aphasie wird von der anomalen elektrischen Aktivität und den Anfällen verursacht. Im Wernicke-Zentrum ist etwas physiologisch nicht in Ordnung. Die Zellen funktionieren nicht korrekt. Sie feuern nicht zum richtigen Zeitpunkt und nicht auf die richtige Weise. Es ist fast so, als seien sie zu sehr mit dem Feuern beschäftigt, um überhaupt normal zu agieren.

Die ständigen anomalen Entladungen hatten Marilou in die Aphasie eingesperrt. Marilous linker Schläfenlappen war so sehr damit beschäftigt, Spikes zu erzeugen, daß er nicht dazu kam, das zu tun, was er eigentlich tun sollte. Sie hatte zwar noch einen anderen Schläfenlappen auf der anderen Seite, der normalerweise die Aufgabe übernommen hätte, aber bei Marilou griffen die anomalen elektrischen Entladungen auch auf die andere Seite des Gehirns über, besonders im Schlaf, und wurden ständig stärker. So kam es in beiden Schläfenlappen zu anomalen elektrischen Entladungen. Sie waren beide zu beschäftigt, um sprechen zu lernen.

Vielleicht war ihr aber mit einer Operation zu helfen. Frank Morrell hatte zusammen mit dem Chirurgen Walt Whisler ein neuartiges Operationsverfahren entwickelt, um die Anfallsentladungen zu unterbinden, damit die Sprachfunktion wieder anlaufen konnte.

Die Atlans fragten gar nicht mehr, wie das gemacht wurde und warum es funktionierte. Sie wollten nur noch wissen, wohin sie gehen und wen sie aufsuchen sollten.

Dr. Frank Morrell hatte sein Sprechzimmer gleich am Ende desselben Flurs. Nachdem die kleine Familie gegangen war, sah ich mir die Zeichnungen an, die Marilou von Charles Martel angefertigt hatte. Er war der traurigste Hund, den ich je gesehen hatte, vielleicht weil er in einer stummen Welt lebte. Mit Ausnahme des letzten Bildes, auf dem Charles Martel schlief und lächelte. Sie hatte es gerade gezeichnet, als ich ihrer Mutter und ihrem Großvater erklärte, daß es eine Hoffnung gebe.

Das Operationsverfahren war in seiner Einfachheit elegant. Es beruhte auf zwei wohlbegründeten Beobachtungen, die nicht von Frank Morrell selbst stammten. Bei der einen geht es um die grundlegende funktionelle Organisation der normalen elektrischen und physiologischen Aktivität in der Großhirnrinde. Die Rinde ist normalerweise in selbständige Einheiten gegliedert, in senkrecht verlaufende Säulen. Jede Säule erhält ihren Input von unten und schickt auch ihren Output nach unten – es geht hinauf und herunter, hinein und heraus. Die einzelnen Säulen arbeiten Seite an Seite, aber es gibt keine Querverbindung zwischen ihnen. Sie kommunizieren in der Weise, daß sie eine Nachricht nach unten schicken, die dann zu einer benachbarten Säule hinübergeschickt wird und in dieser dann nach oben. Oder auch zu einer weiter entfernten Säule, die sich möglicherweise in einem anderen Lappen befindet oder auf der anderen Seite des Gehirns, jenseits des Balkens, des Corpus callosum.

So ist die normale Hirnrinde organisiert; auf diese Weise kontrolliert die motorische Rinde die Bewegungen und die Sprachrinde den Erwerb der Sprache.

Anders die physiologische und anatomische Organisation von Anfallsentladungen. Epileptische Entladungen wandern nicht in vertikalen Säulen aufwärts und abwärts, sondern breiten sich seitwärts aus den Säulen aus. Damit Anfallsentladungen entstehen, ist eine Mindestfläche der Seitwärtsübertragung erforderlich. Spikes entstehen erst bei einer Fläche, die weit über eine einzelne Säule und auch über ein Bündel von Säulen hinausgeht. Diese Einsicht stammt nicht von Frank Morrell, aber er hat einen großen Teil seines Lebens damit verbracht, die Umstände zu klären, unter denen es zu solchen Entladungen kommt.

Die Seitwärtsentladungen in Marilous Gehirn verhinderten, daß die Säulen ihrer Sprachrinde die vertikale Ein-und-aus-Funktion ausführten, für die sie geschaffen waren. Gab es eine Möglichkeit, die Seitwärtsentladungen zu unterbinden, ohne die korrekt funktionierenden Ein-und-aus-Säulen durcheinanderzubringen?

Die operative Entfernung der anomal feuernden Neuronen (Nervenzellen) galt seit langem als Behandlungsoption in den Fällen, in denen der Epilepsie medikamentös nicht beizukommen war. In sogenannten stillen Bereichen des Gehirns, jenen Teilen, die keine bestimmte Aufgabe haben, können anomal feuernde Neuronen operativ entfernt werden, ohne daß sich das auf die Funktion auswirkt. Die Rinde ist jedoch kein stiller Teil, den man herausschneiden und zum Neuropathologen schicken kann. Wird sie entfernt, ist Lähmung die Folge.

An diesem Punkt kam das Genie von Frank Morrell ins Spiel. Er schlug vor, den funktional anomalen Teil der Rinde in Würfel zu zerlegen. Wenn man das Gewebe durch kleine, sorgfältige Schnitte in Bereiche aufteilte, die zu klein waren, um Anfälle zu erzeugen, blieb die überwiegende Mehrheit der vertikalen Säulen völlig unbeeinträchtigt. Von der Gefahr der anomalen Seitwärtsentladungen befreit, konnten diese unverletzten Säulen tun, wofür sie geschaffen waren: wieder Signale von unten aufnehmen und nach unten aussenden. Eine Rückkehr zur Normalität, wie Warren G. Harding einmal sagte.

Frank Morrell und der Chirurg Walt Whisler entwarfen und realisierten die Operation zuerst bei Patienten, bei denen die von der motorischen Rinde ausgehenden Anfälle mit Medikamenten nicht unterbunden werden konnten. Das führte zum Erfolg, und so probierten sie die Methode auch bei erwachsenen Patienten aus, bei denen die Anfälle von der Sprachrinde ausgingen, gewöhnlich vom Broca-Zentrum. Die sonst übliche Entfernung der störenden Neuronen hätte bei diesen Patienten eine bleibende Aphasie hinterlassen.

War es möglich, die Sprachrinde so in Würfel aufzuteilen, daß die Anfälle aufhörten, ohne daß man eine Aphasie hervorrief? Und ließ sich, wie bei der motorischen Rinde, auch hier zwischen der seitlichen Ausbreitung der Anfälle und der vertikalen Übertragung der Signale unterscheiden? Oder waren die Säulen der Sprachrinde so empfindlich, daß jeder Eingriff zuviel war? Hier war ein überaus geduldiger Neurochirurg gefragt, der die Würfelschnitte genau dort setzte, wo Frank sie vorgab, und sie genau bis zur richtigen Tiefe führte und nicht tiefer. Frank verließ sich auch hier auf Walter Whisler, und wieder klappte es. Die horizontale Fehlfunktion wurde unterdrückt, und die Anfälle hörten auf. Die vertikale Funktion blieb erhalten, und es entstand keine Aphasie. Angewandte Wissenschaft.

Würde die Operation aber auch bei Patienten mit dem Landau-Kleffner-Syndrom helfen? Ihre Anfälle waren klinisch leicht zu unterbinden; sie verschwanden in jedem Fall. Nicht der Anfall mußte verhindert werden, sondern die ihm zugrundeliegenden Anfallsentladungen. Wenn es gelang, sie zu unterbinden, ohne sonstige Schäden anzurichten, würde die Sprache vielleicht wiederkommen.

Ich schaute zu, als Frank Marilou untersuchte. Um die Diagnose zu bestätigen, mußte sie ein stark anomales EEG haben. Das war der Fall. War sie wach, so enthielt das EEG lauter Spikes, die offenbar aus den hinteren Bereichen beider Schläfenlappen kamen, auf der linken Seite aber weit ausgeprägter waren als auf der rechten. Genau dort, wo sie ausgeprägter sein sollten. Während sie schlief, zeigte ihr EEG ein Muster kontinuierlicher Spike-Wellen und langsamer Schlafwellen mit Entladungen in beiden Schläfenlappen, wie sie für das Landau-Kleffner-Syndrom typisch sind.

Doch ehe Frank und sein Team Marilou operieren konnten, mußten sie beweisen, daß ihr übriges Gehirn normal funktionierte. Die Untersuchung ergab keinerlei Anzeichen eines Hirnschadens oder einer Fehlfunktion. Von der Aphasie und den Anfallsentladungen abgesehen, war alles andere in Ordnung. Sie hätten natürlich nur zu sehen brauchen, wie sie ihre Kartenkunststücke vorführte, um zu erkennen, daß der Rest ihres Gehirns vorzüglich funktionierte.

Die nächste Frage war die entscheidende. Gab es in ihrem Gehirn einen einzelnen Fokus, der all diese Anfälle hervorrief, einen einzigen kleinen Rindenbereich mit anomalen Entladungen, der sich genau abgrenzen ließ, oder gab es mehrere?

Um das herauszufinden, führte Franks Team aus Neurologen und Neurophysiologen einen Methohexital-Suppressionstest durch. Methohexital ist ein rasch wirkendes Barbiturat, das die Neuronen am Feuern hindert. Um die Quelle der anomalen elektrischen Entladungen zu identifizieren, unterdrückt man die gesamte normale Hintergrundaktivität; das Gehirn wird elektrisch stumm, die ganze spontane, normale Aktivität kommt zum Erliegen, und alle elektrischen Entladungen, die auf der vertikalen Säulenfunktion beruhen, hören auf. Im EEG wird der Hintergrund zu einer flachen Linie. Es bleiben jedoch die epileptischen Seitwärtsentladungen, die nicht so leicht zu unterdrücken sind. Das war es, was der Test bei Marilou Atlan ergab. Als ihr Hintergrund flach wurde, erschienen die aus ihren Schläfenlappen kommenden Spikes größer als zuvor. Diese Verstärkung war jedoch nur eine scheinbare, weil sie von dem flachen Hintergrund herrührte.

Und die Spikes traten auf beiden Seiten des Gehirns auf. Bedeutete das, daß die Entladungen von beiden Seiten stammten? In diesem Fall hätte eine einseitige Operation nichts genützt.

Die Methohexital-Dosis wurde erhöht, damit die Unterdrückung verstärkt und die schwache Hintergrundaktivität abgeflacht wird. Die Entladungen auf der rechten Seite verschwanden gänzlich. Sie waren also abhängig von den Entladungen in der linken Hemisphäre, die über das Corpus callosum hinweg auf die andere Seite übergriffen. Da das Methohexital diese Übertragung unterdrückt hatte, gingen also alle Entladungen von der linken Seite aus. Nur die Lokalisierung der Entladungen machte Marilou zur Operationskandidatin.

Zwei Wochen später wurde sie zu einem siebenstündigen Eingriff in den OP gebracht. Frank Morrell markierte sorgfältig die Bereiche anomaler elektrischer Entladungen auf ihrem linken Schläfenlappen, und Walter Whisler teilte sie noch sorgfältiger in Würfel auf, Millimeter um Millimeter.

Marilou hatte danach keine Anfälle mehr. Die Seitwärtsübertragung der anomalen Entladungen war unterbunden worden. Einen Tag nach der Operation drehte sie sich im Bett um, als das Telefon in ihrem Krankenzimmer klingelte. Zwei Monate lang hatte sie das nicht getan. Noch bevor sie entlassen wurde, fing sie wieder an zu sprechen.

Ich sah sie auch weiterhin alle ein bis zwei Monate, wenn sie zusammen mit der Mutter ihren Großvater in meine Sprechstunde begleitete. Im Unterschied zu Marilou ging es ihm nicht besonders gut. Seine Parkinson-Krankheit schritt rapide voran. Alles, was ich tat, schien nicht anzuschlagen. Doch jedesmal wenn ich ihn sah, dankte er mir, als hätte ich ihm etwas Kostbareres gegeben als seine Gesundheit. Die Ärzte hatten den Mercedes seiner Enkelin repariert. Er war so gut wie neu, und das war ihm sehr bewußt. Er hatte ihn zur richtigen Werkstatt gebracht.

Beim Landau-Kleffner-Syndrom sind die Zellen des Wernicke-Zentrums so sehr damit beschäftigt, das Verkehrte zu tun, daß die richtigen Bahnen nicht benutzt werden. Weil sie nicht benutzt werden, werden sie nicht selektiert, um ins Erwachsenenalter gerettet zu werden. Die Tatsache, daß die elektrischen Entladungen im Schlaf deutlicher sind und beide Seiten deutlicher betreffen, deutet darauf hin, daß der Schlaf bei den normalen Prozessen der Verstärkung und des Ausdünnens eine entscheidende Rolle spielt. Ungenutzte Synapsen werden genau deshalb ausgedünnt oder gestutzt, um die Prozesse, die benutzt werden, zu verstärken. Es funktioniert genauso wie beim Ausdünnen eines Fliederbusches. Wenn die Äste, die nicht viel zu tun scheinen, entfernt werden, wachsen die verbleibenden Äste besser und stärker.

Die anomalen Entladungen, die bei Marilou beide Schläfenlappen mit Sperrfeuer belegten, verhinderten völlig jede normale Aktivität. Die normale Selektion und Verstärkung kann sich aber nur vollziehen, wenn die Bahnen normal funktionieren. Findet keine normale Sprachaktivität statt, werden die ungenutzten Neuronen in der Sprachrinde »zurückgeschnitten«. Das war bei dem wilden Kind vom Aveyron und bei Genie geschehen. Ihnen war von ihrer Umwelt jeglicher sprachliche Input versagt worden. Bei Marilou waren es die elektrischen Stürme in ihrem Kopf, die ihr die Möglichkeit versagten, auf sprachlichen Input zu reagieren.

Bei den meisten Patienten mit Landau-Kleffner-Syndrom hören die Anfälle schließlich auf. Aber sie hören zu spät auf, wenn die Zeit zum Zurückschneiden vorbei ist. Diese Patienten ähneln dem wilden Kind vom Aveyron: Die günstige Gelegenheit zum Spracherwerb ist bereits verstrichen, das neuronale Fenster ist bereits geschlossen. Marilou hatte sehr viel mehr Glück. Ihr neuronales Fenster für den Spracherwerb war weit geöffnet, als Walter Whisler ihren Anfallsfokus in Würfel zerteilte. Sie erholte sich auf spektakuläre Weise. Aber ist sie wirklich zur Normalität zurückgekehrt, und was war dann für sie normal? Das ist schwer zu sagen. Sie führt jedenfalls ein normales Leben.

Letztes Jahr bekam ich einen Brief von Marilou. Ihm lag eine Zeichnung bei, die sie im Rahmen des Highschool-Kunstunterrichts angefertigt hatte. Es ist ein Bild meines Sprechzimmers, gezeichnet von dem Punkt aus, an dem sie an dem Tag saß, als ich sie zu Frank Morrell schickte. Es zeigt mich mit besorgtem Blick, ihre Mutter mit Tränen in den Augen und ihren Großvater, der mich mit einem energischen Blick anschaut, einem fordernden, einem insistierenden Blick. Den Geist der ganzen Szene, den Geist jedes der Beteiligten hat sie erfaßt.

Wieviel hat sie damals verstanden, abgesehen von den Emotionen des Augenblicks? Wahrscheinlich nichts. Aber offensichtlich hat sie viel gespürt.

Am unteren Bildrand war eine Skizze von Charles Martel, wie er fröhlich spielt. Ebenfalls am Rand stand eine knappe Mitteilung. Zwei Worte: »Thank you.« Und ein Postskriptum: »Charles Martel ist letzte Woche gestorben.«

GESCHICHTE 4

Mangan-Bergleute: Warum nur der Mensch an Parkinson erkrankt

Peter Kryhoski suchte mich auf, weil er glaubte, er habe die Parkinson-Krankheit. Zum Zeitpunkt seines ersten Besuchs war er zweiundsiebzig. Er glaubte, daß sich erstmals mit achtundsechzig, rund sechs Jahre nachdem er in den Ruhestand gegangen war, erste Symptome der Parkinson-Krankheit bei ihm gezeigt hätten. Genauer wußte er es nicht. Das Datum, an dem eine allmählich fortschreitende Erkrankung wie Parkinson beginnt, ist kaum genau auszumachen. Wann hatte der infolge des natürlichen Alterns abnehmende Schwung der Erschöpfung als einem Symptom der Parkinson-Krankheit Platz gemacht? War die Steifheit seiner Hände und ihr Mangel an Beweglichkeit der Arthritis oder der Parkinson-Krankheit zuzuschreiben? Nur wenige Ärzte können das mit absoluter Sicherheit sagen. Und noch weniger Patienten.

»Was haben Sie beruflich gemacht?« fragte ich.

»Ich war Schweißer. Einundvierzig Jahre habe ich geschweißt. Immer dieselbe Arbeit. Derselbe Arbeitgeber. Keinen Arbeitstag gefehlt. Nicht einen, in all den einundvierzig Jahren«, antwortete er voll Stolz. Das ist das Salz der Erde, dachte ich voller Bewunderung, auf solche Leute kann man bauen.

»Haben Sie mit schwerem Gerät in engen, schlecht belüfteten Räumen gearbeitet?«

»Herr Doktor, das machen wir alle«, sagte er tadelnd. Mit »wir alle« waren wohl die Schweißer gemeint.

»Hatten Sie jemals eine so schwere Kohlenmonoxidvergiftung, daß Sie ohnmächtig geworden sind?« fragte ich weiter, um die Kohlenmonoxidvergiftung auszuschließen.

»Nein.«

Kohlenmonoxidexposition kann eine Form von Parkinson verursachen, aber nur, wenn durch Sauerstoffunterversorgung des Gehirns ein Koma hervorgerufen wurde. Fiel der Betroffene nicht ins Koma, so war der Sauerstoffmangel, der durch die Kohlenmonoxidvergiftung hervorgerufen wurde, nicht so schwerwiegend, daß sie eine Hirnschädigung hätte bewirken können, die Parkinson hervorruft.

Ich fragte ihn nach den Medikamenten, die er einnahm, denn es gibt Medikamente, die einen Parkinson-ähnlichen Zustand verursachen können, zum Beispiel Neuroleptika, die zur Behandlung der Schizophrenie eingesetzt werden, sowie verschiedene Antidepressiva und Reglan (Metoclopramid), das bei verschiedenen Magen-Darm-Beschwerden eingesetzt wird, die bei älteren Menschen verbreitet sind.

Mr. Kryhoski hatte keine Arzneien genommen außer denen, die er jetzt wegen seines Parkinson nahm. Er war nie krank gewesen. Er hatte keinen Arbeitstag gefehlt, rief er mir in Erinnerung.

Dann fragte ich ihn nach industriellen Lösungsmitteln. Sie sind manchmal die Ursache neurologischer Probleme. Soweit er sich erinnerte, war er damit nicht nennenswert in Berührung gekommen. Ich wollte es genauer wissen. Ich fragte nach Toluol, das Hirnschäden verursachen kann. Eine weitere Ursache, die ich von der Liste streichen konnte. Blieb noch Schwefelkohlenstoff; auch damit war er nicht in Kontakt gekommen.

Hatte er jemals Enzephalitis?

»Was ist das?« fragte er mich.

Eine Entzündung des Gehirns, erklärte ich, verbunden mit Bewußtlosigkeit oder psychischen Störungen. Er hatte nie Enzephalitis gehabt. Er hatte keinen Arbeitstag gefehlt. Hatte ich denn nicht beachtet, was er vorher gesagt hatte?

»Idiopathische Parkinson-Krankheit«, schrieb ich auf meine Karte. Strenggenommen bedeutet »idiopathisch«, daß die Krankheit selbst-erzeugt ist, verursacht vom Gehirn selbst, ohne irgendwelche äußeren Faktoren. Die Ärzte glauben heute nicht mehr, daß jemand praktisch ohne Ursache an Parkinson erkrankt, doch unter Neurologen ist der Ausdruck »idiopathische Parkinson-

Krankheit« noch immer gebräuchlich – in der klinischen Praxis, in Forschungsberichten und wissenschaftlichen Publikationen. »Idiopathisch« steht heute für »schlichte, altmodische« Parkinson-Krankheit, die Dr. James Parkinson 1817 erstmals beschrieb, eine Krankheit, die nicht durch Enzephalitis oder Kohlenmonoxidvergiftung oder Einnahme antipsychotischer Medikamente verursacht ist. Peter Kryhoski hatte offenbar die schlichte, altmodische Parkinson-Krankheit, jedenfalls glaubte ich das.

Dann wandte ich mich der Vorgeschichte jedes einzelnen seiner Symptome sowie den Nebenwirkungen zu, die durch die von ihm eingenommenen Medikamente entstanden waren. Daraufhin untersuchte ich ihn, um meine Diagnose zu erhärten. Die Parkinson-Krankheit läßt sich nicht durch eine Blutuntersuchung feststellen. Es hilft auch keine Durchleuchtung des Gehirns, weder das Computer- noch das Kernspintomogramm. Der Patient hat die Parkinson-Krankheit, weil er die Anzeichen und Symptome der Parkinson-Krankheit hat und keine Anzeichen oder Symptome, die gegen die Parkinson-Krankheit sprechen. Die Diagnose ist eine Übung in schlichter, altmodischer klinischer Medizin, das einzige, was mir am Diagnostizieren der Parkinson-Krankheit gefällt. Und Peter Kryhoski wies die vier hauptsächlichen Anzeichen der Parkinson-Krankheit auf: Steifheit in den Armen und im Nacken; ein Tremor beider Hände; eine Langsamkeit der Bewegung, die mir gleich aufgefallen war, als er sich im Wartezimmer mühsam vom Stuhl erhob; und eine verringerte Fähigkeit, das Gleichgewicht zu halten. Vier von vier klassichen Symptomen und nichts, das nicht dazu paßte. Er hatte die Parkinson-Krankheit.

Ich ließ Mr. Kryhoski alle zwei bis drei Monate kommen, um seinen Krankheitsverlauf zu verfolgen und die Verschreibung daran anzupassen. Ich ließ ihn jeweils an einem Dienstagmorgen kommen, und er versäumte keinen Termin. Und er kam kein einziges Mal zu spät. Nach zweijähriger Behandlung waren seine Gebrechen und die Anzeichen und Symptome verschwunden, und es ging ihm sehr viel besser als zur Zeit seines ersten Besuchs bei mir. Bei einer fortschreitenden Erkrankung wie Parkinson ist der Behandlungserfolg oft relativ. Es ist schon ein Erfolg, wenn der

Zustand sich nicht verschlechtert. Es ist natürlich besser, wenn der Zustand sich bessert, und noch besser ist es, wenn man diese Besserung halten kann. Ich war damit, wie Mr. Kryhoski auf die Behandlung ansprach, sehr zufrieden.

Ebenso erging es Mr. Kryhoski. »Sagen Sie Peter zu mir«, verlangte er. »Alle nennen mich Peter. Darf ich Sie um einen Gefallen bitten, Herr Doktor?«

»Natürlich, Peter«, sagte ich.

»Würden Sie meinen besten Freund behandeln?«

»Was hat er denn?«

»Dasselbe wie ich, nur schlimmer. Er ist natürlich nicht bei Ihnen in Behandlung.«

Sonst eher schweigsam, erzählte Peter endlos von seinem besten Freund Eddie Mraz. Sie waren zusammen zur Highschool gegangen und hatten danach denselben Beruf ergriffen. Schon Eddies Vater war sein Leben lang Schweißer gewesen, und er hatte sowohl seinen Sohn als auch Peter dazu gebracht, in die Gewerkschaft einzutreten. Peter und Eddie hatten noch einen Freund, Sam Rausch; sie alle waren seit der Schulzeit unzertrennliche Freunde, wie die drei Musketiere. Einer für alle, alle für einen.

»Dann bin ich D'Artagnan«, witzelte ich. »Oder vielleicht Dumas.«

»Sam ist aber nicht krank. Er ist kerngesund. Wie überhaupt die meisten von uns.«

»Von wem?« fragte ich.

»Von der Gewerkschaft natürlich. Der Schweißer-Gewerkschaft.«

Plötzlich erwachte mein Interesse. »Wie viele von ihnen haben die Parkinson-Krankheit?«

»Ungefähr fünfzehn.«

»Wie viele Mitglieder hat die Gewerkschaft?«

»Knapp 700 lebende Mitglieder.« Peter mußte es wissen – er war seit dem Ruhestand ihr Sekretär.

15 von 700 hatten die Parkinson-Krankheit – das waren über zwei Prozent. Von der Parkinson-Krankheit ist etwa 1 Prozent der über Fünfzigjährigen betroffen. Eine so geringe Abweichung – von

1 auf 2 Prozent – konnte reiner Zufall sein. Natürlich ein unglücklicher Zufall und dennoch nur eine zufällige Verteilung, bei der Peter und sein Freund eben schlechte Karten bekommen hatten.

»Wie viele der Mitglieder sind über fünfzig?«

Auch das wußte er als Sekretär. »Weniger als die Hälfte.«

»Wie viele ungefähr?« hakte ich nach.

»Knapp über dreihundert.«

Jetzt sah die Chancenverteilung doch etwas anders aus. Die Häufigkeit der Parkinson-Krankheit betrug hier also nicht 15 von 700, sondern 15 von 300 – also fünf Prozent. Die Karten wurden erheblich schlechter. Fünf Prozent, das Fünffache des Durchschnitts, konnten kaum allein auf Zufall beruhen. Unmöglich war es nicht, aber doch ziemlich unwahrscheinlich.

Ich brauchte mehr Informationen. Ich fragte Peter nach der Art seiner beruflichen Tätigkeit.

»Ich habe die meiste Zeit hartgelötet.«

»Ich war nie der Ansicht, daß Löten leicht ist.«

Peter lachte höflich. »Der ist echt gut, Herr Doktor!«

Ich hatte keinen Witz machen wollen und schaute ihn ratlos an.

»Nein, nein«, sagte er verständnisvoll. »Hartlöten ist ein Schweißverfahren. Man schweißt mit harten Lötstäben, die viel Mangan enthalten.«

»Mangan? Wieviel Mangan enthalten die Stäbe?«

Er mußte überlegen. »So um die 10 Prozent, glaube ich.«

Jetzt mußte auch ich überlegen. Ich war mir nicht sicher, ob es auf die Menge überhaupt ankam. Es genügte, daß die Stäbe Mangan enthielten und daß er damit Kontakt gehabt hatte. »Und beim Löten entsteht eine Menge Rauch«, äußerte ich. Rauch bedeutete, daß er vermutlich Manganteilchen eingeatmet hatte. Wieviel Mangan war mit dem Rauch in den Körper gelangt? überlegte ich im stillen.

»Und Sie haben diesen Rauch eingeatmet.«

»Ständig, 41 Jahre lang. Ich habe keinen Arbeitstag gefehlt. Ich war so an diesen Rauch gewöhnt, jetzt fehlt er mir.«

»Und all die Leute machen das?«

»So ziemlich alle.«

Eine Welt von Mangan-Bergleuten, dachte ich, um dann fortzufahren: »Das könnte Ihre Parkinson-Krankheit verursacht haben.«

»Das glaube ich nicht.«

»Warum nicht?« fragte ich. »Eddie hat sie doch auch gekriegt.«

»Aber Sam nicht, Herr Doktor. Er ist völlig gesund, und er hat denselben Rauch eingeatmet. Und außerdem sagt selbst der Gewerkschaftsanwalt, daß es unwahrscheinlich ist. Ich habe erst Parkinson gekriegt, nachdem ich mit der Arbeit aufgehört hatte.«

Das klang alles logisch, und es mochte ja auch etwas Wahres daran sein, und dennoch konnte es meiner Meinung nach verkehrt sein. Immerhin hatten Peter und seine Gewerkschaftskollegen alle mit Mangan gearbeitet, und um die 5 Prozent hatten inzwischen Parkinson-ähnliche Symptome. Allerdings machte mir die Tatsache zu schaffen, daß nur einige der Schweißer die Symptome bekommen hatten.

Ich fragte Peter, ob er und seine Freunde Masken getragen hätten, was das Einatmen von Manganteilchen vermindert hätte.

»Ich habe immer eine Schutzbrille oder eine Schutzhaube getragen«, sagte er.

»Zum Schutz Ihrer Augen?«

»Klar, das hat die Gewerkschaft veranlaßt. Damit keiner sich die Augen verletzt.«

»Aber eine Maske vor Nase und Mund haben Sie nicht getragen?«

»Nein, nie. Warum hätten wir das tun sollen? Schweißen ist ein solider, ungefährlicher Beruf.«

Ich nickte. Vielleicht stimmte es, vielleicht auch nicht. Aber eines war klar: Er hatte während seines gesamten Arbeitslebens Tag für Tag diesen Rauch eingeatmet. Eine 41jährige Exposition mit einem Rauch, der Manganteilchen enthielt. Und die Teilchen konnten mikroskopisch klein sein, weit kleiner als in Stäuben. Kleinere Teilchen sind gefährlicher als größere. Sie gelangen leichter in die Lunge und werden dort vom Körper aufgenommen als die größeren Teilchen, die vom Atemapparat abgefangen und herausgefiltert werden. Es sind die kleinen toxischen Teilchen im Tabakrauch, die bis in die Lunge gelangen. Die kleinen Teilchen von Asbest. Die kleinen Teilchen von Mangan.

Unter Bergleuten mit manganinduziertem Parkinson ist der Mangangehalt des Körpers anomal hoch, weit höher als unter Bergleuten, die andere Metalle als Mangan abbauen. Das ist ja auch zu erwarten. Der Mangangehalt ist jedoch nicht höher als bei anderen Mangan-Bergleuten, die neurologisch gesund sind und keinen Parkinson haben. Wie ist das möglich? Warum bekommen nicht alle Bergleute die Krankheit?

Es ist seit langem bekannt, daß Manganvergiftung eine dem Parkinson ganz ähnliche Krankheit verursacht. Die Krankheit wurde erstmals bei Mangan-Bergleuten in Chile beobachtet. Die Störung war praktisch auf Bergleute beschränkt, die viele Jahre in einer mit Manganstaub und -teilchen angereicherten Atmosphäre gelebt und gearbeitet hatten. Jahrein, jahraus atmeten sie diese Teilchen ein, und einige erkrankten. Nicht alle, nicht einmal die Mehrheit, nur einige. Deshalb durften die Bergwerke weiterbetrieben werden. Wären alle Arbeiter innerhalb von ein bis zwei Jahren an Manganvergiftung erkrankt, hätten die Bergwerke entweder ihre Arbeitsverfahren ändern oder dichtmachen müssen. Es wurden jedoch in jedem Jahr nur einige Arbeiter krank, die jährliche Inzidenz, die Zahl der Neuerkrankungen, war ziemlich niedrig. Die meisten Arbeiter waren daher gesund.

Warum bekam nur ein Teil der Bergleute die Krankheit – und nicht alle?

In der Epidemiologie bezeichnet *Prävalenz* die Anzahl der Patienten innerhalb einer Population, die zu einem bestimmten Zeitpunkt eine bestimmte Krankheit haben, während *Inzidenz* die Anzahl der Neuerkrankungen pro Jahr bezeichnet. Die Prävalenz der Manganvergiftung bei den chilenischen Bergleuten konnte bis zu 25 Prozent erreichen, doch die Inzidenz blieb niedrig.

Die Krankheit, von der diese Bergleute befallen wurden, hatte mehrere charakteristische Merkmale. Gewöhnlich bestand sie aus zwei völlig getrennten Phasen. Die erste Phase bestand hauptsächlich in psychiatrischen Symptomen, der sogenannten Mangan-Psychose. Diese äußerte sich in den unterschiedlichsten psychotischen Verhaltensweisen. Manche Bergleute entwickelten eine akute Manie, andere eine Depression oder Stimmungsschwankungen, wieder andere zeigten die klassische halluzinatorische Psychose einschließlich paranoider Wahnvorstellungen. Diese psychotischen Formen wurden für gewöhnlich leicht erkannt und diagnostiziert. Die Mangan-Psychose war schließlich ein fester Bestandteil der sozialen Realität, der Ausdruck selbst eher eine volkstümliche Prägung als eine amtliche medizinisch-diagnostische Bezeichnung.

Wenn ein Bergmann an dem Wahn erkrankte, hielt man ihn eine Zeitlang von der Arbeit fern, bis der Wahn sich verzog. Er wurde auf diese Weise nicht nur wieder gesund, sondern es wurde damit auch der Beweis erbracht, daß Mangan die Ursache des Wahns war. Die Bergleute mit Symptomen der Phase I, die nicht wieder ins Bergwerk gingen, hatten zumeist keine Gesundheitsprobleme mehr. Weder gab es Rückfälle in den Wahn, noch bekamen sie später Parkinson-ähnliche Symptome, wie sie in der zweiten Phase auftraten.

Von denen, die wieder ins Bergwerk gingen, wurden nicht alle erneut krank. Doch oft folgte auf die Phase I der Krankheit ein bis zwei Jahre später die Phase II mit Parkinson-ähnlichen Symptomen. Viele Patienten hatten denselben Tremor, dieselbe Steifheit, dieselbe Langsamkeit (Bradykinese) und einen ganz ähnlichen, wenn nicht identischen Verlust des Gleichgewichts wie bei der idiopathischen Parkinson-Krankheit. Außerdem hatten viele Bergleute noch andere neurologische Probleme, die bei der schlichten, altmodischen Parkinson-Krankheit nicht beobachtet werden, darunter Muskelspasmen, die von kurzen Zuckungen bis zu schweren, schmerzhaften Krämpfen reichten. Jedem Forscher, der sich damit befaßt hat, war klar, daß es sich wegen dieser Spasmen und der beiden getrennten Phasen um eine eigene Störung handelt. Bei der idiopathischen Parkinson-Krankheit gibt es weder eine vorausgehende psychotische Phase noch solche Spasmen. Die Bergleute hatten folglich eine spezifische Krankheit, die klinisch von der Parkinson-Krankheit verschieden war und eine spezifische, bekannte Ätiologie oder Ursache hatte: Manganvergiftung. Weil sie viele Merkmale der idiopathischen Parkinson-Krankheit hatte, aber auch von ihr verschieden war, taufte man sie »manganinduzierte Parkinson-Krankheit«.

Diese manganinduzierte Parkinson-Krankheit hatte noch einige weitere interessante Merkmale. Sie verläuft, wenn sie erst einmal begonnen hat, unweigerlich fortschreitend. Anders als bei Phase I konnte man, wenn Phase II eingesetzt hatte, den Verlauf der Störung nicht mehr beeinflussen, indem man das Bergwerk verließ und damit jegliche toxische Exposition beendete. Der Bergmann konnte tun, was er wollte – die Krankheit schritt unaufhaltsam fort, genau wie »normaler« Parkinson. Da eine Langzeituntersuchung dieser Bergleute nie durchgeführt wurde, läßt sich nicht mit Bestimmtheit sagen, ob die Vergiftung nicht noch andere langfristige Folgen hatte.

Aus diesen Überlegungen ergaben sich zwei Schlußfolgerungen. Erstens tritt die manganinduzierte Parkinson-Krankheit nur bei solchen exponierten Individuen auf, die für die Manganvergiftung empfänglich sind. Faktoren, die die Grundlage dieser Empfänglichkeit für manganinduzierte Parkinson-Krankheit sind, kennen wir nicht. Da kommt Verschiedenes in Frage. Das Fehlen eines Mechanismus zur Entfernung von Mangan aus dem Gehirn könnte schuld sein; im Gehirn des Betroffenen würde sich dann mehr Mangan anhäufen als bei seinen beschwerdefreien Kollegen. Es könnte auch an einer relativen Unfähigkeit liegen, teilweise durch Mangan geschädigte Nervenzellen zu reparieren; die im Gehirn vorhandene Menge Mangan wäre bei allen dieselbe, nur wäre der Schaden bei dem Betroffenen weit größer und würde zunehmen. Peter Kryhoski hatte Parkinson bekommen. Eddie Mraz auch. Nicht aber der dritte der Musketiere, Sam Rausch. Warum? Differentielle Empfänglichkeit, was immer das heißen mag. Indem man ein Etikett kreiert, verschafft man dem Phänomen so etwas wie wissenschaftliche Glaubwürdigkeit.

Die zweite Überlegung ist nicht ohne weiteres einleuchtend; wir müssen dazu einen Schritt zurücktreten und noch einmal einen Blick auf die Daten werfen. Angenommen, wir wären alle

Bergleute. Nicht alle Bergleute bekommen manganinduzierten Parkinson. Eigentlich sogar die wenigsten. Diejenigen, die ihn bekommen, haben außerdem keinen stärkeren Kontakt mit Mangan, keine höhere Toxizität, keinen höheren Manganspiegel im Gehirn als die anderen, die ihn nicht bekommen. Logischerweise kann Mangan also nicht der Schuldige sein. Das ist die Art, wie wir die Welt gewöhnlich interpretieren. In der Epidemiologie, die sich mit der Inzidenz, der Verbreitung und der Eindämmung von Krankheiten in einer Population befaßt, gehen wir in dieser Weise an Krankheiten und ihre Ursachen heran. Das ist die Methode, die normalerweise zu Ergebnissen führt. Wir untersuchen Gebiete, in denen eine Krankheit gehäuft auftritt, und suchen nach Faktoren, die diese Schwerpunkte erklären könnten. Wir suchen nach variierenden Faktoren und einer Krankheitsinzidenz, die mit diesen Faktoren korreliert, also sich wechselseitig bedingt.

Neurologen, die sich ihr Leben lang bemühen, die Parkinson-Krankheit zu verstehen, sind inzwischen mit der Vorstellung vertraut, daß die Krankheit nicht so von selbst entstanden ist, wie wir zunächst glaubten. Daß sich unsere Vorstellungen verändert haben, ist einer Gruppe junger Patienten zu verdanken, die infolge einer »selbstgebrauten« Droge, die sie sich spritzten, einen schweren und sogar tödlichen Parkinson entwickelten. Keiner dachte, daß diese Patienten die schlichte, altmodische idiopathische Parkinson-Krankheit haben. Wir hatten eine isolierte Gruppe junger Patienten mit einer neuartigen Störung. Das sind die Alpträume von Epidemiologen.

Der Traum brachte Ergebnisse. Man stellte fest, daß die Parkinson-Krankheit bei diesen Patienten von einer Substanz ausgelöst wurde, die sie sich injiziert hatten, einer Substanz namens MPTP (Methyl-Phenyl-Tetrahydropyridin). Die Entdeckung, daß ein synthetisches Toxin eine Krankheit auslösen konnte, die klinisch die meisten, wenn nicht gar alle wesentlichen Symptome der idiopathischen Parkinson-Krankheit nachahmte, brachte uns im Verständnis der Krankheit entscheidend voran. In den zwölf Jahren seit dieser Entdeckung wurde verstärkt mit dem Ziel geforscht, das eine Umweltgift beziehungsweise die Umweltgifte zu identifizieren, die die Parkinson-Krankheit verursachen. Doch alle Forschungen waren bisher vergeblich und werden es wohl auch bleiben, obwohl sie von dem üblichen epidemiologischen Ansatz ausgingen.

Wie immer bei solchen Fragestellungen sucht man wie gewohnt die üblichen Verdächtigen, ausgehend von herkömmlichen Vorstellungen. Man fühlt sich weniger an innovative Forschung als vielmehr an die Schlußszenen des Films *Casablanca* erinnert: Ilsa und ihr Ehemann sitzen in dem Flugzeug nach Portugal. Major Strasser kommt auf den Flugplatz, um den Abflug zu verhindern. Rick erschießt Major Strasser. Er steht da, den rauchenden Colt in der Hand. Die Gendarmen kommen. Sie fragen Hauptmann Renault, was sie tun sollen. »Verhaften Sie die üblichen Verdächtigen«, sagt er, also ziehen sie ab, und warum auch nicht? Die üblichen Verdächtigen begehen die meisten Verbrechen in Casablanca. Das Flugzeug hebt ab, und Rick und Hauptmann Renault gehen davon, um sich dem Freien Frankreich anzuschließen.

Unsere Suche nach den möglichen Ursachen der Parkinson-Krankheit hat viele Eigentümlichkeiten der Krankheit ignoriert, weil sie fast alle üblichen Verdächtigen ausschließt, und zwar aufgrund unserer gewohnten Art, die Verdächtigen einzuschätzen. Diese üblichen Verdächtigen waren, wenn ich Sie daran erinnern darf, nicht auf dem Flugplatz. Sie hielten keinen rauchenden Colt in der Hand.

Die Vermutung, die Häufigkeit der idiopathischen Parkinson-Krankheit sei in nennenswertem Umfang auf ein oder mehr Umweltgifte zurückzuführen, muß sich mit einer Reihe von Tatsachen in Einklang bringen lassen. Erstens muß das Gift schon vor 1817 in der Umwelt vorgekommen sein, denn in diesem Jahr wurde die Krankheit erstmals eindeutig beschrieben. Das schließt alle synthetischen organischen Pestizide und Insektizide aus. Es gab sie nicht in den achtziger und neunziger Jahren des 19. Jahrhunderts, in denen Parkinson, wie wir wissen, eine verbreitete Krankheit war. Die gesamte Forschung, die nach solchen neuen Schadstoffen sucht, können wir auf den Müll werfen.

Zweitens muß das Gift, weil die Parkinson-Krankheit in der

ganzen Welt vorkommt, weit verbreitet sein. Die Forschung nach Giften, die nicht überall vorkommen, wie etwa Mangan, können wir folglich verwerfen. Wir leben nicht in einer Welt von Mangan-Bergleuten oder gar Mangan-Schweißern. Der Schuldige muß mit anderen Worten allgegenwärtig sein, denn die idiopathische Parkinson-Krankheit ist bei Menschen in ganz verschiedenen Weltgegenden diagnostiziert worden.

Drittens darf die Konzentration des Gifts nicht zunehmen, denn es gibt keinen Anhaltspunkt dafür, daß die Prävalenz der idiopathischen Parkinson-Krankheit zunimmt. Betrachten wir zum Beispiel die Tatsache, daß heute nur 3 Prozent der Amerikaner auf Farmen leben, ganz anders als vor 100 Jahren. Die Wahrscheinlichkeit, Parkinson-Krankheit zu bekommen, hat sich jedoch trotz dieses enormen Wandels im Lebensstil nicht verändert; die Inzidenzrate beträgt noch immer 1 von 100 der Menschen über fünfzig.

Viertens muß dieses Gift relativ gleichförmig verteilt sein, denn die zum Vergleich dienende Prävalenz der idiopathischen Parkinson-Krankheit ist ziemlich einheitlich, und es sind kaum geographische Schwerpunkte der Krankheit beschrieben worden, wenn es überhaupt solche Schwerpunkte gibt.

Fünftens muß die wesentliche Tatsache berücksichtigt werden, daß, wie stark die Konzentration des Gifts in einer Umgebung auch sein mag, nur eine sehr kleine Minderheit der Exponierten jemals Parkinson bekommt. Praktisch alle Toxine wurden aufgrund der Tatsache entdeckt, daß es klare Schwerpunkte der betreffenden Krankheit gibt. Eine Gruppe von Menschen erkrankt. Entweder leben sie an einem bestimmten Ort. Oder sie haben alle denselben Beruf. Oder sie trinken alle dasselbe Wasser. Oder sie essen alle dieselbe Nahrung. Oder sie spritzen sich alle dieselbe verbotene Droge. Egal, was es ist. Auf diese Weise werden die üblichen Verdächtigen zusammengetrieben, und dann findet man irgendwann den Schuldigen. Für die Parkinson-Krankheit gilt das nicht.

Schließlich dürfen wir nicht vergessen, daß ausschließlich der Mensch für dieses Gift empfänglich ist, denn wir sind die einzige Spezies, die an idiopathischer Parkinson-Krankheit leidet. An domestizierten Hundearten hat man die Störung nicht beobachtet; allerdings zeigen Hunde Parkinson-ähnliche Symptome, wenn man ihnen MPTP verabreicht.

Wie kann die Parkinson-Krankheit dann überhaupt durch ein Gift verursacht worden sein? Ganz einfach. Es hängt mit Darwin und mit Johansons Lucy zusammen: Arten kämpfen um ihr Überleben und um das Überleben der Tauglichsten. Mindestens seit Lucy haben die menschlichen Praktiken der Versorgung und Erziehung von Kindern dafür gesorgt, daß innerhalb unserer Art eine Teilgruppe überlebte, die als einzige empfindlich auf ein Toxin reagiert, das für andere überlebende Individuen nicht-toxisch ist. Da ist sie wieder, die gute alte differentielle Empfänglichkeit: Einige von uns haben sie, einige haben sie nicht. Genauer gesagt, glauben Wissenschaftler, einen Teil des Gehirns aufgespürt zu haben, die sogenannte Substantia nigra, von der automatische Bewegungen kontrolliert werden. Zu den automatischen Bewegungen gehört der Seitenwechsel im Schlaf, das Sichaufsetzen, die Erlangung der aufrechten Haltung, die Bewahrung des Gleichgewichts, wenn die aufrechte Haltung in Gefahr ist, das Gehen und das Schwenken der Arme beim Gehen. Das alles lernt man, ohne es gezeigt zu bekommen, ja, ohne es überhaupt gesehen zu haben, denn das lernen alle blinden Kleinkinder genauso. Diese Bewegungen gehören zu den motorischen Verhaltensweisen, die von der Parkinson-Krankheit in erster Linie gestört werden. Die Fähigkeit, diese »primitiven« oder elementaren motorischen Fertigkeiten auszuführen, hängt offenbar vom Funktionieren der Substantia nigra ab.

Alle Fähigkeiten des Nervensystems, auch diese elementaren motorischen Funktionen der Substantia nigra, unterliegen der genetischen Variation, und diese Variabilität gilt für alle Arten. Einige Kinder lernen früher laufen als andere. Einige lernen, schneller zu laufen oder höher zu springen. Diese offenkundige Variation der elementaren motorischen Fähigkeiten des Menschen scheint eine genetische Variabilität der Leistungsfähigkeit der Substantia nigra zu implizieren. Diese Variabilität kann auf unterschiedliche Weise zustande gekommen sein, zum Beispiel durch schlichte Variation der Anzahl der Zellen der Substantia nigra; Gehirne mit weniger Zellen führen die auf diese Zellen angewiesenen Aufgaben weniger gut aus. Oder die entscheidende Variabilität bestand darin, wie die Zellen Fortsätze bilden und andere Zellen erreichen (die sogenannte Verzweigung); Zellen, die am wenigsten verzweigen, erreichen die geringste Zahl von Zellen und haben die geringsten Aussichten, ihre Substantia-nigra-Signale zu übertragen. Die Erklärung könnte auch in der Variabilität der Enzymkonzentration oder der Enzymfunktion oder in der Fähigkeit liegen, RNA oder DNA zu reparieren. All diese Eigenschaften der Substantia nigra hängen von der genetischen Beschaffenheit ab.

Diese genetische Variabilität der elementaren motorischen Fähigkeiten beobachten wir bei allen Tieren, doch nur der Mensch erkrankt an Parkinson. Warum?

Meine erste Schlußfolgerung: Allein der Mensch sichert das Überleben praktisch seiner gesamten Nachkommen, während bei jeder Art, bei der das Überleben des Tauglichsten im üblichen Sinne wirksam werden darf, jede Schwäche in diesem System herausselektiert wird. Ein Tier, das langsam lernt oder in seinen Bewegungen langsam ist, wird sich – ob als Beutetier, ob als Raubtier – nicht lange auf der Welt behaupten, jedenfalls nicht bis zur Fortpflanzung. Tauglichkeit ist, genetisch gesehen, eigentlich Fortpflanzungstauglichkeit. Bei allen anderen Arten werden die Individuen, die langsam laufen oder spät zu laufen beginnen, in jeder Generation ausgemerzt. Das langsamste Gnu wird ziemlich rasch von der Herde getrennt und gefressen. Und zwar nicht von dem langsamsten Löwen weit und breit. Die schnelleren Gnus entkommen den Löwen und überleben bis zur Fortpflanzung. Die langsamen Löwen werden vom Wasserbüffel mit den Hörnern aufgespießt. Nur für den Menschen gilt das nicht und hat es nie gegolten.

Die Leistungsfähigkeit der Substantia nigra ist bei jedem Individuum natürlich genetisch bedingt. Wenn nur die schnelleren Gnus überleben, kann der Anteil der langsameren, weniger robusten Gnus in der nächsten Generation nicht steigen. Unter den ausgewachsenen Gnus gibt es keine langsamen oder doch nur ganz wenige. Dafür sorgen schon die Löwen. Doch die langsameren Kinder des Menschen werden für ihre Langsamkeit nicht bestraft. Sie werden, auch wenn ihre Substantia nigra weniger leistungsfähig ist, nicht gefressen. Sie überleben, werden groß und pflanzen sich fort. Ihr Nachwuchs ist dann ebenfalls eher langsam. So geht es über Hunderte oder Tausende von Generationen. Das hat zweierlei zur Folge.

Die eine Folge ist eine Abflachung der Kurve der Gaußschen Normalverteilung. Da die Gene für Langsamkeit nicht mehr ausgemerzt werden, wird Geschwindigkeit zu einem irrelevanten Faktor. Irrelevant wird auch die Leistungsfähigkeit der Substantia nigra, von der es abhängt, ob ein Kind mit zehn oder mit fünfzehn Monaten oder auch erst mit sieben Jahren laufen kann. Das spielt einfach keine Rolle. Die andere Folge ist, daß auch die Allerlangsamsten sich fortpflanzen können, so daß schließlich Individuen entstehen, die noch langsamer sind. Es werden Menschen geboren – und sie überleben –, deren Systeme weit weniger robust sind als die aller Mitglieder jeder anderen Art. Ein so langsames Gnu mit einer so geringen Robustheit käme gar nicht erst zur Welt. Einen sehr langsamen Löwen gibt es nur in unserer Phantasie. Dafür, daß es so etwas nicht gibt, sorgt die natürliche Auslese, die das bei allen Arten in jeder Generation verhindert. Außer beim Menschen. Bei uns ist die Variabilität der Leistungsfähigkeit der Substantia nigra seit Millionen von Jahren aus der Auslese herausgenommen worden. Bezüglich der Anzahl der Zellen oder der Enzymaktivität ist die Kurve der Normalverteilung nicht nur nach links verschoben, sondern auch abgeflacht worden – von einer Normalverteilung kann keine Rede mehr sein.

Es werden also Menschen geboren, bei denen die neuronalen Systeme der Substantia nigra nicht sehr leistungsfähig sind, und sie überleben und können ein reifes Alter erreichen. Irgendwann kann dann folgendes passieren. Denken wir uns ein allgegenwärtiges Toxin. Es dringt in den Körper und in das Gehirn einer jeden Art ein. Dieses Toxin ist nicht besonders wirksam – bei Individuen mit einer Substantia nigra von normaler Leistungsfähigkeit kann es keine Krankheit auslösen. Das Gnu bekommt keinen Parkinson, auch der Löwe nicht. Nur der Mensch. Und von den Menschen auch nur der kleine Prozentsatz mit weniger robusten Systemen.

Nehmen wir an, alle Individuen seien dem allgegenwärtigen Toxin ausgesetzt. Dieses Toxin ist relativ unwirksam; es vermag nur die schwächsten überlebenden Zellen zu töten, und auch das nur durch einen relativ langwierigen Prozeß. Selbst Menschen, die von Geburt an nur 30 bis 40 Prozent der üblichen Anzahl Neuronen der Substantia nigra besitzen, sind nicht davon betroffen. Die Parkinson-Krankheit tritt erst auf, wenn nur noch 20 Prozent der Zellen der Substantia nigra funktionieren.

Diese Hypothese bietet folglich eine Erklärung dafür, daß die Parkinson-Krankheit allein den Menschen betrifft und ein weltweit verbreitetes, natürlich vorkommendes Toxin eine Krankheit verursachen kann, die auf eine einzige Spezies beschränkt ist. Sie bringt auch die Vorstellung, daß die Parkinson-Krankheit direkt auf ein Umweltgift zurückzuführen ist, mit der Beobachtung in Einklang, daß nur vereinzelte Individuen innerhalb einer bestimmten Umwelt die Krankheit bekommen. Außerdem klärt sie den scheinbaren Widerspruch auf, der zwischen unserem Verständnis des Auftretens der Parkinson-Krankheit und ihrer sie verursachenden Gifte besteht.

Die entscheidende Voraussetzung für die Entstehung der Parkinson-Krankheit ist also nicht die Allgegenwart oder die Konzentration des Toxins, sondern die Denormalisierung der Widerstandsfähigkeit einzelner Menschen. In diesem Fall helfen uns die klassischen Methoden, die wir in der Epidemiologie von giftverursachten Krankheiten anwenden, nicht weiter. Unabhängig davon, wie hoch die Konzentration des Toxins in einer gegebenen Umwelt ist, bekommt nur eine kleine Minderheit derer, die mit ihm in Berührung kommen, die idiopathische Parkinson-Krankheit. Die bemerkenswerteste Folgerung daraus ist, daß das sogenannte Toxin möglicherweise nicht einmal die Kriterien für ein Toxin erfüllt. In den vorkommenden Mengen wird es für die meisten Menschen ungiftig sein. In diesem Zusammenhang sei noch einmal daran erinnert, daß Mangan-Bergleute, die manganinduzierten Parkinson bekommen, weder eine höhere Mangan-Exposition aufweisen als ihre Kollegen, die keinen Parkinson bekommen, noch eine stärkere Belastung des Körpers mit Mangan. Der entscheidende Faktor kann nur die individuelle Empfänglichkeit sein.

Ich untersuchte Eddie Mraz. Er hatte die Parkinson-Krankheit, die schon eingesetzt hatte, bevor er in Rente ging, und sehr viel rascher fortgeschritten war als bei Peter. Ich konnte kaum etwas tun, um ihm zu helfen. Seine Beschwerden nahmen ständig zu, und er starb etwa vier Jahre nachdem ich ihn erstmals untersucht hatte.

Peter Kryhoski ist weiterhin bei mir in Behandlung. Sam Rausch, der einzige, der »verschont« blieb, fährt ihn in meine Sprechstunde. Doch Sam lächelt nie. Er hat einen maskenartigen Gesichtsausdruck, der, wie Langsamkeit und Mangel an spontaner Bewegung, eines der hervorstechenden Merkmale der Parkinson-Krankheit sind. Auch fällt es ihm etwas schwerer, aus dem Stuhl hochzukommen, als noch im letzten Jahr. Hin und wieder beobachte ich einen ganz schwachen anhaltenden Tremor an seiner linken Hand. Sam glaubt, er sei normal, und warum sollte gerade ich ihm das ausreden? Einer der Gründe dafür, daß die Anzahl der Menschen mit Parkinson-Krankheit so niedrig ist, wie sie ist, besteht darin, daß niemand die Sam Rauschs dieser Welt genauer untersucht.

Mir hat noch kein Film mit Untertiteln gefallen: Die Architektur des Lesens

Ich gehe gern ins Kino, aber ich mag keine Filme mit Untertiteln. Zu dieser Feststellung war ich längst gelangt, bevor ich Neurologe wurde. Aber vielen meiner Freunde, die dieselben Bücher lasen, und sogar einigen, die dieselben Opern mögen wie ich, schienen solche Filme zu gefallen. Ich war mir daher sicher, daß diese Lücke in meiner ästhetischen Wertschätzung einer persönlichen Abneigung entsprang, die aus einer Kindheit mit einer Erziehung herrührte, die mich glauben ließ, Kinogehen sei etwas, das man am Samstagnachmittag tat, wenn es zu kalt war, um Baseball zu spielen, zu naß, um Football zu spielen, und meine Mutter am Fernseher der Übertragung aus der Metropolitan Opera lauschte.

Im Laufe der Jahre wuchs meine abweisende Reaktion auf ausländische Filme mit Untertiteln mit jeder Vorführung, die ich durchlitt, gerade bei französischen Filmen. Es seien Komödien, sagte man mir. Ich habe sie alle gehaßt – schon als Schüler, dann als Medizinstudent, als neurologischer Assistenzarzt, der das Gehirn, seine Funktionen und seine Krankheiten erforschte, und schließlich als fertiger Neurologe. Ich ging mit meinen Freunden in diese Filme, und wenn ich aus dem Kino kam, war ich fix und fertig. Einen Film hatte ich eigentlich nicht gesehen. Ich hatte einen verstümmelten Text gelesen, der an meinen Augen vorbeihuschte, während ich mich bemühte, der Handlung zu folgen, die sich über dem Text auf der Leinwand abspielte.

Ich mag noch immer keine Filme mit Untertiteln, aber zwei Dinge haben sich geändert. Ich gehe einfach nicht mehr in solche Filme – und was weit wichtiger ist: Ich verstehe jetzt, daß meine Unfähigkeit, an ihnen Gefallen zu finden, nicht meine Schuld ist.

Die schlichte neurologische Wahrheit ist, daß das menschliche Gehirn nicht dazu geschaffen ist, Filme auf diese Weise aufzunehmen. Es mag durch die Evolution dazu geschaffen worden sein, daß wir der Musik lauschen können oder Filme anschauen; aber nicht dazu, Texte zu lesen und gleichzeitig dem Ablauf einer dazu gehörigen Handlung zu folgen. Die simultane Vermengung dieser spezifischen Funktionen kann einfach nicht richtig bewältigt werden.

Sobald man anfängt, die Untertitel zu lesen, ist man außerstande, dem Film zu folgen. Das gilt auch für Untertitel, die seitlich auf die Leinwand projiziert werden. So bedauerlich das ist, es ist die physiologische Realität.

Diese Realität ist eine direkte Folge der Art und Weise, wie unser Gehirn sich entwickelt hat. Auch in Gesellschaften, in denen man im allgemeinen lesen und schreiben kann, hat das Lesenkönnen nie zu einem erhöhten Fortpflanzungserfolg geführt. Und man darf nicht vergessen, daß Tauglichkeit – etwa in der Formel »Überleben des Tauglichsten« – sich nur auf die Fortpflanzungstauglichkeit bezieht. Und für Lesen gilt eher das Gegenteil, es geht einher mit sozioökonomischem Erfolg, der wiederum mit einer geringeren Geburtenrate Hand in Hand geht. Lesen ist demnach biologisch nachteilig.

Mein persönliches Problem mit Untertiteln wurde wissenschaftlich untermauert, als ich einen bestimmten Patienten kennenlernte. Man bat mich, Terence Hennessey zu begutachten, weil er leseunfähig geworden war. Die Neurologen sprechen von »Alexie«, was wörtlich »ohne Lesen« bedeutet. Gleich zu Beginn der Untersuchung erfuhr ich, daß Terence immer gern gelesen hatte, schon von Kindheit an. Offenbar gehörte er zu jenen Kindern, denen das Lesen so leichtfällt, daß er es sich praktisch selbst beigebracht hatte, bevor er vier wurde. Seitdem hatte er alles Lesbare gierig verschlungen. Mit 64 Jahren las er soviel wie eh und je, wenn nicht sogar mehr. Als Professor für Englisch las er alles, von Homer bis Hemingway und darüber hinaus. Er las in mehreren Sprachen, außer Englisch auch Französisch, Deutsch, Latein und Spanisch, das er eigens gelernt hatte, um *Don Quixote* im Original lesen zu können. Alles in allem galt für Terence Hennessey: Ich lese, also bin ich.

Bis zu dem Tag, an dem er zu lesen aufhörte.

Am Vorabend war er zu Bett gegangen und hatte, wie es seine Gewohnheit war, vor dem Einschlafen noch gelesen. Bei dem Buch handelte es sich um Julian Barnes' *Flauberts Papagei*. Kein so bedeutendes literarisches Erlebnis, wie Flaubert selbst zu lesen, sagte er mir. Aber weit, weit besser als *The Bridges of Madison County*, das er ebenfalls las, um es in einem von ihm geleiteten Buchclub zu diskutieren.

An diesem Abend beendete er die Lektüre von *The Bridges of Madison County* und machte sich dazu einige Notizen. Dann nahm er sein abgegriffenes Exemplar von Marcel Prousts *In Swanns Welt*, aber er war zu müde, um noch weiter zu lesen. Es war an der Zeit, das Licht zu löschen.

Er schlief so gut wie sonst auch. Aber wie immer wurde er um halb drei durch das Bedürfnis geweckt, auf die Toilette zu gehen. In den letzten Jahren war er jede Nacht fast auf die Minute genau zur selben Zeit aufgewacht. Er hatte sogar mit seinem Arzt darüber gesprochen. Es schien ihm ein gewisses Vergnügen zu bereiten, daß er den korrekten Ausdruck für das vermehrte nächtliche Wasserlassen – Nykturie – gelernt hatte, und er erläuterte sogar dessen Ableitung aus dem Lateinischen. Seine Nieren funktionierten gut. Seine Blase auch.

Das Problem war seine Prostata. Sie war seit einigen Jahren ganz allmählich größer geworden. Dabei drückte sie auf die Harnröhre, schwächte den Harnstrahl ab und verhinderte dadurch eine vollständige Blasenentleerung. Infolgedessen war seine nur halb entleerte Blase alle drei Stunden wieder voll. Die aufgeblähte Blase tat dann, was jede aufgeblähte Blase tun soll – sie weckte ihn. Er verließ sein warmes Bett, ging ins Bad, stand dort und versuchte, Wasser zu lassen. Das war nicht so einfach wie früher. Die Harnröhrenverengung, die den Harnstrahl abschwächte, so daß seine Blase immer halb voll blieb, behinderte auch die Einleitung des Harnabflusses aus der Blase. Das wollte er durch den Valsalva-Versuch überwinden. Er blickte von seinem Krankenhausbett auf und lächelte mich an. »Er ist benannt nach einem bedeutenden italienischen Anatomen des 18. Jahrhunderts«, sagte er.

»Ich weiß«, erwiderte ich, nicht sicher, ob er mich bilden wollte oder ob er lediglich prüfte, ob er einen Arzt vor sich hatte, der bereits gebildet war. Beides war nach meinem Eindruck durchaus möglich.

Er ließ sich von meinem offensichtlichen Kenntnisstand nicht in seinem Redefluß unterbrechen. Er war, wie ich mir in Erinnerung rief, Professor für Englisch und hatte sein Leben lang Vorlesungen gehalten. Das war sein Verständnis von einem Gespräch. Ich ließ mir also von Terence Hennessey den Valsalva-Versuch erklären. Man solle den Druck im Bauchraum erhöhen und dadurch die Blasenentleerung unterstützen. Zunächst schließt man die Stimmritze, damit keine Luft aus der Lunge entweicht, und versucht dann, gegen diesen Verschluß auszuatmen. Dabei drückt das Zwerchfell die Eingeweide zusammen, wodurch der Druck in der Bauchhöhle steigt. Er wirkt auf die Blase und hilft, den Harn an der blockierenden Prostata vorbeizudrücken.

»Das habe ich dann gemacht«, resümierte er seine Ausführungen. »Manchmal wird mir dabei ein wenig schwindelig«, fügte er noch hinzu.

»Wissen sie warum?« fragte ich ihn.

»Ehrlich gesagt, nein. Ich unterrichte Literatur, nicht Humanphysiologie.«

Ich erklärte ihm also, was dabei vor sich ging, wobei mir vollkommen klar war, daß er sein frischerworbenes Wissen an alle weiterreichen würde, die es in sein Krankenhauszimmer verschlagen sollte. Der Valsalva-Versuch steigert auch die Aktivität des Nervus vagus, des wichtigsten Nervs des autonomen Nervensystems, das in Gestalt von Reflexen vorwiegend automatisch agiert. Es war also sein autonomes Nervensystem, das ihn geweckt hatte.

»Ich dachte, das sei meine Blase gewesen«, sagte er.

»Das war sie auch, nur mußte die Nachricht irgendwie von Ihrer Blase zum Gehirn gelangen.«

Die Blase wird vom autonomen Nervensystem kontrolliert. Schon beim Neugeborenen tröpfelt der Harn nicht einfach im selben Maße heraus, wie er von den Nieren gebildet wird. Er wird in der Blase gesammelt. Wenn sich die Blase dann aufbläht, schickt sie eine Nachricht ans Rückenmark, und zurück kommt eine Mitteilung an die Blase, sich zusammenzuziehen, sowie an den Schließmuskel, der die Harnröhre zuhält, sich zu entspannen. Dann ist es Zeit, wieder die Windel zu wechseln. Ein einfacher Reflex. So funktioniert es praktisch bei allen Säugetieren, Hunden, Katzen, Kaninchen, Menschen.

Und alle Säugetiere lernen, diesen Rückenmarksreflex zu unterdrücken. Welpen lernen es. Kätzchen lernen es. Kaninchenjunge lernen es. Kleinkinder lernen es. Dabei spielt das Gehirn eine Rolle. Die Blase füllt sich. Sie schickt eine Nachricht ans Rückenmark: »Es wird Zeit zum Entleeren.« Sobald das Gehirn gelernt hat, den Entleerungsreflex zu hemmen, wird er nicht mehr automatisch vom Rückenmark kontrolliert. Die Nachricht wird ans Gehirn weitergeleitet, und das Gehirn trifft dann die Entscheidung, ob entleert wird oder nicht.

»Dann ist also mein Gehirn zu dem Schluß gekommen, daß es an der Zeit ist, aufzustehen und meine Blase zu entleeren.«

Ich nickte. Aber Terence fiel es schwer, seine Blase zu entleeren, weil die Prostata Widerstand gegen den Abfluß leistete.

»Deshalb habe ich einen Valsalva gemacht. Aber warum ist mir schwindelig geworden?«

»Weil das autonome Nervensystem so gut funktioniert, daß es sich nie weiterentwickelt hat. Was es an Effizienz gewonnen hat, wird aufgewogen durch seine mangelnde Spezifizität.«

Der Nervus vagus transportiert viele Nachrichten an viele Stellen. Wenn bei einem Valsalva-Versuch der Druck im Bauchraum steigt, feuert auch der Vagus los. Dadurch sinkt die Herzfrequenz, erklärte ich ihm. Die Pulszahl wird sehr niedrig. Auch der Blutdruck sinkt. »Bei dieser Kombination von langsamem Puls und niedrigem Blutdruck verringert sich die Blutzufuhr zum Gehirn, und da kann es schon sein, daß Sie einen Anflug von Benommenheit spüren.«

»Das war mehr als ein Anflug«, sagte er. »Leichte Anflüge habe ich öfter. Dies war viel heftiger.«

»Wie ging es denn weiter?«

»Der Valsalva muß mehrere Minuten gedauert haben, und erst dann kam ganz langsam Harn heraus. So wie jede Nacht. Nicht gerade viel, aber einigermaßen verläßlich. Dann versiegte der Strahl. Jedenfalls war die Blase wieder nur halb geleert, und ich bin wieder ins Bett gegangen.«

In den Vereinigten Staaten hat die Hälfte der Männer in seinem Alter dasselbe Problem mit der Prostata. Wenn nicht schlimmer.

Und seine Blase weckte ihn wieder auf. Um viertel nach fünf war sie wieder voll bis zum Überlaufen. Wieder der Gang ins Bad, und wieder machte er einen Valsalva-Versuch.

»Wurde Ihnen wieder schwindelig?« unterbrach ich ihn.

Er überlegte. »Ich glaube ja. Ich bin schon so an eine leichte Benommenheit gewöhnt, daß ich nicht mehr darauf achte.«

»Also nicht so heftig«, warf ich ein, was er bestätigte.

Dann schilderte Terence seine übliche morgendliche Routine: erneute Entleerung der Blase, rein reflexhaft, während die Dusche sich erwärmte. Ein Duschbad. Dann Rasieren. Anziehen. Kaffeekochen, Toastbrot rösten, Zeitung holen. Und dann stellte er fest, daß er nicht lesen konnte. Er sah das Papier, er wußte, daß es wirklich eine Zeitung war. Aber als er auf die erste Seite schaute, konnte er die Buchstaben nicht entziffern, nicht erkennen, daß sie Wörter bildeten, die wiederum Sätze bildeten und Bedeutung transportierten.

»Ist Ihnen etwas Ungewöhnliches aufgefallen?« »Nein.« »Als Sie in den Spiegel schauten, sah alles ganz normal aus?« »Ja.« »Und Sie hatten keine Probleme beim Rasieren, keine Schwierigkeiten, den Rasierapparat mit der rechten Hand zu führen?« »Nein.« »Und Sie konnten beide Seiten Ihres Gesichts gleich gut rasieren?« »Natürlich.« »Woher wissen Sie das?« »Ich sah es.«

Er wurde sich bewußt, worauf meine Frage zielte, und fügte hinzu: »Ich bin mir auch übers Gesicht gefahren, das mache ich immer, um sicher zu sein, daß es glattrasiert ist, auf beiden Seiten.

Ich habe es mit der linken Hand abgetastet. – Aber warum kann ich nicht lesen?« In den Fragen schwang mehr als nur ein Anflug von Verzweiflung mit.

Er hatte mir alles gesagt, was ich wissen mußte. Seine rechte Hand war nicht betroffen. Seine linke frontale Hemisphäre funktionierte also, was durch die Tatsache belegt wurde, daß er Bewegungen ausführen konnte, die eine Feinsteuerung erforderten, wie eben die Rasur seines Gesichts. Damit war auch klar, daß kein Sehverlust im mittleren Teil seines Gesichtsfeldes vorlag, im Bereich des sogenannten makulären Sehens im Zentrum der Netzhaut. Teilbereiche der Netzhaut reagieren unterschiedlich gut auf unterschiedliche Reize. Die Peripherie reagiert besser auf Bewegung und große Formen. Das Zentrum, der makuläre Bereich, reagiert besser auf Details und Farben. Dank dessen können wir ein Gesicht vom anderen unterscheiden, einen Buchstaben vom anderen, ein Wort vom anderen. Dank dessen können wir lesen.

Terence konnte sein Gesicht an diesem Morgen deutlich sehen. Er konnte auch seine Zeitung sehen, ihre ganze Form, und sie als das erkennen, was sie war: eine Zeitung. Ihm war klar, daß Worte auf ihr standen, die er hätte lesen können sollen. Wenn er nicht lesen konnte, lag es nicht daran, daß seine Augen die Buchstaben nicht sehen oder an die Sehrinde weiterleiten konnten.

War sein Problem wirklich so spezifisch, wie es den Anschein hatte, beschränkt auf eine Leseunfähigkeit? Bei den meisten Patienten sind nur wenige Aspekte der Untersuchung wirklich wichtig. Manchmal genügt schon ein flüchtiger Blick, oder man muß nur einen bestimmten Reflex abrufen – der Rest ist bloße Zutat.

Wo anfangen? Seine Sehbahnen waren anscheinend intakt. Sicherheitshalber prüfte ich das nach. Ich stellte mich vor ihn und vergewisserte mich, daß er in jedem Quadranten seiner Gesichtsfelder Objekte sehen und erkennen und Finger abzählen konnte. Da es hier keine Probleme gab, war klar, daß die visuellen Bilder der Wörter auf seiner Zeitung zur Sehrinde im hinteren Teil des Gehirns gelangt waren.

Als nächstes prüfte ich, ob seine Sprachzentren in Ordnung waren. Wenn ja, dann war die vordere Hälfte seiner Sprachrinde in guter Form. Daß er kein Problem mit der Produktion von Sprache hatte, war mir bereits bekannt. Patienten, die ein lokalisiertes Problem mit der Sprachproduktion haben, sprechen in jedem Fall weniger. Außerdem machen sie Fehler in der Wortwahl. Und das, womit nicht flüssig sprechende Patienten die größte Schwierigkeit haben, sind Substantive, speziell Eigennamen. Aber Terence Hennessey sprach durchaus flüssig: Er benutzte einen umfangreichen Wortschatz und hatte auch kein Problem mit der Wahl der richtigen Wörter. Mühelos fand er Namen; sie reichten von Flaubert und Proust bis Sassoon und Owen. Das alles gab mir die Gewißheit, daß der sprachliche Output von Terence normal war. Es mußte demnach ein Problem mit dem Input sein.

War das Problem mit dem Input ein isoliertes Problem? Oder konnte er Wörter in einen schriftlichen Output verwandeln? Ich bat ihn, einen Satz zu schreiben. »This is a beautiful day in Chicago«, sagte ich und reichte ihm einen Stift und ein Blatt Papier.

Er schrieb es, ohne zu zögern und ohne Rechtschreibfehler. Er konnte also einen verbalen Reiz aufnehmen und in Form einer schriftliche Reaktion wiedergeben.

Konnte er auch selbst einen Satz bilden?

Er tat es, beinahe: »All things considered, I'd rather be in Philadelphia« – es war das Epitaph auf dem Grabstein von W. C. Field. Er hatte diesen Satz nicht neu gebildet, aber er hatte ihn unversehrt aus den Sprachspeichern seines Gehirns hervorgeholt und absolut fehlerfrei aufgeschrieben.

Er konnte auch korrekt buchstabieren. Praktisch jeder Patient mit Aphasie hat Probleme mit dem Buchstabieren, speziell mit dem Rückwärtsbuchstabieren. Aber Mr. Hennessey konnte »Flaubert« vorwärts und rückwärts buchstabieren, ebenso »Stendhal« und sogar die Namen jener russischen Romanautoren, über deren korrekte englische Transkription man sich nicht einigen kann. Buchstabieren war die letzte übliche Testaufgabe, die ich ihm stellte. Mit seinem sprachlichen Gehirn war alles in Ordnung. Avram Noam Chomsky, der Linguistenpapst, wäre stolz auf ihn gewesen.

Aber er konnte nicht lesen.

Meine Untersuchung hatte ergeben, daß visuelle Bilder einwandfrei von seiner Netzhaut zu seiner Sehrinde übertragen wurden. Die Wörter kamen dort an. Und alles, was in das Sprachsystem seines Gehirns gelangte, wurde einwandfrei verarbeitet. Außer dem schriftlichen Wort. Das Problem war folglich, daß Wörter nicht von seiner Sehrinde in seine Sprachzentren gelangten. Sein Problem war also in einer Bahn angesiedelt, die sein Gehirn selektiert und verstärkt hatte, seit er mit vier Jahren zu lesen begonnen hatte.

Lesen ist ein Nebenprodukt. Eine Abweichung. Es beruht, um Stephen Jay Gould zu zitieren, auf einem Zwickel. Gould hat dieses Wort aus der Architektur entlehnt, nachdem er den Markusdom in Venedig besichtigt hatte. Zwickel sind Strukturen, die man braucht, um aus Rundbögen eine Kuppel zu errichten, wie bei der Kuppel von San Marco. Nach ihrer Anbringung aber übernehmen Zwickel eine eigene künstlerische Funktion; sie werden zu einem integralen Bestandteil des Ganzen wie zum Bestandteil einer dekorativen Tradition. Diese Besonderheit möchte Gould uns vor Augen halten, wenn er den Begriff auf die Evolutionsbiologie überträgt. Ein Zwickel wäre demnach eine strukturelle oder biochemische Notwendigkeit, die ursprünglich selektiert wurde, um eine bestimmte Funktion zu erfüllen, die dann aber für eine ganz andere Funktion in Anspruch genommen wird. Nicht das Lesen ist ein Zwickel; es ist vielmehr ein Nebenprodukt, das durch Zwickelung ermöglicht wurde. Die Struktur unseres Gehirns brauchte sich nicht zu ändern, um das Lesen zu ermöglichen. So lange gibt es das Lesen ja auch noch gar nicht, etwa 6000 Jahre, eher etwas kürzer. Es gab einmal eine Zeit, in der niemand lesen oder schreiben konnte. Eines schönen Tages fing dann ein gewitzter Sumerer an zu schreiben, indem er keilförmige Symbole in Ton ritzte, und auf einmal mußte das Gehirn lesen lernen. Doch im Gehirn von Menschen, die bisher in einer schriftlosen Gesellschaft gelebt haben, ändert sich nichts, wenn sie in das Lesen eingeführt werden. Anfang des 19. Jahrhunderts hatten die meisten der über 5000 Sprachen der Welt keine Literatur und waren nicht schriftlich fixiert. Doch die ohne geschriebene Sprache aufgewachsenen Menschen lernten lesen, und ihre Kinder lernten ebenso mühelos lesen wie unsere. Lesen ist folglich eine Funktion, mit der das Gehirn der meisten von uns gut zurechtkommt, aber im Unterschied zur gesprochenen Sprache ist es nicht etwas, wofür unser Gehirn eigens geschaffen wurde.

Geschaffen wurde es jedoch zum Sehen, und dieser Vorgang ist durchaus nicht unkompliziert. Licht dringt durch die Linse. Und die Tatsache, daß das Auge eine Linse hat, ist ein Angelpunkt in der Evolution unseres Gehirns. Durch die Linse trifft ein Objekt, das von der rechten Seite der Außenwelt – aus unserem rechten Gesichtsfeld – in unser Blickfeld gerät, auf die linke Hälfte der Netzhaut unserer beiden Augen. Damit diese zwei Bilder von unserem Gehirn als ein Objekt interpretiert werden können, müssen sie wieder zusammengeführt werden. Das Bild auf der linken Seite der rechten Netzhaut und das auf der linken Seite der linken Netzhaut müssen zur selben Zeit an dieselbe Stelle in ein und derselben Hemisphäre gelangen. Wie geht das vor sich?

Durch eine partielle Dekussation, eine partielle Kreuzung. Die Bilder von der linken Hälfte der Netzhaut des rechten Auges kreuzen auf die andere Seite und vereinen sich mit denen von der linken Hälfte der Netzhaut des linken Auges, um auf der linken Seite des Gehirns in der Sehrinde zu landen. Die rechte Hälfte der Außenwelt wird also von der linken Hälfte unserer Sehrinde gesehen. Die Bilder aus dem rechten Gesichtsfeld treffen sich auf dem Weg über die linke Hälfte beider Netzhäute in einem Punkt der linken Sehrinde. Das gleiche gilt für die andere Seite: Der Weg verläuft vom linken Gesichtsfeld über die rechte Hälfte beider Netzhäute zur rechten Sehrinde.

Diese Organisation gilt sowohl für das periphere Sehen als auch für das makuläre Sehen. Entwickelt hat sich die partielle Dekussation, die den Zwickel bildet, wahrscheinlich wegen des peripheren Sehens und der Notwendigkeit, mit dem Kopf und den Augen mitzugehen, um ein Objekt in unserem Gesichtsfeld zu verfolgen, das durch die Linse auf die verkehrte Seite verschoben worden war. Genauso verhält es sich mit den makulären Bildern, die entscheidend sind für das Erkennen von Buchstaben und Wörtern, für den ganzen Vorgang des Lesens.

Was hat das alles mit Terence Hennessey und der Tatsache zu tun, daß er an jenem Morgen nicht die Zeitung lesen konnte?

Die Sprache ist gewöhnlich eine Funktion der linken Hemisphäre des Gehirns. Das Lesen ist eine Funktion, die auf der Integration der Sehrinde mit den Sprachzentren der linken Hemisphäre beruht. Dies ist die Bahn, die gezwickelt wird. Irgendwie muß das Gehirn diese Symbolbilder in die Sprachrinde schaffen, damit sie verstanden werden. Doch welche Sehrinde ist beteiligt, die linke oder die rechte? Das spielt anscheinend keine Rolle, eine Tatsache, die zeigt, daß das Lesen auf einem oder mehr Zwickeln beruht – wie wir bald sehen werden. Keine überaus komplizierte Lösung, aber auch nicht so einfach und elegant wie das Sprechen.

Wir lesen mit nur einem Gesichtsfeld. Oder doch immer nur mit einem gleichzeitig. Woher wir das wissen? Noch einmal zurück zur klinischen Neurologie.

Denken Sie daran, daß die linke Hälfte des Gesichtsfeldes in der rechten Sehrinde landet. Wenn bei einem Patienten die Funktion der rechten Sehrinde total ausfällt, kann er die linke Hälfte der Außenwelt nicht mehr sehen. Er würde, wenn er morgens gerade in den Spiegel schaut, die ganze linke Seite seines Gesichts nicht sehen. Mit dem Auto unterwegs, würde er Autos, die von links in die Kreuzung fahren, nicht sehen. Keine gute Situation. Weit gefährlicher, als wenn er nur mit einem Auge sehen könnte. Dieses eine Auge sieht nämlich dank der partiellen Dekussation beide Hälften der Außenwelt.

Kann der Patient, der mit nur einem Auge sieht, lesen? Wenn er eine ihm vertraute indogermanische Sprache wie Englisch liest, ja. Englisch wird von links nach rechts gelesen. Wir lesen mit unserem führenden Blickfeld, so daß jeder Buchstabe und jedes Wort gelesen wird, wenn es in die rechte Hälfte des Blickfeldes gelangt. Ein Patient mit linksseitiger Hemianopsie, bei dem also das linke Gesichtsfeld ausgefallen ist, hat keinen Funktionsausfall im rechten Blickfeld, einschließlich des makulären Teils. Folglich wird jeder Buchstabe und jedes Wort in der Makula beider Augen gesehen und normal an das Gehirn weitergeleitet. Der Patient kann lesen.

Es bleibt jedoch noch ein Problem. Mit dem peripheren Sehen finden wir Objekte, die sich in unserem Gesichtsfeld bewegen. Nun kann sich beides bewegen, das Objekt und unser Blickfeld. Durch Verlagerung des Blickfeldes finden wir die Stelle, wo die nächste Zeile beginnt. Diesmal wird das linke Blickfeld benutzt. Patienten mit linksseitiger Hemianopsie haben Schwierigkeiten, diesen Ausgangspunkt zu finden. Sie lernen, mit dem Finger auf das linke Ende der nächsten Druckzeile zu zeigen, so daß ihr verbliebenes Blickfeld den Ausgangspunkt lokalisieren kann.

Das Lesen wird durch die Kombination von Linse, Großhirnrinde und Blickfeld zustande gebracht; die partielle Dekussation des rechten Gesichtsfeldes zur linken Hemisphäre ist gezwickelt worden, und deshalb können wir lesen. Eine perfekte Konstruktion, die nur einen kleinen Haken hat. Es muß nicht unbedingt die linke Sehrinde sein, die vom Lesen in Anspruch genommen wird. Denn Lerner und Loewe haben einem Satz von George Bernard Shaw die folgende Formulierung gegeben: »Hebräisch lernt man rückwärts, was besonders furchterregend ist.« Die Juden lesen rückwärts, jedenfalls aus der Sicht eines Lesers, der Englisch oder eine andere indogermanische Sprache liest. Hebräisch wird von rechts nach links gelesen, und deshalb wird Hebräisch mit dem linken Blickfeld gelesen und zum rechten Hinterhauptslappen weitergeleitet, von wo es dann über eine weitere Dekussation seinen Weg durchs Gehirn finden muß, um zu den Sprachzentren in der linken Hemisphäre zu gelangen. Eine linksseitige Hemianopsie hindert einen also nicht daran, Hebräisch zu lesen; sie erschwert es nur, die nächste Zeile zu finden. Es ist spiegelbildlich dasselbe wie eine rechtsseitige Hirnschädigung für denjenigen, der eine von links nach rechts verlaufende Schrift liest. *Die Evolution hat offensichtlich kein System dafür geschaffen, das Lesen des geschriebenen Wortes mit dem Sprachsystem zu verknüpfen.*

Es wird komplizierter. Viele frühe Sprachen wurden nicht einfach von links nach rechts oder von rechts nach links gelesen, sondern abwechselnd. Eine Zeile wurde von links nach rechts, die nächste von rechts nach links gelesen. Dieses System verlangte, daß zunächst die visuelle Botschaft der ersten Textzeile von einer der beiden Sehrinden zum Sprachteil des Gehirns gelangte und dann die Bilder von der nächsten Zeile von der gegenüberliegenden Sehrinde zum selben Ziel in den Sprachzentren des Gehirns. Dies war kein Fall von alternierender Dekussation. Er mag das Problem, den Zeilenanfang zu finden, ausgeräumt haben, aber die vermehrte Komplexität muß sehr hinderlich gewesen sein. Deshalb hat sich in allen Kulturen, die horizontal schreiben und lesen, eine einzige Richtung durchgesetzt, entweder von rechts nach links oder von links nach rechts.

Aber es wird noch komplizierter.

Die Sprachzentren befinden sich nicht immer in der linken Hemisphäre. Sie können auch in der rechten liegen, speziell bei Linkshändern. Linkshänder lesen aber trotzdem mit demselben Blickfeld. Ein Linkshänder, der Englisch lesen lernt, muß folglich lernen, von der linken Sehrinde zu den Sprachzentren in der rechten Hemisphäre zu dekussieren; er braucht es nicht zu lernen, wenn er Hebräisch lesen lernt. (Die Sehnerven schicken weiterhin die Hälfte aller Bilder auf die andere Seite, so daß die rechte Hälfte des Blickfeldes in der linken Sehrinde landet und umgekehrt. Es ist das Gehirn, das lernen muß, was danach geschieht.)

Das Gehirn tut einfach, was dann natürlicherweise folgt; nur ist das, was natürlicherweise folgt, in verschiedenen Sprachen und Schriftsystemen verschieden. Und das, was natürlicherweise folgt, ist für verschiedene Sprachen sogar innerhalb ein und desselben Gehirns verschieden. Bei den meisten, die Englisch lesen, muß ein und derselbe Ausgangspunkt in der linken Sehrinde seinen Weg in die linke Hemisphäre finden. Wenn sie jedoch Hebräisch lesen, fängt es auf der falschen Seite an, und wenn sie rechtsdominant sind, haben beide Ausgangspunkte unterschiedliche Zielpunkte.

Und wenn die Sprache Japanisch ist, macht sich ein anderer unauffälliger, aber realer anatomischer Unterschied bemerkbar. Japanisch wird mit der unteren Hälfte des Blickfeldes von oben nach unten gelesen. Unsere Lese-Zwickel haben noch eine Eigentümlichkeit, die die Sache kompliziert macht. Die linke und rechte Hälfte der Sehrinde – die in der linken Hemisphäre, die die rechte Hälfte der Außenwelt repräsentiert, und das Gegenstück in der rechten Hemisphäre, das die linke Hälfte der Außenwelt repräsentiert – sind jeweils von einer tiefen Furche durchzogen, einem Sulcus. Diese Furche ist so bedeutend, daß sie sogar einen eigenen Namen hat: Sulcus calcarinus. Bilder von der oberen Hälfte der Welt landen unterhalb der Furche und die von der unteren Hälfte oberhalb der Furche. Wenn Sie Englisch lesen, lesen Sie gewöhnlich unterhalb des horizontalen Meridians. Für Hebräisch gilt dasselbe. Deshalb befinden sich die Leselinsen in Bifokalbrillen unterhalb des horizontalen Meridians. Aus diesem Grund hat der gute alte Ben Franklin sie so genannt. Die Bilder aller Sprachen, die waagerecht geschrieben werden, landen also oberhalb des Sulcus calcarinus. Davon weichen nur Sprachen wie das Japanische ab, die von oben nach unten gelesen werden.

Und was ist mit dem jüdischen Kind, das gleichzeitig Hebräisch und Englisch lesen lernt? Einmal von rechts nach links, einmal von links nach rechts. Welches System erlernt es? Beide. Und alles mehr oder weniger automatisch. Man sollte die Leistungsfähigkeit des Zwickels nicht unterschätzen.

Wie stellt das Gehirn es an, die richtige Bahn zu planen? Es plant oder konstruiert überhaupt nichts. *Es selektiert.* Bei dem Kind, das lesen lernt, werden die Bilder der Buchstaben und Wörter, die aus den vier Quadranten – genauer gesagt, aus jeweils einem Quadranten – der Sehrinde strömen, nicht gleich in eine schmale Bahn kanalisiert. Sie werden im ganzen Gehirn herumgereicht, zu den Sprachzentren der linken Hemisphäre wie auch zu den entsprechenden inaktiven Zentren in der rechten Hemisphäre. Und nur die Bahnen, die durch Benutzung verstärkt werden, werden dominant. Wie die Zwickel des Markusdoms – zunächst sind sie ein stützendes System, und am Ende sind sie ein Teil der Gesamtkonstruktion.

Die Auswahl der Bahn ist ein weiteres Beispiel für die Selektion, die früh im Leben, auf jeden Fall vor dem Ende der Adoleszenz, äußerst wirksam ist. Bei Personen mit erworbener Aphasie, die die Sprachdominanz ändern, können Bahnen in dieser Phase, in der das Sprachzentrum dekussieren kann, ganz mühelos gewechselt werden. Auch die endgültige Lage für das geschriebene Wort können diese Patienten in dieser Phase ohne sonderliche Schwierigkeiten ändern.

Ich erklärte Terence alles, soweit es mir möglich war. Er hatte einen kleinen Schlaganfall gehabt, der einen kleinen Bereich des Gehirns betraf – höchstens einen Kubikzentimeter –, einen kleinen Strang von Neuronen. Es war jedoch der Strang, der die Sehrinde, mit der er las, mit seinen Sprachzentren verband.

Er stellte die übliche Frage, weshalb er einen Schlaganfall gehabt habe.

Die Antwort war wie immer unbefriedigend. Sie kann nur unbefriedigend sein. Weshalb er zu einer Gefäßerkrankung des Gehirns neigte, war leicht zu erklären. Er hatte Diabetes. Dadurch entsteht im Laufe der Jahre eine Arteriosklerose (eine Ansammlung von Cholesterinablagerungen) im arteriellen System des Gehirns. Die gleiche Wirkung hat hoher Blutdruck. Die beiden wichtigsten Risikofaktoren für einen Schlaganfall, und er hatte sie beide.

Aber warum gerade in jener Nacht?

Hoher Blutdruck verursacht nicht nur eine Arteriosklerose, die die Arterien verstopft und den Blutdurchfluß in diesen Arterien vermindert; er zerstört auch die Muskelwand der Blutgefäße des Gehirns. Die Blutgefäße werden zu starren Röhren, die ihre Reaktionsfähigkeit verlieren. Bei sinkendem Blutdruck entspannt sich normalerweise die Muskelwand der Blutgefäße im Gehirn, dadurch sinkt der Widerstand gegen den Blutdurchfluß, und die Blutzufuhr bleibt trotz des Druckverlusts konstant. Aber nicht bei Hennessey, und nicht in jener Nacht.

Ich erinnerte Terence an den Valsalva-Versuch: Erhöhter Druck, um das Wasserlassen herbeizuführen. Verringerter Puls. Verringerter Blutdruck. Weniger Blut, das sich den Zugang zu seinen zerebralen Blutgefäßen zu erzwingen versucht. Seine Gefäße konnten nicht nachgeben. Die Blutzufuhr zu seinem Gehirn ging zurück. Er bekam einen Schlaganfall.

»Alles wegen meiner Prostata«, sagte er. Er hatte es begriffen.

»Dazu kam Ihr erhöhter Blutdruck und der Diabetes.«

»Aber warum gerade der eine Kubikzentimeter meines Gehirns?«

»Das war Pech.« Es war nicht sehr tröstlich. Aber es war die Wahrheit. Wir wissen nicht genug, um sagen zu können, warum bei den einen diese Arterien und bei anderen jene Arterien verstopft werden. Bei ihm war es eben die anfälligste Arterie.

»Warum diese Arterie?« beharrte er.

Es hätte, erklärte ich ihm, durchaus passieren können, daß er die Fähigkeit einbüßte, überhaupt Sprache zu benutzen, er hätte also eine Aphasie bekommen können. Er hätte auch eine halbseitige Lähmung bekommen können. Hemiplegie. Oder rechtsseitige Hemiplegie in Verbindung mit Aphasie. Auch diese Kombination hätte eintreten können, und dazu hätte nicht viel mehr als ein Kubikzentimeter geschädigt werden müssen, wenn es nur den richtigen Kubikzentimeter getroffen hätte. Genauer gesagt, den verkehrten. Oft habe ich gehört, wie Ärzte ihren Patienten nach einem Schlaganfall erklärten, sie hätten Glück gehabt, es hätte viel schlimmer kommen können. In einem gewissen Sinne haben sie recht. Und zugleich haben sie unrecht. Niemand kann von Glück sagen, wenn er einen Schlaganfall erlitten hat.

»Was machen wir jetzt?«

»Eine Computertomographie, um den Anfall zu lokalisieren.«

»Aber Sie wissen doch schon, wo es ist.«

Das stimmte. Genau darum geht es ja in der klinischen Neurologie. Aber mit der CT ließ sich die Lage und das Ausmaß des Anfalls genau bestimmen, und das konnte zu einer genaueren Prognose beitragen. Lag die Läsion neben dem Strang, der lediglich geschwollen wäre, hätte er Aussichten auf eine Genesung. War der Strang selbst betroffen, hatte er eventuell keine Aussichten.

»Und außerdem?«

Wir würden klären, was getan werden kann, um weitere Anfälle zu verhüten.

»Aber im Hinblick auf diesen?«

»Die Zeit heilt manches«, sagte ich. »Alle Schlaganfälle bilden sich mit der Zeit zurück. Anfangs ist ein größerer Teil des Gehirns betroffen. Bei der Rückbildung treten auch die Ausfallerscheinungen zurück. Wir müssen einfach abwarten.«

Es war nicht sonderlich befriedigend, weder für ihn noch für mich.

Am nächsten Morgen schaute ich mir die CT von Terence Hennessey an. Sie deutete auf die klassische erworbene Alexie (Leseunfähigkeit) ohne Aphasie hin. Von dem Infarkt aufgrund ungenügender Blutzufuhr war ein kleiner Bereich innerhalb der aus Nervenfasersträngen bestehenden weißen Substanz seiner linken Hemisphäre betroffen, genau an der richtigen Stelle, um den Informationsfluß von seinem linken Hinterhauptslappen zu seinen Sprachzentren zu blockieren. Es paßte haargenau mit seiner Krankengeschichte und dem Untersuchungsergebnis zusammen. Auch ohne die modernen Apparate hätten Kliniker schon vor Generationen genau angeben können, an welcher Stelle sich die Läsion befand. Die schlechte Nachricht war, daß es sich nicht um eine Schwellung handelte, die zurückgehen würde. Die Verletzung befand sich genau dort, wo sie aus physiologischer Sicht sein mußte – das heißt, um seine Symptome zu erklären –, und das war genau dort, wo sie im Sinne einer günstigen Prognose nicht hätte sein dürfen. Wäre sie ein paar Millimeter daneben und von einer Schwellung umgeben gewesen, würde er seine Lesefähigkeit wiedererlangen. Aber das konnte ich den Papieren, genauer gesagt, der CT, nicht entnehmen.

Ich sah täglich nach ihm. Wir unterhielten uns über Schriftsteller. Von Sherwood Anderson bis Stefan Zweig. Mir blieb fast nur die Rolle des Zuhörers. Bezüglich der Lesefähigkeit trat keine Besserung ein. Wir zogen Hörbücher in Betracht. Und das Erlernen der Blindenschrift.

Daß ich annahm, sein Gehirn könne die Blindenschrift erlernen, schien ihn zu überraschen. Ich sagte, aus meiner Sicht spräche nichts gegen einen Versuch. Unser Gehirn ist ja nicht speziell fürs Lesen geschaffen worden. Die Sumerer begannen, in Keilschrift auf Tontafeln zu schreiben, und die mit Schilfrohr auf feuchtem Ton erzeugten Bilder konnten mit dem Auge betrachtet werden – Lesen im eigentlichen Sinne; wenn die Tafeln gebrannt waren, konnten die Symbole aber auch mit den Fingern abgetastet werden. Das Gehirn war für beides gleichermaßen gerüstet. Die Sumerer entschieden sich für das Lesen, aber nicht aus neurophysiologischen Gründen, das heißt nicht, weil das Abtasten für das Gehirn schwieriger gewesen wäre. Beim Lesen hatte man die Hände einfach frei für andere Dinge. Hätten die Sumerer sich für die andere Möglichkeit entschieden, wären sie vielleicht zu Erfindern einer Art Braille-Schrift geworden. In diesem Fall hätten sich nur beidseitig Amputierte umstellen und lernen müssen, visuell zu lesen, aber der Rest der Menschheit hätte die große Literatur mit den Händen aufgenommen. Das ist leicht übertrieben, wie ich ohne weiteres zugebe, aber es überzeugte Hennessey. Schließlich würde er, wenn er Braille gelernt hatte, wieder lesen können.

Der folgende Tag war Terence Hennesseys letzter Tag im Krankenhaus. Er wollte über Nikos Kasantzakis und über einen Film sprechen, der nach dem Roman *Griechische Passion* gedreht worden war. Der Film trug den Titel *Alexis Sorbas*. Terence meinte, ich müsse ihn unbedingt sehen.

»Haben die Filme Untertitel?« fragte ich ihn. »Selbstverständlich.« »Dann passe ich.« »Warum?« »Weil ich mir noch kein Film mit Untertiteln gefallen hat«, erklärte ich. Das sei, versicherte er mir, bloß eine Schrulle von mir, das müsse ich überwinden. »Ich kann es nicht«, sagte ich. »Warum nicht?« »Weil es keine Schrulle ist. Es ist eine neuroanatomische Realität.«

Und auf einmal wurde mir alles klar. Es war nicht gerade wie eine Erscheinung. Schon zehn Tage zuvor hatte ich in der Radiologie auf diese Offenbarung gestarrt, aber weil ich mir solche Sorgen um meinen Patienten machte, begriff ich gar nicht, was ich mit eigenen Augen sah. Nicht, daß ich nun mehr für ihn hätte tun können. Mein Unbewußtes hatte in der Zwischenzeit alles zusammengefügt, und die vollständige Erklärung stand plötzlich vor mir, als sei sie etwas, das die Neurologen seit eh und je erkannt hatten. Aber sie hatten es nicht erkannt. Und ich hatte es erst erkannt, als Terence Hennessey mich daraufstieß.

Ich sprach darüber mit Hennessey, der diesmal ein phantastischer Zuhörer war. Seine Störung zeigte auf, wie das Gehirn liest. Die beim Lesen aufgenommenen visuellen Bilder müssen im Detail erkannt werden. Sie müssen im makulären Bereich der Augen wahrgenommen, zur Sehrinde im Hinterhauptslappen projiziert und dann zu den Sprachzentren in der linken Hemisphäre weitergeleitet werden. Von der Makula über den Hinterhauptslappen zur linken Hemisphäre. So weit hatte er es verstanden, denn darüber hatten wir schon gesprochen. Das Erkennen spezifischer Züge individueller Gesichter beginnt ebenfalls in der Makula und verläuft dann ebenfalls zur Sehrinde. Eine Nase von der anderen zu unterscheiden ist fast dasselbe wie einen Buchstaben vom anderen zu unterscheiden. Aber danach muß die Information vom Hinterhauptslappen zum rechten Scheitellappen gelangen, also auf die andere Seite des Gehirns, statt zu den Sprachzentren der linken Hemisphäre. Unser Gehirn ist nicht dafür geschaffen, diese beiden Kraftakte gleichzeitig zu vollbringen. Nacheinander ja, aber nicht gleichzeitig. Wenn man damit beschäftigt ist, eine Reihe von Wörtern am unteren Rand der Leinwand zu lesen, kann man tatsächlich nicht sehen, was sich in den Gesichtern abspielt; man kann ihren Ausdruck oder sonstige Besonderheiten einfach nicht aufnehmen.

»Ich weiß, daß die Schauspieler weiter agieren, während ich die Untertitel lese«, stellte ich fest. »Aber ich kann nicht beides zur gleichen Zeit wahrnehmen.«

»Ich habe *Alexis Sorbas* dreimal gesehen, ehe ich erkannte, wie gut er ist«, gestand Hennessey. »Und was für eine wunderbare Schauspielerin Melina Mercouri ist.«

Ich habe Terence Hennessey nach seiner Entlassung aus dem Krankenhaus einige Male empfangen, hauptsächlich um seine Fortschritte zu verfolgen. Er lernte innerhalb weniger Monate, Blindenschrift zu lesen, und zwar rasch und gründlich zu lesen. Was er allerdings vermißte, war das Gefühl, das gediegene Ledereinbände vermitteln, und der Geruch alter Bücher. Es gibt keine alten, in Leder gebundenen Bücher in Braille-Schrift. Aber er konnte *Madame Bovary* wieder auf französisch und englisch lesen. Zwei Jahre später rief er mich dann in Panik an. Seine Fähigkeit, Blindenschrift zu lesen, ließ nach. Es war sein Diabetes. Er entwickelte eine leichte Neuropathie, eine Störung des vegetativen Nervensystems, und ...

Ich hätte das vorhersehen müssen. Eines der ersten Probleme bei diabetischer Neuropathie ist der Verlust der Zweipunktdiskrimination. Man berührt einen Patienten mit den spitzen Enden zweier Nadeln, und er muß dann sagen, wie viele Nadeln er spürt. Ein gesunder Mensch kann zwei Nadeln auf der Fingerspitze auch dann unterscheiden, wenn der Abstand nur ein oder zwei Millimeter beträgt. Diabetiker können das nicht. Sie können zwei Nadeln erst dann unterscheiden, wenn der Abstand vier bis fünf Millimeter beträgt. Und die Abstände zischen den Punkten der Blindenschrift sind kleiner. Was konnte er tun?

Wie wäre es denn mit Hörbüchern?

Zum letzten Mal sah ich Terence Hennessey, als wir uns zufällig in der Oper begegneten. »Ich lese wieder. Bialik.«

»In Braille?« fragte ich und überlegte, ob er wohl Bücher gefunden hatte, deren Braille-Prägung groß genug war, um für ihn mit seiner leicht verminderten Zweipunktdiskrimination kein Hindernis zu sein.

Er schüttelte den Kopf. »Bialik.«

Chajim Bialik, ein russischer Jude, war der erste moderne Schriftsteller, der sich nach rund 2000 Jahren wieder des Hebräischen bediente. Zwei Generationen vor dem Entstehen des Staates Israel leitete er die literarische Renaissance des Hebräischen ein. Natürlich kannte ich Bialik.

»Sie sollten seine Gedichte lesen. Sie sind sehr schön.«

»Es wundert mich, daß Sie sie in Blindenschrift gefunden haben. Man findet sie ja kaum auf englisch, und dann noch auf englisch in Blindenschrift.«

»Wer hat denn gesagt, daß ich ihn in Blindenschrift lese? Ich habe gesagt, daß ich ihn lese. Nicht in Braille, nicht auf englisch, auf ...«

»Hebräisch, im Original«, platzte es aus mir heraus. Natürlich. Warum hatte ich ihm das nicht empfohlen? Hebräisch wird von rechts nach links gelesen. »Rückwärts.« Mit dem linken Blickfeld, das teilweise dekussiert, um zur rechten Sehrinde zu gelangen und dann zu den linken Sprachzentren zu dekussieren. Eine Dekussation, die durch den Schlaganfall bei Terence Hennessey nicht zerstört worden war. »Sie haben Hebräisch gelernt.«

»Wie hätte ich sonst Bialik lesen sollen?«

Er war mir haushoch überlegen.

»Ich habe sogar eine hebräische Übersetzung von Stendhal gefunden.«

Seine Begeisterung war unüberhörbar. Bestimmt würde er auch noch Flaubert finden.

»Und jetzt bin ich dabei, Jiddisch zu lernen. Das wird mir eine ganz neue Welt der Literatur eröffnen.«

»Da sollten Sie sich in acht nehmen«, warnte ich ihn.

»Wieso?«

Ich erzählte ihm eine Geschichte, die Marjorie Guthrie, die Witwe Woody Guthries, erzählt hatte. Sie war die Enkelin eines berühmten jiddischen Dichters, der jeden Abend seines Lebens damit verbrachte, etwas aus seiner großen Sammlung jiddischer Bücher zu lesen. Sie hatte keine Ahnung, was das für Bücher waren, aber sie hatten ihm so viel Vergnügen bereitet, daß sie nach seinem Tod den Wunsch hatte, andere daran teilhaben zu lassen. Sie schenkte die ganze Sammlung von über 400 Bänden der Bibliothek der Brandeis-Universität, als Beitrag zu deren Sammlung jiddischer Bücher. »Und dann stellte sich heraus, daß es alles nur Pornographie war«, bemerkte ich abschließend.

»Genau deshalb muß ich Jiddisch lernen«, sagte er und ging lachend davon.

Ich habe mir *Alexis Sorbas* angesehen. Dreimal. Beim ersten Mal habe ich nur die Untertitel gelesen. Beim zweiten Mal habe ich sie mitgelesen. Beim dritten Mal habe ich endlich den Film gesehen. Er ist ein Meisterwerk.

Eines dieser Dinge ist nicht wie die anderen: Wie das Lesen das Gehirn verändert

Die Bekanntschaft von Samuel Hairston machte ich mehrere Tage nach seiner Einlieferung ins Krankenhaus. Mr. Hairston arbeitet mit dem Preßlufthammer, und dies war nicht das erste Mal, daß er ins Koma gefallen war, ein ständiges Berufsrisiko während des Winters, wenn er drinnen arbeitete, in schlecht entlüfteten Räumen. Die Komata beruhten auf der Häufigkeit von Kohlenmonoxidvergiftungen. Mehr als einmal war er in diesem Zustand aus einem Gebäude gezogen worden. Oft wachte er rasch wieder auf, nachdem man ihn in bewußtlosem Zustand ins Freie gezerrt hatte, und mußte sich dann nur für den Rest des Tages freinehmen und ausruhen. Nur wenn er nicht gleich wieder erwachte, wurde er ins Krankenhaus gebracht.

Einer der Assistenzärzte, die sich um Sammy kümmerten, war besorgt, weil er, aus der Bewußtlosigkeit erwacht, einen Großteil seiner kognitiven Funktionen eingebüßt hatte und das Gesamtniveau seiner geistigen Funktionen und seines Gedächtnisses sich verändert hatte. Der Assistenzarzt fragte Sammy, wie oft er schon ins Koma gefallen sei.

Ungefähr sechsmal, sagte Sammy.

Alle benzinangetriebenen Geräte können eine Kohlenmonoxidvergiftung hervorrufen. Wenn Kohlenmonoxid in den Blutstrom gelangt, verursacht es Probleme. Kohlenmonoxid ist nicht einfach Kohlendioxid abzüglich eines Sauerstoffatoms; es ist eine weit aktivere Substanz. Während Kohlendioxid sich im Blut löst, zur Lunge transportiert wird und dort aus dem Körper diffundiert, so daß es praktisch eine passive Substanz ist, bindet sich Kohlenmonoxid an das Hämoglobin, das durch die Lunge gepumpt wird. Auf diese

Weise verdrängt Kohlenmonoxid den Sauerstoff, den das Hämoglobin in der Lunge aufnehmen und im Körper verteilen sollte.

Das eigentliche Problem beginnt, wenn die Konzentration des Kohlenmonoxid tragenden Hämoglobins (Carboxy-Hämoglobin genannt) zu hoch wird. Wenn das Hämoglobin vollständig mit Kohlenmonoxid verbunden ist, kann kein Sauerstoff mehr gebunden und zu den Körpergeweben befördert werden. Die Körperteile, die am stärksten auf ständige Versorgung mit Sauerstoff angewiesen sind, beginnen unter seinem Mangel zu leiden. Dieser Sauerstoffmangel betrifft direkt das Gehirn, das dann nicht mehr funktionieren kann, wodurch der Betroffene innerhalb weniger Sekunden bewußtlos wird. Wenn das geschieht, arbeiten die Nieren, die Leber und auch das Herz normal weiter. Die Lunge würde ebenfalls weiterarbeiten, wenn das Gehirn nur das Zwerchfell und die übrigen zur Atmung benötigten Muskeln antreiben würde. Doch sobald das Gehirn nicht mehr arbeitet, bekommen diese Muskeln keine Anweisung mehr, Luft in die Lunge und wieder herauszupressen. Die Wiederbelebung durch Herzmassage beruht darauf, daß man durch mechanischen Druck Sauerstoff in die Lunge und Kohlenmonoxid herauspreßt, damit Herz und Gehirn weiterfunktionieren. Wird der Betroffene sogleich wiederbelebt, entsteht kein Schaden. Verzögert sich aber die Wiederbelebung allzu lange, wird das Hirn schwer geschädigt, ja es kann sogar der Hirntod eintreten, obwohl viele andere Organe noch jahrelang weiterfunktionieren könnten.

Bei der Kohlenmonoxidvergiftung ist also das Gehirn das Organ, das mit größter Wahrscheinlichkeit einen bleibenden Schaden erleidet. Doch nicht alle Areale werden mit gleicher Wahrscheinlichkeit betroffen. Eine der anfälligsten Strukturen sitzt tief in beiden Hemisphären, der Globus pallidus. Wird dieser Teil des motorischen Systems geschädigt, können dieselben Anzeichen und Symptome auftreten, wie man sie bei Patienten mit Parkinson-Krankheit findet. Bei idiopathischer Parkinson-Krankheit beobachtet man Tremor, Steifheit, Langsamkeit der Bewegung und Verlust des Gleichgewichts, und die gemeinsame Ursache ist ein fortschreitender Schwund von Zellen in der Substantia nigra. Treten diese Symptome im Gefolge einer Kohlenmonoxidvergiftung auf, beruhen sie aber auf einer Zerstörung des Globus pallidus. Bei Patienten wie Samuel Hairston lautet die Diagnose daher nicht Parkinson-Krankheit, sondern kohlenmonoxidinduzierter Parkinson.

Der Assistenzarzt bat mich, Sammy zu untersuchen, um einwandfrei zu klären, daß er überhaupt keinen Parkinson hatte. Als ich ins Zimmer trat, prüfte ein anderer Neurologe gerade seine intellektuelle Funktionstüchtigkeit mit Hilfe des üblichen Hokuspokus: Nennen Sie die Präsidenten rückwärts, beginnend mit Nixon.

»Wer?« fragte Sammy. »Dann nennen Sie Oberbürgermeister von Chicago!« »Daley.« »Können Sie noch andere nennen?« »Hat es andere gegeben?«

Das war, wie ich fand, eine sehr gute Antwort. Die näselnde Aussprache des Südstaatlers war bei Sammy unverkennbar. Ich hatte keine Ahnung, wie lange er schon in Chicago lebte. Vielleicht war er erst vor zehn Jahren hergezogen. Vielleicht war Daley der einzige Oberbürgermeister von Chicago, den er kannte oder von dem er je gehört hatte. Der Neurologe wechselte das Thema: aktuelle Ereignisse. Sammy hatte keine Ahnung, wo Hanoi war. Oder wer Ho Tschi Minh war. Oder Mao. Der untersuchende Neurologe fuhr mit seinen Fragen fort, und Sammys Antworten wurden nicht besser. Genauso schlecht schnitt er bei Ereignissen der Vergangenheit ab. Er wußte nichts von der Schweinebucht. Er kannte nicht das Datum des japanischen Angriffs auf Pearl Harbor. Er erinnerte sich jedoch, daß Kennedy erschossen wurde, und wie viele Amerikaner wußte er auch, was er gerade tat, als er davon erfuhr. Aber insgesamt hatte er gräßlich abgeschnitten.

Nun holte der Neurologe Bilder hervor und bat Sammy, sie zu betrachten. Er forderte ihn auf, das Foto zu benennen, das nicht zu den übrigen paßte. Das erste Bild zeigte einen Hammer. Das zweite ein Stück Holz. Das dritte einen Meißel. Das vierte einen Schraubenschlüssel. Drei Werkzeuge und ein Stück Holz. Eines dieser Dinge war nicht wie die anderen. Eines dieser Dinge gehörte einfach nicht dazu. Hammer, Holz, Meißel, Schraubenschlüssel. Sammy Hairston studierte die Bilder über eine Minute lang und schüttelte dann den Kopf. »Sie gehören alle dazu«, erklärte er.

Der Neurologe erhob sich kopfschüttelnd und wandte sich zur Tür, offenkundig zu der betrüblichen Feststellung gelangt, daß Sammy eine schwerwiegende neurologische Schädigung erlitten hatte. Bevor er hinausging, erklärte er den anwesenden Studenten, die Prüfung der intellektuellen Funktionstüchtigkeit sei abgeschlossen, doch sie sollten bleiben und mir bei meiner Untersuchung zuschauen.

Als er die Tür hinter sich schloß, ging ich gleich ans Werk. »Wo sind Sie geboren?«

»In Mississippi.« »Wann sind Sie nach Chicago gekommen?« »'38. Mit dreizehn.« »Sind Sie zur Schule gegangen?« »Zwei Klassen.« »In Mississippi?« »Yahsir.« Er zog die Antwort zu einem Wort zusammen. Zwei Jahre Unterricht in einer nach Rassen getrennten Dorfschule irgendwo in Mississippi in den 1930er Jahren. Nicht gerade viel schulische Bildung.

»Können Sie lesen?« Er schüttelte den Kopf. Er konnte sein Zeichen machen, aber das war selten nötig: er bekam seinen Lohn bar ausgezahlt. Alles, was mit Lesen und Schreiben zu tun hatte, erledigte seine Frau; sie hatte immerhin fünf Klassen absolviert. Er las keine Zeitung. Soviel zur Schweinebucht und zum Datum von Pearl Harbor.

»Nachrichten gibt's auch im Radio und im Fernsehen«, rief mir einer der Studenten in Erinnerung. »Sehen Sie viel fern?« fragte ich. »Nur Baseball. Baseball finde ich toll. Schon immer. Ich habe einige Male in den *Negro Leagues* für die Monarchs gespielt.« Ich hatte den Anhaltspunkt, den ich brauchte. »Sind Sie Baseballfan?« »Klar, ich bin Fan der Chicago Cubs, und ich bin stolz darauf.«

Das war normalerweise ein Kampfruf für mich, denn ich bin ein waschechter White Sox-Fan. Ich setzte mich über die Herausforderung hinweg und begann mit der Untersuchung dieses Mannes, dem jegliche Bildung vorenthalten worden war. Er war ein echter Analphabet. Literatur, Bücher, Zeitungen – das alles existierte für ihn nicht.

»Wer war Hack Wilson?« »Unser Centerfielder. 1929 schlug er 56 *Home runs*. Dieser Rekord ist immer noch ungebrochen.« Er hatte in beiden Punkten beinahe recht. Hack Wilson hatte 1930 den Rekord der National League aufgestellt, indem er 56 *Home runs* schlug, und 1974, als Sammy mein Patient war, stand dieser Rekord immer noch.

Wir unterhielten uns noch ungefähr 5 Minuten über Baseball. Es gab nichts auf diesem Gebiet, woran Sammy Hairston sich nicht korrekt erinnerte. Von Hack Wilson im Jahr 1930 über Gabby Hartnett, der im Dunkeln einen *Home run* schlug, um 1938 die Siegesfahne für die Cubs zu holen, bis zu den Cubs, die 1945 nochmals die Siegesfahne holten. Er erinnerte sich sogar an das eine Spiel der White Sox, das er 1948 besucht hatte.

Ich wußte, welches Spiel er meinte. »Cleveland«, sagte ich. »Ich sah Satchel werfen.« Satchel Paige war der größte Werfer in den *Negro Leagues* gewesen. Alle hielten ihn für zu alt, um eine Chance zum Werfen in den Major Leagues zu bekommen, als im Baseball 1947 die Integration eingeführt wurde. Satchel Paige war damals einundvierzig. Wer würde einen 41jährigen schwarzen Werfer anheuern, um in den großen Ligen zu spielen?

Bill Veeck, dem die Cleveland Indians gehörten, hatte Larry Doby als den ersten Schwarzen angeheuert, der in der *American League* spielte. Veeck heuerte auch Satchel Paige an, der auf der Reservebank saß und während des Spiels eingewechselt wurde. Er gewann sechs und verlor eins, und Cleveland holte die Siegesfahne der *American League*. Anschließend schlugen Paige und die Indians die Boston Braves bei der World Series. An dem Abend, als Sammy Hairston Paige werfen sah, stellten die White Sox einen bisher unerreichten Zuschauerrekord auf. Satchel Paige schlug die White Sox ohne Gegenpunkte. Es war der wichtigste Abend in Sammy Hairstons Leben gewesen.

Ich wandte mich an die Studenten, die inzwischen unsicher geworden waren, und sagte: »Gedächtnis, Intellekt und Urteilsvermögen unbeeinträchtigt.« Wahrscheinlich waren die Studenten nicht so recht davon überzeugt, daß diese Unterhaltung über Baseball eine neurologische Untersuchung darstellte.

Dennoch war ich sehr zufrieden, daß Sammy Hairston keines der Symptome des kohlenmonoxidinduzierten Parkinson hatte. Wenn man ihn zu Themenbereichen fragte, mit denen er sich auskannte und die ihm wichtig waren, schnitt er glänzend ab. Ereignisse und Personen der Vergangenheit und der Gegenwart – das alles hatte er parat, und er konnte es richtig interpretieren. Die meisten von uns werden einen IQ-Test, der sich auf Baseball stützt, nicht als gültig anerkennen. Er ist aber genauso gültig wie jeder andere. Wenn jemand seinen Erfahrungsbereich im Baseball hat, müssen sich die Testfragen eben auf Baseball beziehen.

Die Studenten und ich begaben sich in ein kleines Besprechungszimmer, um unsere Befunde zu erörtern. Aber was war mit den Werkzeugen? insistierte ein Student. Sammy hätte den Unterschied zwischen einem Stück Holz und den Werkzeugen erkennen müssen. Wir waren uns alle einig, daß Sammy nicht imstande war, das eine Objekt auszumachen, das nicht zu der Kategorie gehörte. Wie konnte das als normal gelten, wollten die Studenten wissen, wo doch jeder Vierjährige das konnte?

Alexander Luria und Walter Ong waren die ersten, die diese scheinbare Diskrepanz erklärten. Ong, Professor für Psychiatrie an der Universität St. Louis, veröffentlichte 1982 ein Buch mit dem Titel *Orality and Literacy*, in dem er zeigte, daß mündliche Kulturen, die von der Schriftlichkeit absolut nichts wissen und keinen Gebrauch davon machen, und schriftliche Kulturen, die durch und durch vom Schriftlichen geprägt sind, mit Information und Wissen unterschiedlich umgehen. Das ist ein Faktum von überragender Bedeutung. Schriftlichkeit ist so sehr ein Bestandteil unserer Kultur, zumindest des gebildeten Teils unserer Kultur, der »Hochkultur«, daß diejenigen von uns, die mit der Schriftlichkeit vertraut sind, keinen Gedanken daran verschwenden, wie Gehirne ohne Schriftlichkeit funktionieren könnten. Wir sind so arrogant, daß wir solche Gesellschaften »vor-schriftliche« nennen, so als sei die gesamte Evolution von Anfang an auf die Schriftlichkeit zugelaufen. Aber das stimmt einfach nicht.

Was Ong eigentlich sagte, und zwar aus der Sicht des Neurologen, war dies: *Die Schriftlichkeit verändert nicht nur die Art und*

Weise, wie Informationen von einer Person an die andere weitergegeben werden; sie verändert auch die Art und Weise, wie das Individuum Informationen erwirbt und organisiert. Das bedeutet natürlich keinen Unterschied in der Informationsverarbeitung auf der gesellschaftlichen Ebene. Eine Gesellschaft ist nichts anderes als eine Ansammlung von individuellen Gehirnen. Was sich in einer schriftlichen Gesellschaft ändert, ist die Art und Weise, wie individuelle Gehirne Informationen erlangen und verarbeiten.

»Sammy Hairston«, fuhr ich fort, »kann nicht lesen. Information und Wissen sind für ihn mündliche Konzepte, mündliche Erfahrung. Wissen beruht vornehmlich auf Erfahrung. Seine lebendige Erfahrung bestand im Baseball. Die Schweinebucht hatte er nicht erlebt. Für uns ist die Welt vornehmlich eine schriftliche Erfahrung, wir erleben sie durch das geschriebene Wort. Deshalb sind seine Welt und unsere Welt so verschieden. Die Unterschiede sind weit größer, als Sie sich das möglicherweise vorstellen. Ong hebt das Schreiben als diejenige Technik hervor, die den ganzen Diskursprozeß in der Welt verändert hat. Nach meiner Auffassung ist es für das individuelle Gehirn nicht das Schreiben, sondern das Lesen, das sich darauf auswirkt, wie es funktioniert, wie es klassifiziert und über die Welt und sich selbst denkt. Es gibt Leute, die lesen können und doch nie etwas schreiben. *Das Lesen verändert alles.* Wir verlassen uns vornehmlich auf visuell vermittelte Sprache. Sam Hairston verläßt sich auf mündliche Sprache. Er weiß nur, was er gehört hat.«

Ich hielt in meiner Erklärung inne. Über solche Dinge hatte noch niemand mit diesen Medizinstudenten gesprochen. Es war eher ein Thema für Linguisten oder für Leute wie Ong, deren Interesse hauptsächlich dem Unterschied zwischen »dem Mündlichen« und »dem Schriftlichen« galt. Ong persönlich interessierte sich für die Evolution der Religion.

Die Studenten schienen nicht überzeugt zu sein.

Ich wollte ihnen die Unterschiede zwischen einer Kultur, die in erster Linie mündlich ist, und einer ausgesprochen schriftlichen Kultur klarmachen. Wo anfangen? Viel näher am Anfang. Im alten Griechenland. Die Studenten waren alle auf dem College gewesen. Sie hatten alle Homer gelesen. Sie waren alle in Aristoteles eingeführt worden. Dort lag der Unterschied.

Homer war das Produkt einer mündlichen Kultur. Wie alle Produkte einer mündlichen Kultur erforderten seine Werke mündliche Hinweisreize, Gedächtnishilfen und andere sprachliche Formulierungen, die die Geschichte für seine Zuhörer organisierten. »Der listenreiche Odysseus«, ständig wiederholt, ist im Griechischen eine rhythmische Formel, und Homer bediente sich der Kunstgriffe der Dichtung selbst: Alliteration, Assonanz, Rhythmus. Ein Gedicht, an das man sich erinnern konnte und das vertraute Geschichten nacherzählte. Alles von Homer war erinnerte Geschichte.

Aristoteles war etwas ganz anderes. In seinen Werken ging es um Klassifikation und Analyse. Nicht Listen um der Listen willen, sondern um die Welt zu organisieren. Zu organisieren und analysieren und so den Weg zu weitergehender Organisation und Analyse, zur Wissenschaft, zu ebnen. In einer mündlichen Welt sind Wörter Symbole und sonst nichts. Sie sind vergänglich, nicht finit. Man kann nicht auf ihnen aufbauen. In einer schriftlichen Welt werden Wörter dagegen auch zu Objekten, ihre Bedeutungen sind fixiert. Und man kann mit Objekten sehr viel mehr anfangen. Man kann sie auf die unterschiedlichste Weise organisieren, klassifizieren, manipulieren.

»Sammy Hairston kommt nicht aus einer schriftlichen, sondern aus einer mündlichen Kultur«, sagte ich noch einmal. »Sein Gehirn hat nie einen sprachlichen Input erhalten, der nicht wirklich mündlicher Natur gewesen wäre, der nicht auf seiner direkten Erfahrung beruhte. Mit Systemen der Klassifikation und Analyse ist er nie in Berührung gekommen. Sprache und Gedächtnis – sein ganzer intellektueller Apparat – sind für ihn darauf eingestellt, auf das, was in seiner Welt geschehen ist, zurückzublicken und es so, wie er es erlebt hat, zu organisieren. Was zum Teufel geht ihn Pearl Harbor an? Nichts. Er war vermutlich nicht einmal als Wehrpflichtiger registriert.«

Allmählich ging den Studenten ein Licht auf. Mündliche Kulturen, mündliche Sprachen, fuhr ich fort, haben keine Wörterbücher.

Wörter haben Bedeutungen, aber sie müssen nicht für jeden dasselbe bedeuten. Wörter erhalten ihre Bedeutung nur von der Art und Weise, wie sie erlernt werden, von ihrem konnotativen Gebrauch, von dem Klang, den Modulationen, den Gesten, dem gesamten menschlichen Kontext, in dem sie benutzt werden. Da diese Wörter nicht amtlich erklärt oder definiert sind, ist es nicht möglich, eine Definition, wenn sie gegeben wird, anders zu überprüfen als dadurch, daß man jemand anderen fragt, was das Wort bedeutet. Es gibt keine Autorität. Stellen Sie sich eine Welt ohne Wörterbücher vor. Jedes Gehirn baut sich seinen eigenen Wortschatz mit seinen eigenen nicht überprüfbaren Definitionen auf, nur sind es keine richtigen Definitionen, sondern ebenso viele angemessene Wortgebräuche. So etwas wie eine Grammatik existiert nicht; keine Einteilung in Substantive, Pronomina, Verben, Adjektive, Adverbien, Präpositionen und dergleichen mehr.

Jetzt kommt Luria, der große, 1902 geborene russische Neuropsychologe. Er hat als erster den Wortgebrauch in mündlichen Kulturen erforscht und gezeigt, daß sie Informationen anders organisieren. Er zeigte einigen Personen aus mündlichen Kulturen, die nicht lesen konnten, Bilder von Objekten, und genau wie Sammy Hairston konnten sie nicht angeben, daß ein Stück Holz nicht mit einem Hammer und einem Meißel zusammenpaßte, daß es kein Werkzeug ist. Sie hatten nicht die geringste Vorstellung vom Klassifizieren. Sie dachten vielmehr wie Sammy Hairston situationsbezogen: Wenn man baut, braucht man Holz, einen Hammer und einen Meißel. Der Schraubenschlüssel ist das, was nicht dazu paßt.

»Weil wir«, fuhr ich fort, »die wir hier in diesem Zimmer sind, lesen können, glauben wir, daß die Art und Weise, wie wir denken, die einzig mögliche Art darstellt, wie das Gehirn Informationen verarbeitet. Das ist vollkommen falsch. Die Gehirne von Analphabeten in mündlichen Kulturen, die bis auf die letzten Jahrhunderte immer in der Mehrheit waren, organisieren das Wissen in ganz anderer Weise. Das heißt, eigentlich sind wir es, in unserer Kultur, die das Wissen anders organisieren, und diese Form des Wissens hat unser Verhalten verändert.«

Dieser Übergang von der mündlichen zur nach-mündlichen Kultur hat sich jedoch nicht von einem Tag zum anderen und auch nicht in einer einzigen Generation vollzogen. Denken und Verhalten haben sich vielmehr Schritt für Schritt verändert. Anfangs fand jegliche Informationsvermittlung ganz einfach mündlich statt. Der Inbegriff dessen waren Homer oder Beowulf, die Epen wurden durch Rezitation von einer Generation an die andere weitergegeben. Dann kam das geschriebene Wort, das zunächst nur von Schreibern benutzt wurde, um von anderen Schreibern gelesen zu werden. Dann schrieben einige Dichter für das Theater. Die Griechen und später Shakespeare schrieben Stücke, die das leseunkundige Volk in Aufführungen sah und hörte. Dann kam der große Wandel, der Beginn der Revolution, wenn man so will: Geschriebenes, das von den Massen gelesen werden sollte. Die ganze Gesellschaft begann zu lesen, aber das hieß noch nicht, daß man auch schreiben mußte. Es ist noch nicht lange her, daß man die Bevölkerung als ganze auch im Schreiben unterrichtet. Der aus neurophysiologischer Sicht entscheidende Fortschritt ist jedoch das Lesen.

Mündliche Kulturen haben einen einfacheren Wortschatz. Es gibt keine Wörterbücher. Man kann nicht überprüfen, ob eine Aussage zutrifft. Es kann keine Historie geben. Und keine Wissenschaft. Nichts dergleichen. Philosophie, wenn überhaupt, nur in Ansätzen. Sokrates konnte nicht mehr darstellen als einen Diskurs, den man einmal hörte und an den man sich dann so gut wie möglich erinnerte, von dem es aber ebenso viele Versionen wie Zuhörer gab. Dann kam Platon und der geschriebene Text. Platon hielt die Philosophie des Sokrates schriftlich fest; erst dadurch konnte man sie studieren, über sie diskutieren, sie erlernen und auf ihr aufbauen. Ohne Platon wäre Sokrates nur eine Erinnerung geblieben, ein Gerücht, ein Mythos.

Wenn wir zurückblicken auf den Verlauf der Entwicklung des Menschen vom magischen Denken zur Wissenschaft, vom Mythos zur Historie, vom »wilden« Denken zum »domestizierten« Denken, dann wird uns auffallen, daß er davon beeinflußt worden ist, wie wir kommunizieren und etwas über die Welt erfahren. Die mündliche Welt setzt sich vornehmlich aus einfachen Aussagesätzen mit einem einfachen Wortschatz und vielen Wiederholungen zusammen – es ist eine Welt der Kurzstatements. Doch die Grundlage der Entwicklung der menschlichen Gesellschaft in den letzten 3000 Jahren war die Schriftlichkeit. Daran ist nicht zu rütteln. Die industrielle Revolution ist nur ein Nebenprodukt der Schriftlichkeit. Ebenso wie das elektronische Zeitalter und natürlich das Informationszeitalter. Das letztere ist ein absoluter Triumph der Schriftlichkeit. Mit der DNA oder dem Darwinismus haben diese evolutionären Veränderungen nichts zu tun. Sie sind die Folge davon, daß der Mensch seine Umwelt verändert.

Aber damit endet die Bedeutung des Lesens noch nicht. Sammy Hairston repräsentiert eine Phase im Ablauf der menschlichen Entwicklung. Er verkörpert, um genauer zu sein, einen bestimmten Schritt auf dem Weg der Menschheit zu einer literarischen Kultur. Das alles geht zurück auf die Juvenilisierung des menschlichen Gehirns: Das menschliche Gehirn reift, indem es Zellen zurückstutzt, und bei diesem Stutzen spielt die Umwelt eine entscheidende Rolle. Sammy Hairston war mit dem Lesen und den organisatorischen Elementen der lesekundigen Gesellschaft nie in Berührung gekommen. Sein Gehirn war anders zurückgestutzt worden als das Ihre und das meine. Genauer gesagt, er lernte, auf eine Weise zu denken, zu handeln, die Außenwelt zu interpretieren und auf sie zu reagieren, die allein auf seiner Erfahrung beruhte. Da er nicht lesen und schreiben konnte, war seine Welt abgeschnitten von jeder Art schriftlicher symbolischer Kommunikation, was wiederum den begrifflichen Input seines Gehirns stark einschränkte. Biologisch gesehen ist sein Gehirn von dem unseren qualitativ verschieden. Nicht im gleichen Maß verschieden wie das von Genie oder das des wilden Kindes vom Aveyron und dennoch verschieden.

Der Darwinismus lehrt uns, daß die Söhne großer Schlagmänner im Baseball oft große Schlagmänner werden, weil sie die Prädisposition ihrer Väter geerbt haben, einen Baseball zu schlagen. Jean-Baptiste Lamarck, der französische Naturforscher des 18. Jahrhunderts, sah die Dinge jedoch ein bißchen anders. Er glaubte, daß in einer Generation erworbene Merkmale wie die Fähigkeit, einen Baseball zu schlagen, vererbt, an viele Generationen weitergegeben werden konnten, bis auch die kulturelle Evolution davon berührt wurde und schließlich die Funktion des Gehirns veränderte. Mit anderen Worten: Sobald es große Schlagmänner gibt, gibt es den Baseball, dann den Profi-Baseball, und Merkmale der Spieler wie ihre Gehirne werden ausgelesen. Dann ist es nur noch ein Klacks, bis die Gewerkschaft kommt, der Baseball-Streik und Mark McGuire, der Rekorde bricht. Und so weiter.

So scheint es auch in anderen Kulturen zu sein: Die amerikanischen Ureinwohner lernten, sich auf ihre »natürliche« Umwelt einzustellen. Sie konnten Spuren auf dem Boden erkennen und deuten, die der Lesekundige weder erkennen noch deuten konnte. Waren ihre Gehirne etwa anders? Nicht, bevor der Ausleseprozeß der Reifung eingesetzt hatte.

Wird das Informationszeitalter die Funktionsweise unserer Gehirne verändern? Ohne Zweifel. Aber wie? Das ist die alles entscheidende Frage. In dieser technischen Welt der abstrakten, nonverbalen Symbole könnte es passieren, daß unser Gehirn ein ganz anderes, nichtlineares Verfahren entwickelt, Informationen zu organisieren. Vielleicht werden wir nicht Listen und Definitionen benutzen, um unsere Welt zu organisieren, sondern Bäume, Bäume voller Bilder und Symbole, die nicht mit Wörtern verknüpft sind. Könnte es sein, daß wir eher den amerikanischen Ureinwohnern ähnlich werden, die eine Spur am Boden verfolgen, als Abraham Lincoln, der am Kamin ein Buch liest? Das ist einstweilen noch völlig ungewiß. Und wenn ich die Richtung des Wandels auch nicht vorhersehen kann, so steht doch eines für mich fest: daß die Gehirne meiner Enkel andere Zellen ausdünnen werden, als es mein Gehirn getan hat.

Die Musik macht die Runde: Aber wo kommt sie herein?

Die Geschichte begann in Mailand. Ein befreundeter Kollege, der mich bei einem Patienten in Genf zu Rate gezogen hatte, lud mich anschließend ein, ihn in seine Heimatstadt Mailand zu begleiten. Pietro Baldacci, ein in Italien sehr bekannter Neurologe mit einer Professur für Neurologie in Mailand, versuchte mich zu überzeugen, daß es von Genf nach Mailand nur ein Katzensprung sei. Ich könne an seiner Fakultät eine Vorlesung halten, meinte er, und am Abend würde er mich in ein Konzert mitnehmen, das mein Interesse finden werde. Es ging um ein Konzert mit einem Streichorchester unter der Leitung von Maestro Cesare Rota.

Cesare Rota sagte mir als Name eines Dirigenten nichts, doch Professor Baldacci erklärte, er habe sich vor allem als Operndirigent an der Mailänder Scala und am Teatro La Fenice in Venedig einen Namen gemacht. Die Scala gehörte zu den bedeutendsten Opernhäusern der Welt, aber die einheimischen italienischen Operndirigenten waren nicht dafür bekannt, als Orchesterleiter zu glänzen, wobei Arturo Toscanini die große Ausnahme bildete. Ich stamme aus Chicago, dort war ich aufgewachsen mit Größen wie Rafael Kubelik und Fritz Reiner als Leitern des Chicago Symphony Orchestra. Später hörte ich Sir Georg Solti, Claudio Abbado und James Levine. Ein Dirigent, von dem ich noch nie gehört hatte, an der Spitze eines ebenso unbekannten Streichorchesters war nicht sonderlich vielversprechend.

»Mein Freund, Sie werden dieses Konzert nie vergessen. Das versichere ich Ihnen«, sagte Pietro. »Es wird Ihnen mehr bedeuten als alle Konzerte, die Sie bisher besucht haben. Rota ist ein Schüler von Scherchen.«

Nun hatte ich Igor Strawinsky Strawinsky dirigieren, Aaron Copland Copland interpretieren, Leonard Bernstein Mahler dirigieren gehört. Ich hatte Reiner in einem Konzert sowohl Richard Strauss als auch Béla Bartók interpretieren gehört. Ich war mehr als skeptisch, auch wenn Hermann Scherchen natürlich ein überragender Orchesterleiter war. Er hatte als erster Dirigent alle zehn (genauer, neuneinhalb) Symphonien Gustav Mahlers auf Platten eingespielt.

»Sie werden verblüfft sein.«

»Verblüfft?«

»Als Neurologe werden Sie es als die bedeutendste Aufführung Ihres ganzen Lebens empfinden. Sie werden mit einem besseren Musikverständnis belohnt werden als bei jedem Konzert, das Sie bisher besucht haben.«

Ein besseres Musikverständnis? Konnte dieser Unbekannte wirklich Dinge in der Musik enthüllen, die Dirigenten vom Kaliber eines Reiner, eines Otto Klemperer oder gar eines Toscanini entgangen waren? Seit meiner Kindheit bin ich ein leidenschaftlicher Hörer klassischer Musik. Zudem hatte meine Frau eine Ausbildung in klassischer Musik, und sie war als Harfenistin tätig; zusammen haben wir über zwanzig Jahre lang Konzerte besucht. Dieses Konzert mußte ich hören. Wie konnte ich zu einer solchen Herausforderung nein sagen?

Ich blieb also einen Tag länger in Mailand. Die Vorlesung an der medizinischen Fakultät verlief gut. Der Oberarzt stellte einen Patienten mit Parkinson vor, und ich gab meinen üblichen Auftritt als Gastprofessor. Ich nahm diesen Patienten als Ausgangspunkt, um über meine Forschungen bezüglich des Mechanismus zu sprechen, der hinter den anomalen Bewegungen steckt, die von vielen Medikamenten verursacht werden, mit denen man Parkinson behandelt. Mit diesem Thema hatte ich mich befaßt, seit bei meinem ersten Patienten solche Bewegungen aufgetreten waren, und ich kann darüber sprechen, ohne mich darauf vorbereiten zu müssen.

Nach der Vorlesung lud Pietro mich zu einem exzellenten italienischen Essen ein, und danach waren wir bereit, in das Konzert zu gehen. Mittlerweile war meine Skepsis wiedererwacht. Ich würde, hatte meine Frau mich wissen lassen, durch die verzögerte Rückkehr nach Chicago ein Konzert des Chicago Symphony Orchestra verpassen. Mit Solti. Solti, rief sie mir in Erinnerung, hatte bei Bartók studiert. Solti würde Bartók dirigieren.

»Ich werde Rota erleben«, hatte ich ihr mitgeteilt. »Wen?« fragte sie. »Er hat bei Hermann Scherchen gelernt.« Wieder ein Name, der zu der Zeit, als sie ihre Ausbildung erhielt, schon in Vergessenheit geraten war. »Scherchen«, wiederholte ich. »Bartók und Mahlers Erste«, konterte sie. Bei diesen Diskussionen zog ich immer den kürzeren.

Das Programm, das mir überreicht wurde, während wir in dem provisorischen Konzertsaal Platz nahmen, war nicht dazu angetan, meine Zweifel zu beschwichtigen. Soweit ich es verstand, erwartete mich ein musikalischer Abend mit einem zusammengewürfelten Streichorchester unter der Leitung von Cesare Rota, der von der Scala her einen Namen hatte. Das Programm bestand aus zwei Stücken von Vivaldi, gefolgt von Benjamin Brittens *Simple Symphony* und Ernest Blochs *Concerto Grosso Nr. 1* für Streicher mit Piano Obbligato. Das anstelle von Solti, der Bartók und Mahler dirigieren würde. Kein guter Tausch.

Da ich über Vivaldi nicht urteilen kann, möchte ich zu seinen Stücken nichts sagen. Das Publikum schien ziemlich begeistert zu sein. Der Britten war recht angenehm, aber nicht sonderlich erhellend, es gab jedenfalls nichts, was mich verblüfft hätte. Ich war kein bißchen überrascht. Als Dirigent wirkte Maestro Rota steif und verlegen, und seine rechte Hand betätigte er kaum. War ich dafür einen Abend länger von zu Hause fortgeblieben?

Dann kam der Bloch und mit ihm die erste Stufe meines Erstaunens. Die Aufführung war geradezu brillant, in ihrer Art ebenso gut wie die alte Kubelik-Einspielung mit dem Chicago Symphony Orchestra. Maestro Rota gab eine unvergeßliche Aufführung.

Am Ende des Konzerts fragte ich Professor Baldacci, ob er den Maestro persönlich kenne. Ja, sie seien befreundet, erklärte er. »Ich würde gern mit ihm sprechen«, sagte ich. Der Bloch war großartig. »Das geht nicht«, erklärte er. »Warum nicht?« »Sie können mit ihm sprechen, aber es wird ihm nicht viel bedeuten. Und auch Ihnen nicht. Er ist Aphasiker.« Ich war nicht bloß verblüfft – ich war vollkommen platt. »Er hatte einen Schlaganfall in seiner linken Hemisphäre«, erklärte Professor Baldacci.

Rota hatte einen Schlaganfall in der dominanten Hemisphäre erlitten. Das erklärte die Tatsache, daß er seinen rechten Arm und die rechte Hand nicht benutzte. Das gehörte also nicht zu seinem Stil, sondern war eine Folge des Schlaganfalls. Maestro Rota litt infolge des Schlaganfalls an einer leichten halbseitigen Lähmung der rechten Körperseite. Diese Behinderung würde bleiben. Die linke Hemisphäre ist ja nicht nur die sprachdominante Hemisphäre. Sie steuert auch Willkürbewegungen des rechten Arms und Beins. Nach einem Schlaganfall, der zur Aphasie führt, treten häufig auch motorische Probleme auf der rechten Seite auf, die sich natürlich nach der Art der Aphasie richten.

Der Dirigent war ein interessanter neurologischer Fall. Ich repetierte wieder einmal meine allgemeinen Regeln bezüglich der Aphasie. Liegt das Problem eher im hinteren Teil der dominanten Hemisphäre, fällt es dem Patienten schwerer, Sprache zu verstehen, als Sprache zu produzieren. Dies ist das klassische Syndrom der Wernicke-Aphasie, benannt nach dem deutschen Neurologen Carl Wernicke, der sie als erster beschrieb. Der Patient spricht flüssig, aber was er sagt, ist nur beschränkt sinnvoll, weil er weder versteht, was man zu ihm gesagt hat, noch das, was er sagt, filtert oder reguliert. Das Ergebnis bezeichnet man vielfach als flüssige Aphasie, rezeptive (sensorische) Aphasie oder schlicht als Wernicke-Aphasie. In der Regel haben die Patienten keine halbseitige Lähmung der Gliedmaßen. Zwischen dem Wernicke-Zentrum und den motorischen Arealen der linken Hemisphäre besteht ein gewisser Abstand, und so kann es leicht passieren, daß das eine zerstört wird, ohne daß die anderen beschädigt werden.

Befindet sich die zerstörerische Läsion, beispielsweise der Schlaganfall, mehr im vorderen als im hinteren Teil des Gehirns, hat der Patient mehr Schwierigkeiten mit dem Sprechen als mit dem Verstehen von Sprache. Das ist die klassische Broca-Aphasie.

Die Patienten können sich nicht oder nur rudimentär artikulieren. Und da das Broca-Zentrum in der Nähe der motorischen Rinde liegt, haben die Patienten oft motorische Probleme. Die Folge ist gewöhnlich eine rechtsseitige Lähmung, und wenn der Patient von ihr genesen ist, behält er vielfach die Schwierigkeit zurück, den rechten Arm und die rechte Hand zu benutzen.

»Benutzte Maestro Rota früher einen Taktstock?« fragte ich.

»Aber sicher«, sagte Pietro. »Scherchen schätzte lange Taktstöcke, die er lebhaft schwenkte.«

Cesare Rota hatte also eine Aphasie mit motorischen Schäden erlitten. Die Diagnose lag auf der Hand, und sie war, wenn man alles bedachte, nicht sonderlich überraschend. Die Sprachproduktion war stark gestört, aber er konnte noch Musik ausdrücken oder aufführen. Bei vielen Patienten ist die Fähigkeit, Sprache auszudrücken, und die Fähigkeit, Musik auszudrücken oder aufzuführen, in unterschiedlichen Hemisphären angesiedelt.

Musik konnte der Dirigent noch ausdrücken, doch flüssiges Sprechen war ihm anscheinend unmöglich. »Eine Broca-Aphasie«, verkündete ich mit fachmännischer Überzeugung.

Pietro schüttelte den Kopf. »Das wäre sicherlich interessant, aber nicht verblüffend.« »Was ist es dann?« fragte ich. Wir saßen inzwischen gegenüber dem Konzertsaal in einem stark frequentierten und lauten Restaurant bei Kaffee und Dessert. »Eine globale Aphasie.«

Ich war verblüfft. Wenn Maestro Rota eine globale Aphasie hatte, waren ihm sämtliche sprachlichen Funktionen abhanden gekommen, sowohl die rezeptiven als auch die expressiven Fähigkeiten. Es war wirklich geradezu verblüffend, daß Maestro Rota beim völligen Verlust der sprachlichen Funktionen soviel von seinen musikalischen Fähigkeiten bewahrt hatte.

Das klinische Bild vieler Patienten, bei denen ein Schlaganfall Aphasie hervorgerufen hat, läßt zunächst an eine globale Aphasie denken. Wenn sie sich jedoch erholen und das vom Schlaganfall betroffene Gebiet schrumpft, bessert sich allmählich die Aphasie, denn alle Teile ihres Gehirns reorganisieren sich, um ihre maximale Funktionsfähigkeit zu erreichen. Solche Patienten haben nur zum Teil bleibende Defizite: in dem Maße, wie die Genesung fortschreitet, gehen die Ausfälle zurück. Aus der globalen Aphasie wird eine nicht-flüssige Broca-Aphasie, weil sie das Sprachverständnis wiedererlangen. Oft werden die rezeptiven Elemente fast wieder normal. So mußte es bei Maestro Rota gewesen sein: innerhalb von neun Monaten bis zu einem Jahr veränderte sich die globale Aphasie zu einer Broca-Aphasie.

Während sich die Lähmung innerhalb weniger Wochen stabilisiert, benötigt die Genesung von der Aphasie weit mehr Zeit, und gewöhnlich behält der Patient erhebliche Beeinträchtigungen zurück, die ihn in allen Aspekten seines Lebens behindern. So mußte es bei Maestro Rota gewesen sein. Von einem globalen Sprachdefizit zu einem lokal umschriebenen Ausfall, von einer globalen Aphasie amusica zu einer Broca-Aphasie con musica.

Endlich kam der Kaffee; während ich meinen ersten biscotto in den Kaffee tunkte, meinte ich: »Bei ihm hat sich's wohl in eine Broca-Aphasie aufgelöst.«

»Als wir ihn erstmals untersuchten«, erklärte Pietro, »lag der Schlaganfall rund zehn Tage zurück. Er war in den Staaten gewesen und hatte eine Oper dirigiert. Der Schlaganfall hatte sich nach der Aufführung ereignet. Er wurde dort ins Krankenhaus eingeliefert und eine Woche später heimgeflogen. Damals, mein Freund, hatte er eine globale Aphasie. Er war unfähig, sich verständlich zu artikulieren. Er brachte einige kurze Phrasen heraus. Und er hatte eine milde rechtsseitige Lähmung.«

»Cesare«, fuhr er fort, »konnte einzelne Wörter erkennen. Wenn wir ihm ein Bild zeigten und ihm eine Reihe von Substantiven zur Auswahl gaben, konnte er das richtige heraussuchen. Sowohl mündlich, wenn wir ihm das Wort sagten, als auch visuell, wenn er die Wörter aus einer Liste las, die wir ihm zeigten.«

Zumindest ein begrenztes Verständnis hatte sich also erhalten.

»Aber Sätze verstand er nicht, nicht einmal ganz einfache. Er konnte nur die allereinfachsten Anweisungen befolgen. Einstufige Anweisungen führte er meist korrekt aus.«

Ich kannte die übliche Prozedur. Man sagt dem Patienten: »Heben Sie die Hand«, und er hebt die Hand. »Machen Sie die Augen auf«, und er macht die Augen auf. »Nehmen Sie das Glas«, und er nimmt das Glas. Einfaches Verstehen und Ausführen. Elementarer Input und Output.

»Bei zweistufigen Anweisungen lief es anders. Da schnitt er ziemlich schlecht ab.«

Schließen Sie die Augen und heben Sie die Hand. Eine zweistufige Anweisung. Nicht sehr kompliziert, aber Maestro Rota war nicht imstande, beides gleichzeitig auszuführen, auch nicht nacheinander nach einer einzigen Anweisung. Dreiteilige Anweisungen gingen völlig schief.

Nicht gerade so anspruchsvoll wie das Dirigieren von Beethovens Neunter. Oder auch nur einer der anderen Symphonien ohne Solisten und Chor. Wörter kamen überhaupt nicht vor. Opern ohne Wörter gibt es nicht. Hatte er sich deshalb darauf verlegt, statt Opern Orchesterwerke zu dirigieren?

Pietro kam unvermittelt auf Cesare Rotas anfängliche Defizite zurück. Das eigentliche Sprachverständnis war weg. »Wir haben ihn in unser Rehabilitationszentrum verlegt. Es ist das beste in ganze Italien. Auf das, was wir dort leisten, bin ich sehr stolz.«

Ich zuckte zusammen. Ich wußte, was er sagen würde: Sie hatten ein Programm mit intensiver Sprach- und Musiktherapie aufgestellt, und es hatte Wunder gewirkt. Die großen Wunder, die solche Bemühungen bewirken, hängen leider meistens direkt mit dem Zeitablauf zusammen, der es dem Gehirn ermöglicht, sich an die neuen Realitäten seiner physiologischen Reorganisation anzupassen. Das Geheimnis des Erfolges ist nicht die reguläre Sprachtherapie, sondern die Zeit, die heilt.

Er lächelte mich an. »Am zweiten Tag, noch bevor unsere Sprachtherapeuten ihr komplexes Programm für eine erfolgreiche Rehabilitation aufgestellt hatten, kam ein alter Freund vorbei, um Cesare zu besuchen. Giovanni Lamberto war ebenfalls Musiker gewesen. Auch er war zu Scherchen gegangen, um bei ihm zu studieren. Scherchen, der für Stümper nichts übrig hatte, hatte ihn hinausgeworfen. So hatte Giovanni sich der Medizin zugewandt und war Radiologe geworden. Er hatte eine eigene Praxis aufgemacht und sich schon vor längerer Zeit zur Ruhe gesetzt, um sein

Geld zu zählen. Ich kannte ihn ziemlich gut. Er besaß die größte radiologische Praxis in Mailand und eine wunderbare Loge in der Scala. Ich traf ihn oft in der Oper. Er ließ sich nichts entgehen, was Rota dirigierte. Ist es nicht merkwürdig, daß ganz erstklassige Musiker kaum ihren Lebensunterhalt verdienen?«

So groß war der Unterschied zwischen Italien und den Vereinigten Staaten also doch nicht.

»Er war«, fuhr Pietro fort, »über den Zustand seines alten Freundes entsetzt. Rota erkannte ihn zwar, aber viel mehr als das auch nicht. Giovanni beschloß, für Cesare ein wenig zu musizieren. Er rollte ihn in den Aufenthaltsraum neben das Klavier und begann für ihn zu spielen. Er spielte das Intermezzo aus Mascagnis *Cavalleria Rusticana*. Es war Giovannis Lieblingsstück. Und zwar deshalb, weil er es Scherchen vorgespielt hatte, woraufhin Scherchen seiner Musikerlaufbahn ein Ende machte, was Giovanni veranlaßte, sein Leben zu ändern und reich, erfolgreich und mächtig zu werden. Er konnte das Stück nicht einmal zu Ende spielen, als Scherchen ihn schon achtkantig hinausbeförderte. Lamberto hat mir die Geschichte mindestens ein Dutzend Mal erzählt. Zumindest jedesmal wenn Rota die *Cavalleria* dirigiert. Und Sie haben keine Ahnung, wie oft die Scala die *Cavalleria* gibt. Giovanni läßt keine Vorstellung aus. Es ist für ihn, wie wenn er zur Messe geht. Giovanni setzte sich also an unser altes Klavier und spielte das Intermezzo aus der *Cavalleria*. Ich habe den Verdacht, daß er es für Cesare praktisch genauso spielte, wie er es vierzig Jahre zuvor für Scherchen gespielt hatte. Giovanni war noch immer der Musiker, der er damals gewesen war, Cesare jedoch nicht. Er hatte bei Scherchen studiert. Als er Scherchen vorspielte, hatte er nicht Mascagni gespielt. Er hatte Mahler gespielt, Zemlinskys Klavierversion der sechsten Symphonie. Und auch Cesare war von Maestro Scherchen unterbrochen worden, aber nicht mit der Aufforderung, die Musik aufzugeben und sich auf andere Weise zu ernähren, sondern mit dem Angebot, stellvertretender Dirigent bei ihm zu werden.«

Der Kaffee war inzwischen kalt geworden.

»Giovanni spielte, und als er an die Stelle kam, zu der Note, bei der Scherchen ihm Einhalt geboten und sein Leben verändert hatte, hörte er wieder die Worte 'Halt! Halt! Mord! Die Musik, die Musik.‹ Es war Giovannis persönliche Epiphanie, von der er immer wieder heimgesucht wurde. Es war aber nicht der Geist Scherchens. Es war Scherchens Schüler, sein alter Freund Cesare, der ihn aufforderte, nicht länger die Musik zu zerstören. In kurzen, nicht ganz flüssigen Sätzen war Cesare sehr ausdrucksfähig. Er mochte eine globale Aphasie gehabt haben, aber wenn es um die Musik ging, wußte er genau, was er sagen wollte. Und er konnte es mit wenigen Worten sagen.

Giovanni hörte auf zu spielen. Aber diesmal brach er die Aufführung nicht ab. »Er fing noch einmal von vorn an. Diesmal spielte er es langsamer. ›Nein‹, rief Maestro Rota wieder. Und wieder nahm Giovanni die Hände von den Tasten. Er sah die Enttäuschung und den Zorn bei seinem Freund. Es mußte doch etwas geben, das er tun konnte, damit sein Freund sich besser fühlte. Lebendiger. Nicht so frustriert. Etwas, womit er ihm wenigstens ein kleines Stück seines Lebens wiedergeben konnte. Aber was? Wie konnte er wieder Musik, musikalisches Schaffen, in Cesares Leben zurückbringen? Giovanni schob den Rollstuhl neben das Klavier, so daß er Cesare sehen und dabei spielen konnte. Dann sagte er ein einziges Wort, das Cesares Leben veränderte.

›Dirigiere‹, sagte Giovanni zu seinem Freund Cesare.

Cesare saß da in dem Rohllstuhl und versuchte, seinen geschwächten rechten Arm zu heben. Der Arm bewegte sich schwach und langsam. Unbeholfen. Fast gar nicht. Seine rechtsseitige Lähmung gab nicht so leicht nach wie sein alter Freund.

›Dirigiere‹, wiederholte Giovanni.

Cesare versuchte es noch einmal. Sein rechter Arm war nicht zu gebrauchen. Giovanni kam sich nutzlos vor. Er wollte etwas anderes spielen. Cesare hatte immer schon Richard Strauss gemocht und einige Strauss-Opern an der Scala dirigiert. Er mochte auch die Tondichtungen. Vielleicht, dachte Giovanni, könnte er ein Bruchstück aus einer der Tondichtungen spielen. Giovanni konnte sich an keine erinnern. Hatte er eigentlich etwas von Strauss gut genug gekannt? Er hatte Strauss nie gemocht. Nicht einmal das

Klavierstück, das Strauss für die linke Hand oder für Wittgenstein komponiert hatte.«

Paul Wittgenstein war der Bruder des berühmten Philosophen und ein bedeutender Pianist, der nach dem Ersten Weltkrieg in ganz Europa auf Tournee gegangen war.

»Um die Welt sicher zu machen für die Demokratie«, sagte ich.

»Ja. Und wir waren eine der Demokratien, die durch diese Erfahrung sicher gemacht wurden. Daß wir danach Mussolini bekamen, hat nichts zu sagen. Darum geht es nicht, mein Freund. Wittgenstein hatte im Krieg seinen rechten Arm verloren. Das ist für jeden eine Tragödie, aber für einen Berufspianisten ist es die Katastrophe schlechthin. Es gab keine Musik für einhändige Pianisten. Aber Wittgenstein hatte Charisma, und seine Familie hatte Geld.«

»Von meiner Mutter habe ich gelernt«, sagte ich, ihre Worte paraphrasierend, »daß es keine Situation gibt, die dadurch schlimmer wird, daß man Geld hat.«

»Eine kluge Frau«, sagte Pietro und nickte. »Wittgenstein machte von dem Geld klugen Gebrauch und gab bei Komponisten Stücke für Klavier und Orchester in Auftrag, die er linkshändig spielen konnte. Und nicht bei irgendwelchen Komponisten, sondern bei den besten, die es gab. Maurice Ravel komponierte ein Klavierkonzert für die linke Hand und Orchester. Ebenso Sergej Prokofjew. Und der junge Benjamin Britten. Und der berühmte Richard Strauss. Scherchen hatte dieses Stück geschätzt. Wenn Wittgenstein linkshändig spielen konnte, warum sollte Cesare dann nicht linkshändig dirigieren?«

Pietro hielt inne und bestellte uns einen Grappa. »Nicht Bescheid zu wissen ist etwas Wunderbares«, sagte er. »Wir beide hätten gewußt, warum Lambertos Idee scheitern mußte. Wittgenstein hatte seinen rechten Arm verloren, aber sein Gehirn war unversehrt und seine musikalischen Fähigkeiten unverändert. Cesare hatte jedoch eine globale Aphasie. Die Sätze, die er äußerte, bestanden nur aus einem Wort, manchmal zweien. Er verstand nur Bruchstücke von dem, was man ihm sagte. Es war absurd zu glauben, ein Mann mit einem solchen Gehirn könne dirigieren.«

Pietro hatte gesagt, was er zu sagen hatte. Der Grappa kam. Wir tranken ein Schlückchen.

Pietro fuhr in seiner Schilderung fort: »›Dirigiere‹, wiederholte Giovanni. Und dann beging er zu seiner ersten Sünde eine zweite, indem er Cesare noch eine Anweisung gab. ›Mit der linken Hand. Dirigiere mit der linken Hand.‹«

Eine zweistufige Anweisung, die eine Entscheidung zwischen links und rechts enthielt – wer etwas von globaler Aphasie verstand, hätte das nie getan. Es konnte nur Mißlingen und Frustration hervorrufen. Aber Giovanni Lamberto wußte nichts vom Nervensystem; er war ein gescheiterter Musiker und ein Radiologe im Ruhestand.

»›Dirigiere mit der linken Hand‹, befahl er seinem alten Freund streng, so als sei er Maestro Scherchen, der in einem Dirigentenkurs Anweisungen gibt. Und während er diesen Befehl gab, schlug Giovanni die ersten Töne an und blickte von den Tasten auf, so als sei er das ganze Orchester, das darauf wartet, vom Dirigenten geführt zu werden.

Und genau das tat Cesare Rota. Mit seiner linken Hand. Er machte alle notwendigen Bewegungen, um die Tempi, die Lautstärke, die Phrasierung zu steuern. Das ganze Stück hindurch. Hätte Giovanni es so vorgespielt, wie er es jetzt spielte, wäre auch ihm eine Stelle als stellvertretender Dirigent angeboten worden!«

Pietro schaute auf seine Armbanduhr. Es war an der Zeit, mich zum Hotel zu begleiten.

»Aber was geschah dann?« »Sie haben gesehen, was geschehen ist«, sagte er. »Ich brauche mehr Einzelheiten«, sagte ich. »Als Neurologe oder als Autor?«

Ich protestierte gar nicht erst. Ich war in die Falle gegangen. »Da gibt es für mich keinen Unterschied mehr. Den gab es einmal, aber jetzt nicht mehr.« »Ich kann Sie morgen mit Maestro Rota bekanntmachen.« »Mein Flug geht um elf. Ich muß vor neun auf dem Flughafen sein.« »Es gibt täglich Direktverbindungen nach Chicago.« Es war nicht schwer, mich herumzukriegen.

Ich versuchte in der Nacht etwas Schlaf zu finden, aber mir schwirrten alle Artikel, die ich jemals über den Verlust musikalischer Fähigkeiten gelesen hatte, und alle Krankengeschichten von Musikern mit Aphasie durch den Kopf. Von berühmten Musikern wie Ravel. Von Amateurmusikern. Hier ging es nicht darum, ob die musikalische Fähigkeit durch eine umschriebene Läsion im Gehirn verlorengegangen war, sondern darum, was mit den musikalischen Talenten geschah, wenn eine Läsion vorlag, die ein anderes umschriebenes Defizit verursachte. Wie umschrieben war umschrieben?

Was war Musik? Was war ihre neurologische Grundlage? Wie erwarb das Gehirn musikalische Fähigkeiten? Nicht nur wo, sondern wie und wo? Konnten die Nervenbahnen für Musik etwa auch ein Zwickel sein?

Musik ist universal. Es gibt sie in allen Kulturen. Melodie. Rhythmus. Die Organisation von Klängen zu jener planmäßigen Abfolge, die wir als Musik erkennen. Diese Universalität scheint darauf hinzudeuten, daß Musik angeboren ist, keine erworbene Funktion wie die Sprache und das Lesen. Schließlich haben nur wenige Sprachen ein eigenes schriftliches System entwickelt. Aber jede Sprachgemeinschaft hat Lieder.

Auf einmal fiel mir ein, was mir meine älteste Tochter mit einer treffenden Bemerkung über die Musik beigebracht hatte. Wir hatten uns, wie so oft, zum Essen in einem orientalischen Restaurant verabredet. Sie schwärmt für die orientalische Küche. Wir waren kaum eingetreten, als sie sagte: »Gott sei Dank spielen sie das Lied.« »Das Lied?« fragte ich verwundert. »Ja, das Lied. Es gibt nur ein arabisches Lied, und sie spielen es überall. Daran kann man erkennen, daß man echt orientalische Kost bekommt.«

Sie wußte, daß es mehr als nur ein arabisches Lied gibt, aber für westliche Ohren, die immer nur westliche Musik gehört haben, klingen alle traditionellen arabischen Lieder trotz ihrer Verschiedenheit gleich. Da wurde mir schlagartig klar, daß die Grundregeln für den Spracherwerb auch für die Musik gelten. Wenn man in Damaskus aufwächst, lernt man all die verschiedenen Lieder, diesen Musikstil, und sie hören sich überhaupt nicht alle gleich an. Die westliche klassische symphonische Musik hört sich dann für einen gleich an. Es ist alles Beethoven, der immer wieder ein und dasselbe Stück schreibt. Nur unter verschiedenen Namen, mal als Haydn, mal als Mozart, Brahms oder Mahler. Das Orchester spielt ständig »die Symphonie«. Ein Lernerlebnis, bei dem es entscheidend auf die Umgebung ankommt, in der man aufwächst. Wenn man Arabisch hört, lernt man Arabisch. Wenn man mit Englisch aufwächst, lernt man Englisch. Wenn man mit Frank Sinatra und Bing Crosby aufwächst, erkennt man den Unterschied zwischen ihnen und den Rolling Stones und den Grateful Dead. Wenn man in Bagdad aufwächst, lernt man, noch die feinsten Nuancen »des Liedes« zu erkennen.

Wie bei der Sprache ist ganz eindeutig für eine bestimmte günstige Gelegenheit der neuronale Schalter zum Erlernen von Musik geöffnet.

Damit war klar, wie und wann Musik erlernt wird, aber die Frage nach dem »wo« blieb offen. Und auch die Frage, ob die Hirnstrukturen für das Ausdrücken oder Aufführen von Musik ein Zwickel sein könnten.

Wissarion Schebalin war ebenfalls Aphasiker geworden. Er war ein herausragender russischer Komponist des 20. Jahrhunderts, ein Zeitgenosse von Prokofjew und Schostakowitsch. War er ein guter Komponist? Darüber konnte man nichts Genaueres sagen. Er war nicht nur Komponist, sondern auch ein offener Kritiker des Sowjetregimes. Das war für einen Komponisten, der zu Stalins Zeiten in Rußland lebte, nicht ungefährlich. Man konnte mehr als bloß seine rechte Hand verlieren.

Schebalin hatte durch einen Schlaganfall in der linken Hemisphäre eine Aphasie bekommen, er konnte also nicht mehr sprechen, doch das rezeptive Sprachzentrum war noch in Ordnung, so daß er Sprache verstehen konnte. Trotz der Broca-Aphasie komponierte Schebalin noch einige seiner besten Werke; sein rezeptives und expressives musikalisches Können waren verschont geblieben. Diese Fähigkeiten wurden von seiner unversehrten rechten Hirnhälfte gesteuert.

Aber was war nun mit Rota und seiner globalen Aphasie?

Und in welchem Maß hing die Musik von einem Zwickel ab? Das Notenlesen beruhte sicherlich genauso auf einem Zwickel wie das

Lesen des geschriebenen Wortes. Ebenso das Niederschreiben von Noten. Beides muß, wie das Lesen und Schreiben, in schulmäßigem Unterricht gelehrt und gelernt werden. Doch die verschiedenen musikalischen Regeln, so sehr sie sich auch von einer Kultur zur anderen unterscheiden, sind offenbar gleichermaßen leicht zu erwerben. Wenn man im richtigen Alter anfängt, lernt jeder die Musik, der er exponiert wird. Anders verhält es sich mit der Komposition, der Erschaffung einer neuen Melodie, und auf jeden Fall mit der Fähigkeit, eine ganze Symphonie mitsamt Orchestrierung und Harmonie zu komponieren. Diese Aspekte des Komponierens müssen zumindest teilweise eine Art von Zwickelung sein. Das Komponieren von Beethovens Neunter war nichts anderes als ein absoluter Triumph von Stephen Jay Goulds Zwickelkonzept. Einige Regeln, die für den Spracherwerb gelten, müssen folglich auch für die Musik gelten – es sind dieselben drei Grundregeln für den Erwerb: *Exposition, Exposition, Exposition!*

Es gibt aber über diese grundlegenden Fähigkeiten hinaus eine komplexere Musikerfahrung, die gelehrt und gelernt werden muß und die gänzlich auf Zwickeln beruht. Und diese Zwickel haben ihre eigenen definierten Regeln. Verschiedene Regeln in verschiedenen Kulturen. Alle unterliegen drei Grundprinzipien: *Exposition, Exposition, Exposition!*

Am nächsten Morgen hatte ich, bevor ich mich mit Maestro Rota traf, Gelegenheit, mit seinem Therapeuten zu sprechen. Es war fast drei Jahre her, daß Rota den Schlaganfall gehabt hatte. Man zeigte mir die CT. Es war kein kleiner, lokalisierter Verletzungsbereich, sondern ein massiver Schlaganfall gewesen, der fast die ganze linke Hemisphäre betraf, das gesamte Gebiet, das von der linken mittleren Hirnarterie (Arteria cerebri media) versorgt wird, die die mittleren zwei Drittel der linken Hemisphäre überwiegend versorgt. Solche Patienten haben oft eine sehr schlechte Prognose. Eine Genesung erfolgt nur begrenzt, und es bleiben erhebliche Sprachschwierigkeiten zurück, von denen die expressiven ebenso wie die rezeptiven Komponenten betroffen sind. Aphasie und halbseitige Lähmung. Weit schlimmer als bei Paul Wittgenstein.

In welchem Zustand befand sich Rota unmittelbar nach dem

Schlaganfall? Er hatte eine schwere globale Aphasie. Was bedeutete das? Es spielte keine Rolle, ob der Neurologe oder der Schriftsteller in mir solche Fragen stellte – ich brauchte die Fakten.

Nach achtzehn Monaten einer überaus intensiven Sprachtherapie wurde Rota nochmals nach allen Regeln der Kunst untersucht. Sein Sprachverständnis war sehr reduziert; etwas nachzusprechen, fiel ihm schwer; selbständig etwas zu formulieren war ihm kaum möglich. Aber er konnte singen.

»Die meisten Aphasiker können singen«, rief ich mir in Erinnerung. »Konnte Maestro Rota unmittelbar nach seinem Schlaganfall singen?« Darauf hatten sie bei der Untersuchung nicht geachtet. Ich malte mir aus, wie Giovanni Lamberto ihm vorsang und wie die beiden zusammen Arien gesungen hatten.

Konnte er lesen? Nein. Was war mit seinen musikalischen Fähigkeiten? Konnte er Noten lesen? Sie waren Sprachspezialisten, keine Musiker. Die meisten von ihnen konnten selbst nicht Noten lesen. Wie konnte man da erwarten, daß sie das untersuchten?

Ich sah Maestro Rota auf mich zukommen. Er befand sich in Begleitung meines Freundes Pietro Baldacci und eines anderen Mannes, in dem ich den Pianisten erkannte, der am Vorabend in Blochs *Concerto Grosso* Piano gespielt hatte. Rotas rechtsseitige Lähmung war nicht zu übersehen. Bei einer solchen Lähmung werden die Muskeln der betroffenen Körperseite nicht gleichmäßig in Anspruch genommen.

Beim üblichen Schlaganfall werden die Muskeln, die den Arm strecken, stärker betroffen als die, die ihn beugen. Unter Beugung versteht man jede Bewegung, die das Gelenk beugt, so daß die beiden Knochen, die es bilden, einander näher kommen. Infolge eines Schlaganfalls erstarrt der Arm in einer am Ellbogen wie am Handgelenk gebeugten Position, weil die geschwächten Streckmuskeln den Beugemuskeln nicht mehr entgegenarbeiten. Beim Bein ist es genau umgekehrt. Da vornehmlich die Beuger geschwächt sind, bekommen die Streckmuskeln das Übergewicht. Streckmuskeln halten die Knochen in einer gestreckten Position. Nach einem Schlaganfall ist das Bein steif. Hüfte und Knie beugen sich nicht, um den Fuß vom Boden zu heben und den nächsten

Schritt zu tun. Das ungebeugte Bein wird vielmehr seitwärts herumgeschwenkt und nach vorn gebracht; man nennt diese Bewegung Zirkumduktion. Die Muskeln, die bei unseren vierbeinigen Vorläufern dazu bestimmt waren, der Schwerkraft zu widerstehen, werden bei einem Schlaganfall nicht so stark geschwächt wie jene, die ursprünglich der Willkürbewegung dienten, und das gilt auch für so elementare Willkürbewegungen wie die Fortbewegung. Beim Maestro waren es die Muskeln der rechten Hand, die am wenigsten mit der Schwerkraft zu tun hatten. Kein Wunder, daß Maestro Rota gelernt hatte, den Taktstock in der linken Hand zu halten.

Pietro stellte mich dem Maestro vor. Wir begrüßten einander mit einem Nicken. Er konnte die rechte Hand nicht einmal zu einem Händedruck benutzen.

Dann wurde ich dem anderen Mann vorgestellt, Giovanni Lamberto. Lamberto war am Ende doch noch Pianist geworden. Er hatte sich daran gewöhnt, unter Rotas Direktion zu spielen. Und Rota hatte sich sehr daran gewöhnt, ihn zu dirigieren. Der Maestro entschuldigte sich und begab sich beinschwenkend zur Toilette, was mir sehr willkommen war, weil ich eigentlich mit Lamberto zu sprechen hatte.

Ich fragte ihn, ob er etwas dagegen hätte, wenn ich ihm einige Fragen über den Maestro stellte.

Deshalb sei er ja da, sagte er. Pietro hatte ihm schon angekündigt, daß ich ihm einige Fragen stellen würde. Konnte der Maestro noch Noten lesen? Nein. Konnte er eine neue Partitur erlernen, wenn er sie gespielt hörte? Nein. Er dirigierte nur Partituren, die er aus der Zeit vor dem Schlaganfall kannte. Konnte er Lieder singen? Ja. Arien? Natürlich. Er konnte alle Opern des gängigen Repertoires singen. Alle Werke, die er viele Jahre lang dirigiert hatte.

Offenbar war ihm die Fähigkeit, neue musikalische Dinge zu erlernen, abhandengekommen. Eine Wernickesche Amusica, wenn man so will.

»Aber er kann neue Lieder erlernen«, sagte Giovanni Lamberto.

Das überraschte mich. Was bedeutete das? Daß seine rezeptive Amusica nicht schwerwiegend war? Oder daß die Antwort auf meine Frage nicht so einfach war? Es bedeutete jedenfalls, daß Musik auf Zwickeln beruhte und gleichzeitig nicht beruhte. Daß sie mehr dem Lesen als dem Sprechen ähnelte. Eine Symphonie zu erlernen erforderte einen Zwickel. Doch ein einfaches Lied zu erlernen beruhte auf einem weit einfacheren, eher angeborenen Mechanismus. Bei uns allen ist das Gehirn so beschaffen, daß es diese Fähigkeit besitzt, beziehungsweise hat es diese Fähigkeit selektiert und sich dann wiederum entschieden, diese Fähigkeit beizubehalten, wenn es mit den richtigen Reizen konfrontiert wird. Rota konnte Beethoven vergessen, aber sich an einfache Lieder erinnern. Es war nicht gerade eine Offenbarung, aber es war doch etwas, das ich vorher nicht so klar verstanden hatte.

Was für Lieder? Giovanni fragte, was ich damit meinte. Ich erzählte ihm von meiner Tochter und »dem Lied«. Jetzt verstand er. »Alte Lieder«, sagte er, »klassische Arien.« »Könnte es nicht sein, daß er lediglich Lieder, die er von vorher kennt, wiedererlernt?«

Man muß immer skeptisch sein. Allzu oft erzählen einem Angehörige von den neuerworbenen Fähigkeiten von Patienten, weil sie unbedingt einen Beweis einer Besserung sehen wollen, dabei aber das, was sie zu beobachten glauben, falsch deuten. Keine neuen Lieder anstelle der alten. Sondern alte Lieder, die wiederaufleben. War es das, was der Maestro »gelernt« hatte?

»Nein. Sie sind neu für ihn.« »Woher wissen Sie das so genau?« »Kürzlich ist eine bisher unbekannte Partitur eines kleineren Werkes von Rossini aufgetaucht. Rota hat sie nie gesehen oder gehört. Ich sang ihm ein Lied daraus vor. Er lernte es, wir sangen es zusammen.« In seiner Stimme schwang ein triumphierender Ton mit, und das mit Recht. Es war Giovanni, der die Musik in Rotas Leben zurückgebracht hatte.

»Kann er sie dirigieren?« »Das weiß ich nicht. Wir haben es nicht probiert.«

Wie gerufen kam der Maestro wieder.

Ich wußte nicht recht, was ich sagen sollte. Er war Aphasiker. Er hatte eine globale Aphasie. Wie global war sie? Was würde er verstehen? »Der Bloch«, sagte ich. Er schaute mich an. »Bravo«, sagte ich. Leider wußte ich nicht, wie man »schön« auf italienisch sagt. Er lächelte. »Kubelik«, sagte ich. Er blickte mich fragend an. »Bravo Kubelik. Bravo Rota.« Sein Lächeln verstärkte sich. »Bravo Kubelik. Bravissimo Rota.« »Nein.« Er schüttelte den Kopf.

Mehr sagte er nicht. Giovanni setzte sich ans Klavier. Er stimmte die »neue« Rossini-Arie an. Cesare Rota sang mit. Jedes Wort perfekt ausgesprochen, und jeder Ton stimmte. Mitten in der Arie brach Giovanni ab und kehrte zum Anfang zurück. Er spielte ein paar Takte, hielt erneut inne und sagte: »Dirigiere.«

Der Maestro hob seine linke Hand und hielt sie unbewegt in dieser Haltung. Giovanni begann zu spielen, und Rota versuchte Schritt zu halten. Doch es war der Pianist, der den Dirigenten führte. Rota war orientierungslos. Giovanni konnte nicht einfach weitermachen, und so stimmte er die Arie an. Rota stimmte mit ein, und während er sang, bewegte er den Arm, um mit der Musik Schritt zu halten. Dirigieren war das nicht, aber es war weit mehr, als er vorher geschafft hatte. Auf diese Weise lernte er also neue Dinge, indem er eine neue Methode schuf und zur Musik sang.

Soviel zu meiner Frage. Der Zwickel hatte sein ganzes künstlerisches Vermächtnis eingebüßt. Nackt und bloß lag er da. Und doch war die Kuppel nicht eingestürzt. Musik beruht auf einem Zwickel und wiederum nicht.

Als Maestro Rota im Begriff war, den Raum zu verlassen, sagte ich noch einmal: »Kubelik bravo, Rota bravissimo.«

Er schüttelte den Kopf und sagte nur zwei Worte: »Schick bravo.« Dann ging er mit Giovanni hinaus. Ich wußte genau, was er meinte. George Schick war der Pianist gewesen, der in Kubeliks Einspielung des Bloch-Konzerts mit dem Chicago Symphony Orchestra den *Piano obbligato*-Part spielte. Schick bravo! Schick hatte die Aufführung seines Lebens gegeben, seine einzige legendäre Leistung. Und Rota hatte das gewußt und sich daran erinnert.

»Warum benutzt er Giovanni als seinen Pianisten?« »Er hat keine Wahl«, sagte Pietro. »Loyalität«, vermutete ich. »Geld«, erhielt ich zur Antwort. Lamberto subventionierte jedes von Rotas Konzerten.

Meine Mutter hatte recht. Es gibt keine Situation, die durch Geld schlimmer wird. Wittgenstein hatte das Geld seines Vaters, und so konnte er Kompositionen bei Ravel und Strauss und Prokofjew in Auftrag geben. Rota hatte Lamberto, und der beschaffte mit seinem Geld das Orchester, und dabei mußte er Lamberto in Kauf nehmen. Das gab dem Wort *obbligato* einen ganz neuen Sinn.

Natürlich ist Musik keine monolithische geistige Fähigkeit. Sie setzt sich aus verschiedenen Funktionen und Aspekten mit einer jeweils eigenen neurologischen Grundlage zusammen. Man hat jetzt erst begonnen, die einzelnen Komponenten getrennt zu untersuchen. Die Melodie beruht nicht auf derselben anatomischen Struktur wie der Rhythmus. Auch das Timbre hat ein eigenes neurologisches Substrat. Das Komponieren, das all diese Aspekte zusammenbringt, hat wiederum eine andere Basis. Und es gibt für all diese Aspekte kritische Phasen, das recht genau definierte neuronale Fenster, während desser man die nötigen Fähigkeiten erwerben muß. Unter Berufsmusikern weiß man seit jeher von diesen neuronalen Fenstern. Ein Musiker muß, wenn er ein Virtuose werden will, vor dem Alter von dreizehn Jahren anfangen zu spielen und zu üben. Nicht mit vierzehn. Nicht mit fünfzehn. Sondern bevor er dreizehn wird.

Neurowissenschaftler haben das mit Hilfe der Kernspintomographie bewiesen, die aufzeigt, welche Neuronenschaltungen bei einer bestimmten Tätigkeit aktiviert werden. Geigenspieler, die in jungen Jahren angefangen haben zu spielen, aktivieren während des Spiels größere und komplexere Schaltungen als solche, die später angefangen haben. Andere, die mit drei oder vier angefangen haben, unterscheiden sich hirnanatomisch nicht von denen, die mit elf oder zwölf angefangen haben. Zwischen zwölf und dreizehn tritt dann eine abrupte Veränderung ein. Wer erst nach dreizehn mit dem Geigenspiel anfängt, holt den Rückstand nie auf. Die beim Spielen aktivierten Schaltungen sind kleiner, weniger komplex und begrenzter. Der größte Unterschied besteht in der Größe des Corpus callosum, der ausgeprägten Brücke zwischen den beiden Hemisphären. Bei denen, die in jungen Jahren angefangen haben zu spielen, war er größer und dicker. Ist er wirklich gewachsen, um so dick zu werden? Nein. Er wurde selektiert, so dick zu bleiben, wie er sich ursprünglich entwickelt hatte, um den koordinierten Austausch zwischen den motorischen Arealen der rechten und linken motorischen Rinde zu ermöglichen. Geigenvirtuosen sind darauf angewiesen, wir anderen können ohne das leben.

Noch interessanter sind erste vorläufige Untersuchungsergebnisse an Personen mit Lesestörungen (Dyslexie). Zumindest bei einigen ist das Corpus callosum schmaler als bei Personen, die normal lesen. Nicht im vorderen Teil, der bei Geigenvirtuosen dicker ist und wo die Bewegungen koordiniert werden, sondern im hinteren Teil, wo die Sprachaufnahme und der visuelle Input koordiniert werden. Sind die Querverbindungen bei ihnen von Geburt an kleiner? Oder sind sie irgendwie nicht in der Lage, diesen Zwickel so effizient zu selektieren, daß er erhalten bleibt?

Wenn Sie mich fragen, setze ich mein Geld auf letzteres.

In der Welt der Musik gibt es viele Geschichten von solchen neuronalen Fenstern. Einer Legende zufolge zog die Tante Leonard Bernsteins von Boston fort, als der kleine Lenny, der bis dahin nicht einen einzigen Ton gespielt hatte, vier Jahre alt war. Sie stellte ihr Klavier zur sicheren Aufbewahrung bei Lennys Mutter unter. Es war Liebe auf den ersten Blick. Ein musikalisches Genie, wenn es überhaupt je eines gegeben hat. Was für ein Naturtalent! Aber was wäre passiert, wenn seine Tante zehn Jahre später umgezogen wäre? Dann wäre es zu spät gewesen. Die Hirnareale, die für die Musik hätten selektiert worden sein müssen, wären fortselektiert gewesen.

TEIL II

Die Schwachstellen des Gehirns: Programmierter Zelltod, Prionen und Schmerz

Mein Mittagessen mit Oliver Sacks: Ein Morgen anders als alle anderen Vormittage

Auch wenn alle oberflächlichen Vergleiche dagegen sprechen, sind Oliver Sacks und ich einander doch sehr unähnlich. Gewiß, wir sind beide Neurologen. Gewiß, wir haben als Neurologen beide ein starkes und beständiges Interesse an der Parkinson-Krankheit. Und wir schreiben beide Bücher über unsere neurologischen Interessen, die sich nicht nur an unsere Fachkollegen wenden, sondern an ein sehr viel breiteres Publikum. Und es stimmt auch, daß unsere Schriften weitgehend auf unseren Erfahrungen mit unseren Patienten und unserer Forschung an diesen Patienten beruhen. Desgleichen sind wir beide unersättliche Leser. Und wir könnten beide gut und gern fünfzehn Kilo abnehmen, vielleicht sogar zwanzig. Ich mehr als Oliver.

Bis 1986 sind wir einander nie begegnet. Wir gehörten denselben Fachverbänden an, bewegten uns aber in ganz unterschiedlichen Kreisen. Außerdem lasen und schrieben wir ganz unterschiedliche Bücher: Er kann über einen Patienten mit Parkinson-Krankheit schreiben und diesen Patienten mit James Joyce, D. H. Lawrence, Hermann Hesse und H. G. Wells in Verbindung bringen. Ich hatte mich mit Dashiell Hammett, Ernest Hemingway, Graham Greene und Kurt Vonnegut beschäftigt.

Zunehmend interessant wurde für mich die schlichte Tatsache, daß Oliver Sacks und ich in ganz unterschiedlichen Bahnen über die Neurologie denken, mit Perspektiven, die einander kaum berühren. Das ist durchaus bemerkenswert bei zwei Neurologen, die ihre Ausbildung fast gleichzeitig in ein und demselben Land erhalten haben, er in Los Angeles und ich in Minnesota und Chicago; wir wurden beide Mitte der sechziger Jahre fertig.

Das Gehirn und wie es funktioniert ist für Oliver eine philosophische Frage. Diese Verbindung zur Philosophie ist für mich einfach zu hoch. Nietzsche habe ich nie gelesen. Auch Bertrand Russell nicht. Der einzige Philosoph des 20. Jahrhunderts, durch den ich mich durchgekämpft habe, war Karl Popper.

Mich selbst sehe ich als einen klassisch ausgebildeten Neurologen, der sich in einem klassischen neurologischen Rahmen Gedanken über das Nervensystem macht und das Gehirn aus der klassischen neurologischen Perspektive betrachtet. Ich untersuche einen Patienten mit einer Lähmung und denke sofort an das Defizit, an seine Lokalisierung im Nervensystem. Die Behinderung und ihre Bedeutung stehen für mich an erster Stelle. Oliver ist insofern anders, als er diese Scheuklappen nie getragen hat. Der Rahmen, innerhalb dessen er über das Gehirn nachdenkt, hat nicht nur andere Grenzen; er schließt auch Aspekte ein, die in meiner Welt der Neurologie nie auch nur in Erwägung gezogen wurden. Wenn Oliver den Patienten mit der Lähmung sieht, gilt sein Interesse vor allem der Funktion des übrigen Gehirns, der Frage, wie dieses Gehirn sich umstellt und was das für den Patienten und sein Leben bedeutet.

Ich bemühe mich, einfache Fragen zu stellen, Forscherfragen, die widerlegt werden können. Oliver bemüht sich um Verständnis auf einer ganz anderen Ebene. Die Fragen, die er stellt, sind weit profunder und überschreiten beinahe die Grenzen der Neurologie. Unsere Fragen kommen also aus unterschiedlichen Blickwinkeln. Hoffentlich sind es komplementäre Winkel und Perspektiven. Es gibt nur wenige kongruente Bereiche, vielleicht hier und da ein paar Grad.

In den letzten dreizehn Jahren sind wir auch Freunde geworden. Deshalb schaute ich, wenn ich in New York war, immer in seiner mit der Wohnung verbundenen Praxis vorbei, die sich damals in Greenwich Village auf der Twelfth Street befand.

Ich hatte ihn eine Woche zuvor in Washington kurz bei der Film-Premiere von *Zeit des Erwachens* gesprochen, der Verfilmung seines Bestsellers *Der Mann, der seine Frau mit einem Hut verwechselte*, und ihm gesagt, daß ich in New York sein würde und wir uns vielleicht treffen könnten. Er schien sehr davon angetan zu sein. Ich schlug also vor, zusammen essen zu gehen; er war einverstanden, und jetzt waren wir da.

Er stand an der Tür, schürzte die Lippen und strich sich über den mächtigen graumelierten Bart, ein Bild von ihm, das plötzlich zu einem Teil seiner öffentlichen Erscheinung geworden war, nachdem der Schauspieler Robin Williams ihn im Film dargestellt hatte. »Vorher waren das harmlose Manierismen, kleine Angewohnheiten, ein Teil meiner unbewußten Persönlichkeit. Jetzt scheinen sie nur noch Karikaturen von Robin Williams zu sein«, sagte er. »Ich weiß nicht mehr, ob ich sie unbewußt aus denselben Gründen wie seit eh und je ausführe – oder weil ich aus einem mir unbekannten Grund seinen Eindruck von mir kopieren muß, um ich selbst zu sein.«

Vermutlich traf beides zu. Oliver konnte sich auf seine schrullige Art über das Problem dieser Eigenheiten ergehen, die einfach zu der Art und Weise gehörten, auf die sein Gehirn als funktionierende Einheit mit der Welt zurechtgekommen war, während er sie durchwanderte. Robin Williams hatte die Person, die er darstellen sollte, offenbar sehr genau studiert.

Wir nahmen Platz. Brot und Butter wurden gebracht.

Wir sprachen über vielerlei, auch über den Film. In einer ersten Drehbuchfassung hatten die Drehbuchautoren ihn in eine Frau verwandelt, und Robert De Niro war erwacht, um sich gleich in sie zu verlieben. Das war zum Glück umgeschrieben worden, und Robin Williams war zu Oliver Sacks geworden, mit all seinen Manierismen.

»Ich bin kein komischer Kauz«, sagte er protestierend.

»Das sind wir doch alle«, tröstete ich ihn.

Wir sprachen über den Stand der Versuche, die Parkinson-Krankheit mit der Übertragung fötaler Implantate zu behandeln, eine Forschung, die ich sehr viel eifriger verfolgte als er. Meine Forschungsgruppe war führend bei Versuchen mit Nebennieren-Implantaten, und wir waren im Begriff, Versuche mit fetalen Implantaten in Angriff zu nehmen. Ich klärte ihn über den neuesten Stand auf.

Wir sprachen über die Zeit, die wir zum Schreiben haben. Er ging nur an drei Wochentagen ins Krankenhaus und widmete sich an den anderen Tagen dem Schreiben. Ich gab zu, daß ich ihn beneiden würde – nicht um seinen Erfolg, sondern um die freie Zeit. Um die Zeit, in der er von anderen Aufgaben befreit war. Um die Zeit zum Schreiben.

Ich wechselte das Thema und hatte eine Geschichte, die ich Oliver erzählen wollte. Er hatte die Geschichte von seinem Beinbruch geschrieben und wie er seine Perspektive auf Krankheit und Patienten verändert hatte. Auch ich hatte eine Geschichte. Sie handelte von einer gebrochenen Zehe. Sie hatte nicht meine Ansicht über das Leben verändert, sondern nur über einen Aspekt der Funktionsweise des Gehirns. Er war in seiner Geschichte, von dem Verlust ausgehend, zur Perspektive, von dort zur Persönlichkeit und schließlich zur Lebensphilosophie gelangt. Ich war, von dem Defizit ausgehend, zu dem Mechanismus gelangt, wie dieses Defizit die Physiologie des Gehirns verändert. Es war schließlich meine Geschichte, nicht seine. Ich schilderte sie ihm.

An dem Morgen, als es passierte, war ich um viertel nach fünf aufgestanden. Ich war im Zeitplan. Fast anderthalb Stunden hatte ich kaffeetrinkend mit Schreiben verbracht. Jetzt mußte ich mich nur noch duschen, rasieren und anziehen, und um sieben würde ich aus dem Haus sein und unterwegs zum Krankenhaus, zu meinem »eigentlichen« Tagewerk. Nachdem ich das Shampoo aus den wenigen mir noch verbliebenen Haaren gespült hatte, drehte ich den Wasserhahn zu, machte die Tür der Duschkabine auf, langte nach dem Handtuch, begann mich abzutrocknen, trat mit dem linken Fuß aus der Kabine, wie ich es schon unzählige Male getan hatte, schwang meinen rechten Fuß über die Einfassung der Duschwanne – und hob ihn nicht hoch genug. Ein unerträglicher Schmerz explodierte in meinem Kopf! Meine rechte große Zehe hatte es nicht über den Duschwannenrand geschafft. Ich hatte es fertiggebracht, mit ihr gegen die anderthalb Zoll hohe Einfassung zu stoßen. Ausgerechnet mit der Zehe, die ich mir nur wenige Wochen vorher gebrochen hatte und die gerade zu heilen begann.

Warum an diesem Morgen? Warum nicht an einem anderen Morgen? Warum mußte ich so verdammt ungeschickt sein, wo ich doch schon eine gebrochene Zehe hatte? Der Schmerz war unglaublich. Er überschwemmte mein Gehirn. Mein ganzer Fuß stand in Flammen. Mein ganzes Bein. Sonst schwebte mein Fuß jeden Morgen ohne hinzuschauen sicher über diese Einfassung hinweg, aber heute! Warum, wo ich doch wußte, daß ich eine gebrochene Zehe hatte? Ich war doch sonst nicht so ein Tölpel.

Aber plötzlich wurde mir alles klar: Ich war von meinem eigenen Gehirn hereingelegt worden, von einem primitiven Abwehrsystem meines Gehirns, von dem ich keine Ahnung hatte, ich, der Neurologe. Es war nicht meine Schuld. Es war die Schuld meines Gehirns. Während meine Zehe immerzu pochte und schmerzte, erkannte ich, daß ich etwas über das Gehirn gelernt hatte, etwas, das Ereignisse erklärt, die jedem gewöhnlich mehr als einmal zustoßen, das aber in keinem Neurologie-Buch und keiner neurologischen Zeitschrift, die ich gelesen habe, erwähnt wird. Heureka! Land in Sicht!

Oliver runzelte die Stirn. Ich hatte seine ungeteilte Aufmerksamkeit. Kein Brot. Kein Bart.

Drei Wochen zuvor hatte ich mir die Zehe gebrochen, als ich morgens um fünf auf dem Weg die Treppe hinunter ins Straucheln kam, eine Folge meiner Ungeschicklichkeit und davon, daß ich kein Licht angemacht hatte. Es war, wie gesagt, eine Fraktur der großen Zehe an meinem rechten Fuß, direkt am Gelenk. Eilig klebte ich sie mit Heftpflaster an meiner zweiten Zehe fest und wandte mich wieder meinen beruflichen Aufgaben zu. Dazu gehörte ein Kurztrip nach Europa, der mich innerhalb von sechs Tagen in vier verschiedene Länder führte und mit viel Lauferei verbunden war, durch Flughäfen und andere Örtlichkeiten. Das war dem Heilungsprozeß nicht förderlich. Doch jetzt, drei Wochen nach dem ersten Sturz, besserte sich meine Zehe endlich. Das Stehen machte mir keine Beschwerden, das Gehen bereitete mir keine Schmerzen mehr.

Und da traf mich das Unglück. Warum? Weil die Zehe, schlicht gesagt, nicht völlig geheilt war. Und wenn ich achtgegeben hätte,

hätte ich gemerkt, daß ich noch immer einen gewissen Schmerz empfand. Meine vermeintliche Schmerzlosigkeit war eine Illusion gewesen, ein Zaubertrick meines eigenen Gehirns. Zwar wurde mir beim Gehen keine Schmerzempfindung bewußt, aber die Abwesenheit eines bewußt wahrgenommenen Schmerzes und Freisein von Schmerz, das ist doch ein Unterschied, ein großer Unterschied. Sie brauchen nur meine Zehe zu fragen.

Angenommen, in einem Wald stürzt ein Baum um und es ist niemand da, der es hören könnte – macht dieser Sturz dann Krach? Natürlich macht er Krach, das weiß man doch. Oliver nickte.

Und verursacht eine gebrochene Zehe nicht jedesmal Schmerz, wenn man sie mit seinem ganzen Gewicht belastet, auch wenn man keinerlei Schmerz spürt? Natürlich tut sie das.

Warum habe ich dann den Schmerz nicht gespürt, als ich an jenem Unglücksmorgen in der Dusche stand? Wir nennen das Toleranz. Sie binden sich morgens einen Schlips um, und Sie fühlen sich vom Kragen am Hals eingeengt. Eine halbe Stunde später merken Sie nichts mehr davon. Oder Sie ziehen sich einen BH an, und die Träger schneiden in die Schulter ein. Nicht lange. Nach wenigen Minuten spüren Sie sie nicht mehr. Als wären sie verschwunden, ich meine die Träger.

Warum? Toleranz. Der Dauerreiz, der vom Kragen oder vom BH ausgeht, wird im Gehirn nicht mehr bewußt registriert. Warum nicht? Teleologisch betrachtet, erfüllt der unveränderliche Reiz keinen Zweck mehr. Sonst würde unser Bewußtsein gänzlich von unzähligen Inputs unveränderlicher Botschaften erfüllt: Wir würden unsere Schuhe, unsere Socken, unsere Hosen, unsere Unterwäsche spüren. Spüren Sie, ohne daran zu denken, Ihre Unterwäsche? Nein. Dennoch berührt Ihre Unterhose Ihre Haut und reizt deren Nervenenden. Das melden diese Nerven ans Rückenmark und von dort zum Gehirn. Um Ihre Unterhose bewußt zu spüren, brauchen Sie nur an sie zu denken.

Aber warum spüren Sie sie dann gewöhnlich nicht? Weil Ihr Gehirn sich auf einen unveränderlichen, dauernden Input einstellt und ihn nicht länger »spürt«, oder um den bevorzugten neurologischen Ausdruck zu gebrauchen: *Ihr Gehirn entwickelt eine Toleranz. Der Reiz bleibt derselbe, doch die Reaktion bleibt aus.*

Schmerz ist nur eine von mehreren primären Sinneswahrnehmungen, welche die Nerven dem Gehirn melden. Dazu gehören der Lagesinn (wo sich ein Körperteil im Raum befindet), der Tastsinn, der Temperatursinn (heiß oder kalt) und der Druck. Gegen alle kann sich Toleranz entwickeln. Als ich an jenem Morgen die Dusche anmachte, war das heiße Wasser zuerst ein Schock für meinen Körper. Doch als ich bei der zweiten Strophe von *Our Love Is Here to Stay* angekommen war, mußte ich das Wasser heißer stellen. Toleranz. Dieselbe Toleranz, die mich davor bewahrt, daß mir der Schlips um den Hals den ganzen Tag lang lästig ist. Und die mich veranlaßt, nach meiner Armbanduhr zu tasten, um festzustellen, ob sie noch da ist. Und nach meinem Ehering.

Natürlich war der Schmerz von meiner gebrochenen Zehe nicht vergangen, denn so schnell konnte sie nicht heilen. Nicht bei einem Fünfzigjährigen. Ich brauchte nur hinzuschauen, um zu sehen, daß es noch ein Weilchen dauern würde. Sie war noch vergrößert. Das weiche Gewebe war geschwollen. Der Knochen selbst wurde dicker, denn es lagerte sich frisches Knochengewebe an. Und wenn ich die Zehe zu bewegen versuchte, merkte ich, wie weit sie noch vom Normalzustand entfernt war. Das Gelenk war fast starr, kaum zu irgendeiner Bewegung fähig. Und jede Bewegung, die ich erzwang, war schmerzhaft. Nicht unangenehm, sondern richtig schmerzhaft. Und wenn ich die Zehe mit festem Druck betastete, merkte ich, wie empfindlich sie war.

Wenn schon ein fester Druck mit dem Daumen Schmerz hervorrief, wenn schon das Aufsetzen meines Fußes – das erste, was ich am Morgen beim Aufstehen tat – Schmerz hervorrief, mußte dann nicht die Tatsache, daß ich mich auf meinen rechten Fuß stellte, um den linken zu waschen, daß ich also die rechte große Zehe voll belastete, ihre Sinnesrezeptoren, die nackten Nervenenden, veranlassen, Schmerz zu empfinden und Schmerz zu erzeugen? Natürlich mußte sie das. Aber während ich weitersang, spürte ich keinen Schmerz.

Jeder von uns weiß jederzeit, wo genau sich jeder Teil seines Körpers befindet. Denn jeder Teil des Körpers – genauer, die Nerven jedes Körperteils, besonders die Nerven der Gelenke – schickt Signale, die das Gehirn von seiner Lage und Haltung im Raum informieren. Das Gehirn verfolgt unbewußt, automatisch, reflexartig all diese Informationen. Wir werden uns dieser Tatsachen erst bewußt, wenn wir einen Teil unseres Körpers bewegen oder uns selbst bewußt fragen, wo sich beispielsweise gerade unser linkes Bein befindet. Wenn es einen vorbewußten Teil unseres Wissens gibt, der sich mühelos ins Bewußtsein rufen läßt, dann ist es dies. Wenn Sie einen Arm bewegen, werden Sie sich seiner Haltung bewußt, aber schon Sekunden später geht dieses Bewußtsein verloren, wenn Ihre Aufmerksamkeit von etwas anderem in Anspruch genommen wird. Die Fähigkeit unseres Gehirns, diese Sinneseindrücke von der bewußten Wahrnehmung auszuschließen, ist ein Beispiel für seine Anpassungsfähigkeit: Es ist nicht mehr nötig, ständig über unsere Position informiert zu sein.

Ich blickte Oliver an. Wollte er es so detailliert wissen? Ja. Ich forderte all seine Talente heraus, all seine Begabungen: Neurologie, Schriftstellerei, Philosophie – alle drei. Er war der ideale Zuhörer. Ich fuhr fort.

Jeden Morgen, wenn ich ins Auto steige, ziehe ich den Kopf ein, um mich nicht am Türrahmen zu stoßen. Ich habe mir noch nie den Kopf am Türrahmen meines eigenen Autos angeschlagen. Noch nicht einmal. Und Sie? Ich verschwende gar keinen Gedanken daran, so wie ich auch nicht daran denke, daß ich mit dem Fuß an die Einfassung meiner Duschkabine stoßen könnte. Anders ist es jedoch, wenn ich einen Hut aufhabe; dann stößt sich der Hut am Türrahmen, während ich mich auf meinen Sitz sinken lasse, es sei denn, ich passe extra auf.

Ein anderes Beispiel: Ich sitze an meinem Schreibtisch und schreibe, völlig in Gedanken versunken. Ich hebe meine linke Hand und fahre mit den Fingern durch die schütter gewordenen Haare. Jetzt weiß ich, was ich schreiben will. Ich fange an zu schreiben. Ohne zu überlegen lege ich meinen linken Ellbogen zurück auf die Schreibtischplatte. Sanft. Eine perfekte Landung. Nie stoße ich mich am »Musikantenknochen«, dem Nerv, der über den Ellbogen verläuft.

Warum nicht? Weil ich weiß, wo sich mein Ellbogen im Raum befindet, genauer gesagt, mein Gehirn weiß es. Man nennt das unbewußte Propriozeption, unbewußte Wahrnehmung der Lage jedes einzelnen Körperteils im Raum: von meinem Ellbogen, wenn ich ihn wieder auf die Schreibtischplatte stütze, von meinem Kopf, wenn ich mich in mein Auto setze, von meinem rechten Fuß, wenn ich aus der Dusche trete.

Ich bin jedoch mit dem rechten Fuß mit seiner gebrochenen großen Zehe gegen die Einfassung gestoßen. Also wußte ich nicht, wo sich mein rechter Fuß im Raum befand. Ich hatte keine bewußte Kenntnis davon. Natürlich brauchte ich keine bewußte Kenntnis davon zu haben. Ich war viel zu sehr damit beschäftigt, ein Lied von Gershwin zusammenzukriegen. Der Haken war nur, daß ich auch unbewußt keine Kenntnis davon hatte. An diesem Punkt hatte mein Gehirn versagt.

Warum wußte mein Gehirn nicht, wo zum Teufel meine Zehe war?

Die Antwort lag auf der Hand, wie alle schlichten Wahrheiten dieser Art. Ich hatte nicht nur eine bewußte Toleranz gegen den Schmerz entwickelt. Ich – oder vielmehr mein Gehirn – hatte automatisch eine Toleranz gegen die unbewußte Propriozeption entwickelt, gegen die Wahrnehmung, wo sich meine rechte Zehe und mein rechter Knöchel im Raum befanden. Meine Toleranz hatte sich über zwei verschiedene Grenzen hinweg ausgedehnt: von einer Sinnesempfindung (dem Schmerz) auf eine andere (den Lagesinn, die Propriozeption) und vom Bewußten aufs Unbewußte.

Diese Art von Toleranz erlebt jeder von uns. Nehmen wir an, Sie machen sich an Ihrem Haus zu schaffen und hämmern drauflos. Sie schlagen sich mit dem Hammer auf den Daumen. Solche Unfälle passieren häufig. Ihr Daumen tut weh. Er tut höllisch weh. Dann läßt der Schmerz nach, also gehen Sie wieder an die Arbeit. Sie hämmern weiter. Ein halbes Dutzend Hammerschläge, und schon ist es wieder passiert: Sie haben sich mit demselben Hammer auf denselben Daumen geschlagen. Warum? Weil das Gehirn mit der Dämpfung des ersten Schmerzes zugleich sein Wissen davon gedämpft hat, wo der schmerzende Körperteil sich im Raum befand. Wo Ihr Daumen war.

Und peng!, passiert es wieder. Es tut weh. Schlimmer als vorher.

Der Schmerz nimmt unter den Sinneswahrnehmungen eine Sonderstellung ein. Er ist die primitivste von allen, und doch ist er ein integraler Bestandteil des Nervensystems, mit der Aufgabe, den Organismus zu schützen. Der Schmerzsinn hat viele seiner primitiven Merkmale beibehalten. Die Nervenenden, die uns Schmerz empfinden lassen, sind nichts als die dünnen, nackten Endigungen der Nerven. Für andere Wahrnehmungen sind spezialisierte Rezeptoren erforderlich. Nicht für den Schmerz. Dafür sind nur die Nerven selbst erforderlich. Und noch etwas: Alle übrigen Sinneswahrnehmungen erreichen das Bewußtsein in der Großhirnrinde, dem Mantel aus grauer Substanz und Nervenzellen an der Gehirnaußenseite, doch die bewußte Schmerzwahrnehmung findet im Innern des Gehirns statt, im Thalamus. Bei uns ist die Großhirnrinde sehr viel höher entwickelt und weit komplizierter als bei allen anderen Arten: Wenn Sie die Rinde zerstören oder betäuben, hört das bewußte Erkennen von Sinneswahrnehmungen auf: das Hören, das Sehen, der Lagesinn, der Tastsinn, der Geruchssinn, der Temperatursinn. Nicht aber der Schmerz. Schmerz wird bewußt im Thalamus wahrgenommen.

Der Schmerz läßt innerhalb weniger Minuten nach. Langsam, aber sicher. Gott sei Dank gibt es die Toleranz. Sie fangen wieder an zu arbeiten. Und peng! Die Katastrophe! Der Thalamus ist primitiv. Er hat keinen Verstand. Er dämpft den Schmerz und blokkiert dabei auch den Lagesinn; er verhindert, daß die entsprechenden Empfindungen zum Bewußtsein gelangen, und vereitelt außerdem ihre unbewußte Wahrnehmung. Deshalb habe ich mir das zweite und dritte Mal auf den Daumen gehauen, und deshalb habe ich mich mit der gebrochenen Zehe an der Einfassung gestoßen. Endlich hatte ich begriffen, warum mir an jenem speziellen Morgen der Unfall zugestoßen war.

Ich war mit meiner Geschichte fertig. Wir standen auf und

wandten uns zum Gehen. »Ich weiß, wo man ein wunderbares Dessert kriegt.« »Dann bringen Sie uns hin«, sagte ich. So verschieden sind wir vielleicht doch nicht.

GESCHICHTE 9

Zwei Gehirne: Etwas Altes, etwas »Neues«

Die Faszination, die Dinosaurier auf uns ausüben, ist so alt wie, hm, so alt wie die Menschheit. Wir waren schon immer an ihnen interessiert. *Die vergessene Welt*, ein Professor-Challenger-Roman von Sir Arthur Conan Doyle, war ein bedeutendes Werk der Literatur und ein einträgliches Geschäft als Film, lange bevor Michael Crichton und Steven Spielberg mit dem Projekt ihre Millionen machten. Ich war sieben Jahre alt, als ich in den Bann der Dinosaurier geriet. Die große Debatte darüber, warum alle Dinosaurier ausgestorben waren, blieb damals ohne klare Antwort, obwohl die meisten Kinder, die sich ein halbes Dutzend Mal Walt Disneys *Fantasia* angesehen hatten, kapierten, daß es mit Veränderungen der Umwelt zusammenhing. Aber dann ließ mich der weit auffälligere Zauber des Baseball die Dinosaurier vergessen. Wie viele Jungen in meinem Alter fesselten mich solche Fragen wie: Welche war die größte Baseballmannschaft aller Zeiten? Walt Disney konnte von solch bedrängenden Fragen nicht einmal träumen.

Der Perspektivenwechsel, der für die nächsten Jahre meines Lebens bestimmend sein sollte und mir geistig und seelisch eine unauslöschliche Prägung gab, ging so weit, daß er sogar meinen noch ungeformten literarischen Geschmack beeinflußte. Die Verehrung, die ich seit jeher der Dichtung entgegenbringe, ging über auf den unsterblichen Klassiker *Casey at the Bat*, ein Baseball-Gedicht auf den großen Schlagmann Casey von Ernest L. Thayer.

Zuvor war mein Lieblingsgedicht – das erste, das ich auswendig lernte – ein längerer Knittelvers gewesen, den ich in einem Buch fand, das vom Museum of Natural History stammte:

You will observe by these remains
The creature had two sets of brains,
One in the head, the usual place,
The other in the spinal base.

Dies war, aus heutiger Sicht, ein höchst bemerkenswertes Fragment für einen siebenjährigen künftigen Neurologen, der es bis zum Überdruß hersagte und dann tief in seinem Gehirn verstaute, wo es in völliger Vergessenheit ruhte, um Jahrzehnte später spontan hervorzusprudeln.

Den Anstoß gab eine Patientin, Rosemary Covington, die von mir wissen wollte, was die Krankheit verursachte, die sie verrückt machte. Sie war von Louisville nach Chicago gereist, um mich zu konsultieren. Ihr örtlicher Arzt wußte nicht, was mit ihr nicht stimmte, aber er erkannte, daß sie eine »Bewegungsstörung« hatte, eine neurologische Erkrankung, die durch das Auftreten anomaler unwillkürlicher Bewegungen gekennzeichnet war. Für diese Diagnose bedurfte es keines besonderen klinischen Scharfsinns, weil eine ihrer zwei Beschwerden darin bestand, daß die Zehen ihres linken Fußes sich ständig bewegten. Die andere bestand darin, daß ihr Fuß schmerzte. Sie hatte seit Jahren Schmerzen im linken Bein und Fuß gehabt und außerdem Rückenbeschwerden, deretwegen sie sich mehreren Operationen unterziehen mußte. Sie hatte ihrem heimischen Doktor gesagt, dieser Schmerz sei anders. Er hatte ihr jedoch empfohlen, einen Fachmann für Bewegungsstörungen aufzusuchen.

Ihr wurden zwei Orte zur Auswahl genannt, New York oder Chicago. Sie entschied sich für Chicago, weil es von Louisville aus näher war. Außerdem hatte sie eine Cousine, die in der Windy City lebte. Es sollte also Chicago sein, und so erschien sie denn auch in meiner Sprechstunde.

Wie es meiner Gepflogenheit entsprach, beobachtete ich sie, während sie im Wartezimmer saß. Sie war sehr korrekt gekleidet, und ich konnte, obwohl ich sie mehrere Minuten lang betrachtete, nichts Ungewöhnliches an ihr entdecken. Keine anomalen Bewegungen, was an und für sich ungewöhnlich war und die meisten

Krankheiten ausschloß, derentwegen Patienten mich aufsuchen. Ich rief ihren Namen auf, und sie erhob sich mühelos vom Stuhl und kam mit einem völlig normalen Gang ins Sprechzimmer. Ich mußte weitere denkbare Diagnosen von meiner Liste streichen; es blieben nur noch wenige Möglichkeiten.

Nachdem ich mich vorgestellt hatte, fragte ich sie, was sie nach Chicago und in meine Praxis geführt habe. »Zwei Probleme«, begann sie. »Ein schmerzender Fuß und Zehen, die sich ständig bewegen.« Mit diesen beiden Wendungen hatte sie mir die Diagnose geliefert. Kein Wunder, daß ich nichts gesehen hatte. Die Zehen, die sich bewegten, steckten in ihren Schuhen. »Erzählen Sie mir etwas über Ihre Schmerzen«, sagte ich.

Sie berichtete, daß sie seit Jahren hin und wieder Rückenschmerzen habe. Seit wann? »Mindestens zwanzig Jahre. Ich war ungefähr dreißig, als es mit dem Rücken anfing, und jetzt bin ich einundfünfzig.« Ich brauchte mehr Einzelheiten. »Aber dieser Schmerz ist anders. Ganz anders.« »Daran zweifle ich nicht«, warf ich ein. »Ich muß aber trotzdem alles über ihre Rückenprobleme wissen.«

Sie erzählte mir die Geschichte von Anfang an. Sie hatte damals eine Teilzeitarbeit und zwei kleine Kinder. Der jüngere war gerade in die Schule gekommen. Er war fünf. Sie arbeitete in einem Bekleidungsgeschäft, und eines Tages, als sie sich bückte, um eine sehr schwere Kiste zu heben, setzte schlagartig dieser furchtbare Schmerz genau im Rücken ein. Sie konnte sich kaum wieder aufrichten und mußte nach Hause gehen. Der Doktor gab ihr Schmerztabletten und noch andere Tabletten, zur Entspannung der Muskeln, glaubte sie, und steckte sie für einige Wochen ins Bett. Sie erholte sich allmählich und konnte bald wieder zur Arbeit gehen.

Ich bat sie, den Schmerz zu beschreiben. Er war furchtbar gewesen. Wie ein heißes Messer, das von unteren Teil des Rückens ins Bein hinabzuckte. »Welches Bein?« »Das linke«, sagte sie. »Wie ein elektrischer Schlag.«

Sowohl die Lokalisierung des Schmerzes als auch sein Charakter entsprachen genau dem, was ich vorhergesagt hätte. Scharfe, stechende Schmerzen entstehen, wenn ein Nerv betroffen ist, der sich vom Rückenmark zu seinem Zielort erstreckt. Das beste Beispiel ist der Musikantenknochen, der überhaupt kein Knochen ist, sondern ein Nerv, der Ulnarnerv, der in einer Knochenrinne auf der Außenseite des Ellbogens verläuft. Wenn dieser Nerv getroffen wird, zuckt ein plötzlicher elektrischer Schmerz durch Ihren Arm bis in die Hand hinunter. Der Sitz des Schmerzes ist in diesem Fall der Nerv selbst, und der Schmerz verbreitet sich über den ganzen normalen Funktionsbereich des Nervs. Im Fall des Musikantenknochens verbreitet sich der Schmerz längs des Ulnarnervs.

Mrs. Covington hatte Schmerzen im Verbreitungsgebiet eines Nervs, der im Rückenmark entspringt und sich durch das linke Bein bis zum Fuß zieht. Die Nerven treten aus dem Rückenmark in Form von Wurzeln aus, mit je einer Wurzel pro Wirbel. Dies ist ein Überbleibsel der frühen Entwicklung unserer allerersten Vorfahren, lange vor den Dinosauriern. Als sich das Nervensystem entwickelte, bestand der Körper aus Segmenten. Jedes Segment hatte seine eigenen Muskeln und Nerven und war mit Haut überzogen. Und der Nerv des einzelnen Segments ging von einer Gruppe von Zellen innerhalb des primitiven, segmentierten Rückenmarks aus. Ein Stück von uns ist immer noch in genau dieser Weise organisiert.

Jeder neuen Gruppe von Assistenzärzten und Studenten, die ich in Neurologie unterrichte, versuche ich die Segmentierung des Körpers klarzumachen. Wenn ich mit ihnen zu tun bekomme, haben diese frischgebackenen Doktoren oder Doktoranden ihren Anatomiekurs hinter sich und ein Jahr damit verbracht, die Muskeln des menschlichen Körpers zu sezieren, und noch mehr Jahre damit, menschliche Körper oder gelungene Nachbildungen des menschlichen Körpers zu betrachten.

Ich stelle ihnen eine einfache Frage: »Welches ist, stammesgeschichtlich gesehen, der älteste und primitivste Muskel im menschlichen Körper?« Dann schauen sie mich an, als hätte ich sie gefragt, welcher Teil des Körpers von Außerirdischen stammt.

Dann spreche ich über die frühe Gliederung des Körpers in Segmente. Jeder Abschnitt besitzt seine eigenen Nerven, Muskeln und benachbarten segmentalen Muskeln, die dann durch ein dickes Band von Bindegewebe miteinander verschmolzen werden. Unsere Muskeln heute sind weit stärker integriert. Sie heften sich nicht aneinander, sondern an die Knochen, die sie bewegen. Bei unseren primitiven Vorfahren ähnelten diese Muskeln eher denen von Schlangen, was eine wellenförmige Bewegung zur Folge hat statt einer eigenständigen Muskelbewegung. Nur waren unsere Muskeln noch primitiver. Heute besitzen wir nur einen wirklich segmentalen Muskel, einen, der in Segmente unterteilt ist, die jeweils von einem eigenen Rückenmarksabschnitt mit Nerven versehen werden und untereinander durch ein dickes faseriges Band verbunden sind, eine sogenannte Aponeurose. An dieser Stelle fällt bisweilen einem meiner Studenten die Antwort auf meine Frage ein. Manchmal muß ich aber noch ein Weilchen länger reden.

Dann auf einmal fällt der Groschen: Es ist der rectus abdominis, der älteste aller Muskeln. Es ist der lange flache Muskel, der die Vorderseite der Bauchwand bildet. Wenn er gut entwickelt ist, sieht man, daß die einzelnen Segmente durch nichtmuskuläres Bindegewebe miteinander verbunden sind. In gewissen Kreisen nennt man das einen »Waschbrettbauch«. Mit den anderen Muskeln Ihres Körpers können Sie machen, was Sie wollen – dieses Muster kriegen Sie nicht hinein, weil bei allen anderen der ursprüngliche segmentale Aufbau verlorengegangen ist.

Es gibt sogar ein neurologisches Zeichen, das auf diesem segmentalen Aufbau beruht. Wenn Sie auf dem Rücken liegen und den Kopf heben, zieht sich der ganze rectus abdominis zusammen. Die gesamte Bauchwand wird angespannt. Dies ist eine isometrische Übung, bei der Ihr umbilicus – Ihr Nabel, wenn Ihnen das lieber ist – an Ort und Stelle bleibt, weil die Segmente oberhalb und unterhalb sich zusammenziehen. Wenn aber im Rückenmark ein Problem vorliegt, so daß Signale wohl zu den oberen, nicht aber zu den unteren Segmenten gehen, passiert etwas ganz anderes. Sie heben den Kopf, und die oberen Segmente ziehen sich zusammen – bei ihnen ist das Signal angekommen. Die unteren Segmente rühren sich nicht – sie haben das Signal nicht bekommen. Ihr Nabel wandert, wird nach oben gezogen. Dies ist das Beevor-Zeichen, benannt nach einem unbekannten Neurologen namens Charles Beevor, der es als erster als ein mögliches Anzeichen für eine Krankheit im Rückenmark zwischen den oberen und den unteren Bauchsegmenten beschrieb. Diese einfache Tatsache, die man leicht vergißt, beruht allein auf dem primitiven, segmentalen Aufbau dieses einen Muskels. Stammesgeschichte am Krankenbett.

Die ursprünglichen Schmerzen von Mrs. Covington beruhten auf einem »Wurzelschmerz«, der sogenannten Radikulopathie: Ihr Schmerz rührte von einer der Nervenwurzeln her, die zwischen Lenden- und Kreuzbein verlaufen und die Muskeln und die Haut ihres linken Beins mit Nerven versorgen. Ursache war der Riß einer Bandscheibe, die auf die Nervenwurzel drückte. Ihr Rückenschmerz ging auf reflexartige Krämpfe der dem Rückenmark benachbarten Muskeln zurück. Bettruhe, entzündungshemmende Medikamente, Muskelrelaxation und das Elixier der Zeit halfen. Sie erholte sich und konnte wieder zur Arbeit gehen. Aber das Krankheitsbild war da. Ungefähr in Jahresabständen kamen neue Anfälle, und jeder war schlimmer als der vorhergegangene, bis sie es satt hatte und sich zu einem orthopädischen Chirurgen begab.

»Wann war das?« »Ich muß überlegen. Mein Sohn war zehn, fünf Jahre lang hatte ich es ertragen.« »Hat die Operation geholfen?« »Irgendwie schon. Der Schmerz im Bein hörte auf.« Der Druck, der von der gerissenen Bandscheibe auf die Nervenwurzel ausging, war also verschwunden. »Aber ich hatte immer noch viele Probleme mit dem Rücken.« Die Strukturabweichungen ihres Rückens, die überhaupt erst zu dem Bandscheibenriß geführt hatten, waren noch da, und sie riefen weiterhin Kreuzschmerzen hervor.

»Und der Schmerz im Bein hörte auch nur für einige Jahre auf«, seufzte sie.

Der Rest ihrer Geschichte war mir nur allzu vertraut: weitere Anfälle des Nervenwurzelschmerzes, der stets ins linke Bein ausstrahlte. Noch eine Rückenoperation wegen einer zweiten Bandscheibe. Begrenzte Erleichterung für ein bis zwei Jahre. Eine dritte Operation, bei der zwei Wirbel verschmolzen wurden. Drei Jahre lag dies erst zurück. Der Schmerz im Bein war verschwunden, aber mit dem Rücken war es anders. Er hatte sich gebessert, aber ihr war ständig bewußt, daß da etwas war. Dann, etwa ein Jahr nach ihrer letzten Operation – und an der Art, wie sie es sagte, merkte ich, daß sie nicht die jüngste Operation meinte, sondern wirklich die »letzte« –, bekam sie Schmerzen im linken Fuß.

»Eine neue Art von Schmerz«, erklärte sie. »Neu in welcher Hinsicht?« »In jeder Hinsicht.«

Ich brauchte sie nicht zu drängen, Einzelheiten zu nennen. Sie zählte sie von selbst auf. Bisher hatte niemand sich dafür interessiert, worin sich dieser Schmerz von all den anderen Schmerzen unterschied, die sie zuvor in ihrem linken Fuß gehabt hatte. Er hatte einen anderen Charakter, sagte sie. Diese Schmerzen zuckten nicht durch ihr Bein hinunter, sie zuckten überhaupt nicht. Es gab auch keine Gefühle wie bei einem Stromschlag. Es war eine Mischung zwischen einem brennenden Schmerz und dem Gefühl, das man hat, wenn ein Stück Metall eine empfindliche Stelle an einer der Zehen trifft. Die reine Qual. Und das ständig. Es ist immer da, und es ist immer dasselbe.

»Und wo ist es genau?« »Wenn ich Ihnen das nur sagen könnte! Es ist anders als mein früherer Schmerz. Der fing im Kreuz an und schoß das Bein hinunter. Ich konnte auf der Haut jeden Zentimeter anzeigen, wo er vorbeigangen war. Auch noch, nachdem er verschwunden war.« Echter »Wurzelschmerz« folgt von der Nervenwurzel aus dem Verlauf des Nervs das Bein hinunter. »Dieser Schmerz ist nicht in meinem Rücken. Auch nicht im Oberschenkel oder im Bein. Nur im Fuß. Und er ist überall, im ganzen Fuß, und gleichzeitig nirgendwo. Verstehen Sie, was ich meine?«

Das Merkwürdige ist, daß ich es verstand. Es war eindeutig kein genau lokalisierter Schmerz, verursacht durch eine Verletzung eines bestimmten Nervs, die eine klare Lokalisierung geliefert hätte, sondern ein kaum lokalisierter Schmerz, verursacht durch das anomale Funktionieren einer Gruppe von Zwischenneuronen irgendwo oberhalb der schmerzenden Nerven.

»Dann fingen meine Zehen an, sich zu bewegen.«

Ich bat sie, die Schuhe auszuziehen. Die Zehen ihres linken Fußes waren in ständiger Bewegung. Es war kein Tremor. Unter einem Tremor verstehen wir eine rhythmische Hin-und-her-Bewegung an einem beliebigen Gelenk. All ihre Zehen bewegten sich der Reihe nach, immer eine nach der anderen: aufwärts, abwärts, dann zurück in die normale Stellung, während die nächste Zehe sich zu bewegen begann. Es war keine Dystonie, denn in diesem Fall wären die Zehen eine Zeitlang in der anomalen Position geblieben. Diese Zehen bewegten sich nur. Sie nahmen keine Haltungen ein. Es war keine Art von Chorea, denn an diesen Bewegungen war nichts Zufälliges; sie folgten beständig demselben Muster, das mich an die Zuschauer bei einem Tennisspiel erinnerte: Solange ich zusah, bewegten sich die Zehenspitzen hin und her, wie eine Welle. Selbst als sie aufstand und den Fuß belastete, ja sogar wenn sie ging, lief die Welle weiter. Das konnte einen wirklich verrückt machen.

»Sagen Sie, ist das alles?« fragte ich sie. »Reicht das nicht? Es hat mich wirklich schwer erwischt. Ich habe einen schmerzenden Fuß und Zehen, die sich bewegen. Was habe ich denn nun?« »Das Schmerzender-Fuß-und-Zehenbewegungs-Syndrom«, sagte ich etwas kleinlaut. »Machen Sie sich nicht über mich lustig!« sagte sie.

Aber so heißt das Symptom tatsächlich. Der Name ist rein deskriptiv, und die Symptome sind bei allen Patienten dieselben: Sie haben in einem Fuß einen Schmerz, der wie bei ihr schwer genau zu beschreiben und noch schwerer exakt zu lokalisieren ist. Und alle Patienten haben eine Vorgeschichte mit schmerzhaften Leiden, die meisten mit Rückenbeschwerden und wiederholt auftretenden Schmerzen im Bein und mehrfachen Operationen. Irgendwann setzen dann der Schmerz und die Bewegungen ein, und deshalb heißt es Schmerzender-Fuß-und-Zehenbewegungs-Syndrom. Dies war eine der Gelegenheiten, bei denen ich aufrichtig wünschte, daß das Syndrom nach einem Mediziner benannt worden wäre.

Ich erzählte ihr alles, was ich über das Leiden wußte, und das war nicht sehr viel. Der wiederkehrende Schmerz schien irgendwo im Gehirn oder im Rückenmark etwas an den Schaltstellen bewirkt zu haben, die den Schmerz weitermelden. Ein Schmerz, der kaum zu lokalisieren und so eigenartig ist, daß er mit keinem anderen Schmerz zu vergleichen ist, hat seine Quelle fast durchweg nicht in den Nerven, sondern im Zentralnervensystem selbst. Die Nerven sollen bestimmte Signale ans Gehirn melden, und das Gehirn ist darin geübt, diese Signale zu erkennen und auf sie zu reagieren. Ein Teil der Reaktion besteht beim Menschen darin, die Empfindung zu lokalisieren – also ihre Quelle zu identifizieren – und sie mit Hilfe einer anderen Empfindung zu beschreiben, die zuvor empfangen, klassifiziert und mit einem Namen versehen wurde. Sie konnte den Schmerz nicht lokalisieren, und es entbehrt nicht einer gewissen Ironie, daß ich ihr gerade deshalb sagen konnte, daß ihr jetziges Leiden irgendwie mit dem Mechanismus ihrer vorhergegangenen schmerzhaften Leiden zu tun hatte.

So weit, so unbefriedigend. Es würde sich verschlimmern. »Was ist mit den Bewegungen?« wollte sie wissen. Die konnte ich mir überhaupt nicht erklären. »Aber Sie sollen doch ein Fachmann für Bewegungsstörungen sein. Deshalb bin ich doch extra nach Chicago gekommen. Vielleicht hätte ich nach New York fahren sollen.«

Ich wußte eine Menge über all die anderen Bewegungen, die ich gesehen habe. Ich konnte ihr alles erzählen, was man über Tremores wissen kann. Aber über das Schmerzender-Fuß-und-Zehenbewegungs-Syndrom konnte ich ihr nicht mehr sagen.

»Sie können also die Bewegungen nicht erklären?« »Nein.« »Haben Sie gelernt, was man dagegen tun kann?« Ich hatte es nicht gelernt. »Wissen Sie wenigstens, was man gegen den Schmerz tun kann?« Ich wußte es nicht. »Alles, was Sie wissen, ist also, daß es anscheinend mit den Rückenschmerzen angefangen hat.« Damit hatte sie recht. »Kommt es nur in den Füßen vor?« »Ja.« »Wieso? Viele Leute haben Nackenschmerzen. Fast so viele wie Kreuzschmerzen.« Auch damit hatte sie recht. »Und bei den meisten schießt es in den einen oder anderen Arm. Oder in beide.« Wieder hatte sie recht. »Wieso kriegen sie dann keine schmerzenden Hände und sich bewegende Finger?«

Etwas an ihrer Frage – was hat es mit sich bewegenden Zehen und schmerzenden Füßen auf sich? – beförderte das lange vergessene Gedicht in mein Gehirn zurück: »Observe by these remains«, wandelte ich die Verse ab, »the creature had two sets of brains: one in the head, the usual place, the other in the spinal base.«

Das erklärte alles. Und weil die Patientin die richtige Frage gestellt hatte, hatte ich die richtige Antwort. Es hing mit der Organisation des Nervensystems zusammen. Nachdem sich bei primitiven Tieren die segmentale Organisation entwickelt hatte, fing das Nervensystem irgendwann an, Verbindungen zwischen Rückenmarkssegmenten herzustellen, so daß mehrere Segmente aufeinander abgestimmt agieren konnten – daher Beevors Zeichen. Schließlich wurde diese Organisation an den beiden Enden des Rückenmarks angesiedelt: zum einen im Kopf, dem üblichen Platz, zum anderen am unteren Ende des Rückgrats. Bei frühen Wirbeltieren waren beide wichtig. Beide waren zum Beispiel bei Dinosauriern wichtig. Beide sind noch immer bei Hühnern wichtig, die herumlaufen können, nachdem ihnen der Kopf abgeschnitten wurde, weil das Gehirn am unteren Ende des Rückgrats den einfachen Gehreflex steuert. Das erklärte außerdem, warum ich Bewegungen wie die ihren nie bei den üblichen Bewegungsstörungen beobachtet hatte, die allesamt Erkrankungen des Gehirns sind. Ihre Bewegungen hatten nichts mit dem Gehirn zu tun. Sie entsprangen im Rückenmark.

Der Mensch weist noch einen Überrest dieses zweiten »Gehirns« im unteren Teil des Rückenmarks auf. Neugeborene haben den Gehreflex, bei dem ihre Beine Gehbewegungen machen. Dieser Reflex entspringt im unteren Rückenmark. Doch in den oberen Gliedmaßen haben Neugeborene solche Reflexe nicht – ein Beweis dafür, daß wir als Menschen eine fortschreitende Kopfentwicklung erfahren haben. Das heißt: Die höherentwickelten Bewegungen, die Kleinkinder mit zunehmendem Alter zeigen, belegen die beim Menschen und bei Tieren feststellbare Tendenz, sich in der Weise zu entwickeln, daß wichtige Organe näher am Kopf als am unteren Ende des Rückenmarks angesiedelt sind. Unsere Hände und Arme werden vollständig vom Gehirn gesteuert.

Von einem Steuerzentrum im Rückenmark ist, was den oberen Teil des Körpers angeht, nichts mehr übriggeblieben. Daher keine sich bewegenden Finger.

Während ich mich bemühte, meine Erregung und Entdeckerfreude zu zügeln, versuchte ich dies der Patientin Rosemary Covington so gründlich wie möglich auseinanderzulegen. Ihr Schmerz ging von nach unten projizierenden miteinander verschalteten Neuronen im unteren Teil ihres Rückenmarks aus. Kein Wunder, daß ihr Gehirn ihn nicht lokalisieren, klassifizieren oder beschreiben konnte. Es war nicht die Art von Schmerz, die das Gehirn zu interpretieren gewohnt war.

»Das kommt also alles daher, daß ich das Rückenmark eines Dinosauriers habe.« Das hatte ich so nicht gesagt, aber die allgemeine Idee hatte sie erfaßt. Sie war längst nicht so aufgeregt wie ich. Sie schaute mich aufmerksam an und stellte noch eine Frage. »Sie verstehen jetzt also mein...« Sie konnte sich noch immer nicht dazu überwinden, es auszusprechen: »Schmerzender-Fuß-und-Zehenbewegungs-Syndrom.« »Können Sie nun etwas gegen meinen Schmerz tun?« »Nein«, gab ich zu. »Und gegen die Bewegungen?« »Wahrscheinlich nicht.« »Was nützt mir dann Ihr Wissen?« Ich zuckte die Achseln. »Und was nützt es Ihnen?« Dann fügte sie hinzu: »Außer natürlich, Sie schreiben einen Artikel darüber. Das tut ihr Ärzte doch, oder?« »Ja, das tun wir«, räumte ich ein. »Tun Sie das«, sagte sie. »Vielleicht liest es ein anderer schlauer Doktor und findet heraus, wie man mir helfen kann. Oder es liest jemand anders ... jemand mit derselben Krankheit.«

Sie hatte den ganzen Prozeß des wissenschaftlichen Fortschritts begriffen. »Höchstwahrscheinlich, wenn ich tot und begraben bin«, spöttelte sie. Da fiel mir die letzte Zeile des Gedichts ein. Es platzte einfach aus mir heraus: *Extinct ten million years, at least.*

Antizipation: Bis ins dritte Glied und darüber hinaus

Als ich zum erstenmal einem Mitglied der Familie Hamilton begegnete, wurden wir einander nicht richtig vorgestellt. Sie kannte meinen Namen, aber ich hatte keine Ahnung, wer sie war. Ich ahnte nicht, daß ich im Leben ihrer Familie – und sie, die Familie, in meinem Leben – über die nächsten drei Generationen zu einem wiederkehrenden Thema werden würde.

An einem Sonntagnachmittag hatte sich die Chicagoer Ortsgruppe der National Huntington's Disease Association versammelt, und ich war als medizinischer Berater der Gruppe gebeten worden, Fragen bezüglich der Huntington-Krankheit zu beantworten. Das war 1969 oder 1970, und was wir damals über die Erforschung der Krankheit wußten, war nicht sehr hilfreich. Ich versuchte zu beschreiben, wie der Prozeß des fortschreitenden Nervenzelltodes bei der Huntington-Krankheit verläuft und daß nur bestimmte Hirnzellen davon betroffen sind. Ich erwähnte sogar einiges aus meiner eigenen Forschung, in der es um die Mechanismen ging, die möglicherweise die anomalen Bewegungen erzeugen, welche die Krankheit bei den meisten Patienten kennzeichnen. Es ging um die Chorea Huntington – so hatte ich die Krankheit immer genannt, während allgemein von der Huntington-Krankheit gesprochen wurde. Es war eine der ersten Störungen, die nach einem amerikanischen Arzt benannt wurde. Zugleich war es eine der Krankheiten, mit denen sich die amerikanische Medizin im allgemeinen und die amerikanische Neurologie im besonderen Zugang zur Weltmedizin verschaffte, was damals einen aufsehenerregenden Fortschritt darstellte.

Während meines Vortrags hob eine entschlossen dreinblikkende Frau die Hand. »Warum«, fragte sie mich herausfordernd, »warum sterben die Hirnzellen meines Sohnes ab?« »Ich habe keine Ahnung«, antwortete ich, vielleicht ein wenig zu voreilig. Ich behandelte inzwischen die Auswirkungen der Krankheit, aber auf die Ursache hatte ich noch keinen Zugriff. »Das ist mir ein Experte«, schnaubte die Frau, nicht gerade im Flüsterton. »Es geht dabei nicht nur um Huntington«, sagte ich in dem Bemühen, wieder Boden zu gewinnen. »Ich weiß wirklich nicht, warum bei einer neurologischen Erkrankung Hirnzellen absterben. Das weiß niemand.« Das war eine ziemlich schwache Ausrede, aber es stimmte. »Und bis wann glauben Sie die Ursache des Zellsterbens erkannt zu haben?« »Nicht in nächster Zukunft«, sagte ich kleinlaut und sprach damit meine optimistischste Vermutung aus.

Nach der Veranstaltung trat die Frau auf mich zu und erklärte mir, daß ich ihren Sohn behandeln sollte. Sie würde ihn aus dem südlichen Illinois nach Chicago bringen. Vielleicht wisse ich nicht alles, was ich eigentlich wissen sollte, aber zumindest scheine ich mich für die Krankheit ihres Sohnes zu interessieren, was sie von seinen anderen Ärzten nicht sagen könne.

Dem Termin sah ich nicht gerade mit Freude entgegen. Diese Frau würde sich nicht mit den üblichen schlichten Antworten und Gemeinplätzen beschwichtigen lassen, wie sie meistens Patienten hören wollen, wenn sie vor dem Unlösbaren, Unbeantwortbaren, Unbehandelbaren stehen. Sie wollte keine beschönigenden Umschreibungen, sondern Antworten.

Sie schien, als sie davonging, voller Antizipation zu sein. Antizipation – Erwartung oder Vorwegnahme – ein Wort mit vielen Bedeutungen. Seine wissenschaftliche Definition ging mir durch den Sinn. Ihr Inhalt beruht auf den klinischen Beobachtungen an Patienten mit Chorea Huntington und geht auf die »vorsintflutliche« Ära zurück. Das war, bevor wir wußten, daß die DNA die Grundlage des genetischen Codes ist, von dem die Wissenschaftler genau zu wissen glaubten, aus wie vielen Chromosomen das menschliche Genom (den Ausdruck gab es noch nicht) besteht, sich aber um zwei geirrt hatten.

Bei der Erforschung von genetischen Krankheiten bezeichnet Antizipation die Tatsache, daß eine dominant vererbte Krankheit in aufeinanderfolgenden Generationen immer früher klinisch in Erscheinung tritt. In der wissenschaftlichen Welt hat das Wort außer dieser Definition noch andere subtile Konnotationen.

Das erste Modell der Antizipation war die Chorea Huntington, benannt nach George Huntington, der die Störung beschrieb, die ihn, einen unbekannten praktischen Arzt aus einer Kleinstadt, zum Namengeber machte. Als Gregor Mendels Arbeit über die Vererbung von Merkmalen dreißig Jahre später in englischer Übersetzung erschien, wurde die Störung, die Huntington beschrieben hatte, rasch zum perfekten Beispiel einer im Sinne Mendels rein dominant vererbten Krankheit mit vollständiger Penetranz, also als Beispiel einer Störung, bei der jedes Indidividuum, das das Gen besitzt, die Krankheit entwickelt, und keiner, der die Krankheit nicht hat, sie an seine Nachkommen weitergeben kann; in diesem Fall gibt es keine echten Träger.

Wie war es möglich, daß ein Arzt aus dem ländlichen East Hampton auf Long Island eine Beobachtung machte, die mehreren Generationen von Fachleuten für neurologische Krankheiten entgangen war? Wie Huntington selbst bemerkte, war er nicht der erste Huntington, der solche Patienten beobachtet hatte. Schon sein Vater und vor ihm sein Großvater waren am selben Ort praktische Ärzte gewesen und hatten das Auftreten der Krankheit in denselben Familien beobachtet und schriftlich festgehalten. Damit verfügte George Huntington über die klinischen Beobachtungen von drei Generationen von Ärzten, die dieselben Familien, in denen die Krankheit vorkam, behandelt hatten. Er bemerkte drei auffällige Eigentümlichkeiten der Chorea Huntington: Sie ist erblich; neben anderen Symptomen ruft sie eine Neigung zum Irrsinn und zum Selbstmord hervor; und als schwere Erkrankung manifestiert sie sich erst im Erwachsenenalter.

Das Wort »Chorea« stammt aus dem Griechischen, wo es Tanz bedeutet; damit bezeichnete man die hysterischen Tänze, die Ende des 15., Anfang des 16. Jahrhunderts Westeuropa wie eine Pest heimsuchten und im Deutschen umgangssprachlich »Veitstanz« genannt wurde. Zu der Zeit, als Huntington das Wort benutzte, bezeichnete »Chorea« jede beliebige Störung, die einen eigentümlichen, tanzartigen Gang hervorruft. In diesem Sinne wird das Wort heute nicht mehr verwendet. »Chorea« ist zur offiziellen Bezeichnung einer Klasse von anomalen Bewegungen geworden, die nicht nur bei der von Huntington beschriebenen Krankheit auftreten, sondern auch bei mehreren anderen Erkrankungen mit ähnlichen Bewegungen. Diese Bewegungen bestehen in vereinzelten Muskelzuckungen oder Kontraktionen, deren Ort, Richtung, Amplitude und Frequenz keine Regel erkennen läßt. Der geübte neurologische Beobachter erkennt sie gerade an der Regellosigkeit und unterscheidet sie anhand dessen von anderen Klassen von Bewegungen.

Nachdem Mendels Vererbungslehre bekannt geworden war, wurde die Chorea Huntington zu einem vielversprechenden Gegenstand der medizinischen Forschung. Huntington selbst glaubte, daß die Krankheit bestimmten Gesetzen gehorche, und seine erste Beschreibung offenbarte, daß sie vollkommen den Mendel-Gesetzen gehorchte. Aber bei einigen seiner Beobachtungen irrte er sich: Er meinte, sie trete bei Männern häufiger auf als bei Frauen, und das stimmt nicht. Und natürlich ist sie nicht auf einige Familien in East Hampton, Long Island, beschränkt, sondern weltweit verbreitet, denn sie ist in praktisch jeder Bevölkerungsgruppe beschrieben worden. Man hat die Geschichte der von Huntington beschriebenen Familien zurückverfolgt und festgestellt, daß sie 1630 in der Neuen Welt ankamen und ursprünglich aus der englischen Grafschaft Surrey stammten.

Aus den Beobachtungen von George Huntington ergab sich eine weitere Feststellung: Die Krankheit setzte in jeder Generation früher ein. Mit dieser Beobachtung war der wissenschaftliche Begriff der Antizipation geboren – gemeint war damit der immer frühere Eintritt der Krankheit.

Doch sehr bald zeigte sich, daß das, was die Kliniker Antizipation genannt hatten, eine Täuschung war, die auf einer voreingenommenen Beobachtung beruhte. Seit die Ärzte wußten, daß es eine dominant vererbliche Krankheit mit vollständiger Penetranz war, und nach Familien Ausschau hielten, in denen die Krankheit vorkam, fanden sie Patienten in den frühesten Stadien der Störung, Familienmitglieder, die sich gesund fühlten. Wären diese Patienten nicht untersucht worden, wäre der Ausbruch ihrer Krankheit nie so früh diagnostiziert worden. Und natürlich beruhte das Datum des Ausbruchs bei den Eltern auf der ärztlichen Befragung der lebenden Nachkommen, die sich noch an ihre Eltern erinnerten und daher ein frühes Datum des ersten Auftretens der anfänglichen Symptome, etwa der ersten anomalen Muskelzuckung, angeben konnten. Doch wer konnte sich an die Großeltern und ihre Anomalien oder gar an die Urgroßeltern erinnern? Nein, der immer frühere Ausbruch der Krankheit war ein Vorurteil und entbehrte jeder wissenschaftlichen Grundlage. Das war es, was ich lehrte, wobei ich statistische Modelle benutzte, aus denen hervorging, daß die Antizipation nicht real sein konnte. Die Idee eines immer früheren Ausbruchs der Krankheit wurde rasch aufgegeben.

Huntington benutzte noch ein anderes Wort in einem Sinne, der heute nicht mehr akzeptiert wird: der sogenannte Irrsinn, den er den Patienten mit erblicher Chorea zuschrieb, war gewöhnlich kein richtiger Irrsinn, sondern eine Art von allmählich fortschreitender Demenz, einem geistigen Verfall.

Vier Wochen nach meinem Vortrag kam die Frau, die ich dort getroffen hatte, mit ihrem Sohn in meine Praxis. Diesmal stellte sie sich vor: Mrs. Janet Swisher Hamilton mit ihrem Sohn Bill Hamilton, der damals 35 Jahre alt war.

Es war kein Geheimnis, warum Mrs. Hamilton genau wußte, was mit ihm los war. Ihr Mann Dave, bei dem man Chorea Huntington diagnostiziert hatte, war ans Bett gekettet in einem staatlichen Krankenhaus gestorben. Daves Mutter, Bills Großmutter väterlicherseits, war in demselben staatlichen Krankenhaus gestorben, angekettet an ein anderes Bett. Autopsien bei der Großmutter und dem Vater hatten bei beiden das typische Bild des Verlusts von Hirnzellen ergeben, das symptomatisch für Chorea Huntington war.

Mrs. Hamilton wußte genau, was mit ihrem Sohn los war, aber

sie selbst brauchte emotional einen Fachmann, der es ihr bestätigte und sich um die Krankheit ihrer Familie kümmerte.

Während der ganzen Zeit ihres Aufenthalts in meiner Praxis sagte Bill Hamilton kein einziges Wort. Seine Manierismen bestätigten jedoch alles, was seine Mutter sagte. Er saß da und zeigte eine Auswahl von unwillkürlichen, sinnlosen Bewegungen. Eine Grimasse. Ein Kopfschütteln. Ein Zucken der rechten Schulter, der linken Hand.

Während ich den Familienstammbaum zusammenstellte, richtete ich die übliche Frage an Mrs Hamilton: Was hatte sie bei ihrem Sohn beobachtet? Dieselben Dinge, die sie bei ihrem Mann gesehen hatte. Welche waren das? »Sie haben sich beide verändert.« »In welchem Sinne?«

»Sie waren beide störrische Kerle. Dave war schon an dem Tag, als ich ihn kennenlernte, ein störrischer Kerl, der störrischste, den ich jemals kennengelernt habe. Und der entschlossenste. Er war entschlossen, mich zu heiraten, und schließlich gab ich nach. Mit den Jahren wurde er immer störrischer und starrer in seinen Gewohnheiten. Dann bekam er Schwierigkeiten, sein Temperament zu zähmen. Danach fingen die Windungen und Zuckungen an.«

»Wie alt war er, als das alles anfing?« fragte ich. In den Vereinigten Staaten liegt das Durchschnittsalter, bei dem die Chorea Huntington einsetzt, bei 38 Jahren.

»Als ich genau wußte, daß er krank ist?« »Nein, wann, glauben Sie, zeigte er erstmals Veränderungen?«

»Das ist eine andere Frage«, bemerkte sie zu Recht. »Ja«, pflichtete ich ihr bei. »Mir geht es um das Alter, in dem die Krankheit wirklich anfing.«

Sie bekundete ihr Einverständnis mit einem Nicken und dachte gründlich nach, bevor sie antwortete: »37, vielleicht mit 38.«

Durchschnittliches Ausbruchsalter, dachte ich, während ich dieses Faktum im Krankenblatt ihres Sohnes festhielt. »Und Bill?« fragte ich, zu ihrem Sohn hinüberblickend, der wieder Grimassen schnitt. Es war nicht genau dieselbe Grimasse wie die erste. Die erste war ein beinahe sardonisches Grinsen gewesen. Diese war ein Hohnlächeln, ausgeprägter in der rechten Gesichtshälfte. Dann wieder ein Zucken der Schulter, sehr viel stärker, gefolgt von einer intentionalen Bewegung der Hand, mit der er sich das Haar zurückstrich, so daß man meinen konnte, das Zucken der Schulter sei Teil einer geplanten, intentionalen Bewegung gewesen; dabei war es umgekehrt. Chorea. Die Diagnose lag auf der Hand.

»Mir fielen dieselben Dinge auf«, ließ sie mich zum zweitenmal wissen. »Er wurde störrischer, reizbarer, und dann fing er an zu zucken.« »Wann?« »Vor rund sechs Jahren?« »Als er ungefähr einunddreißig war?«

»Ich glaube, ja, aber ich wußte natürlich, worauf ich zu achten hatte, und ich beobachtete ihn wie ein Luchs. Er war seinem Vater doch so ähnlich.« Die wohlbekannte, aus der Erwartung gespeiste Selbsttäuschung: Voreingenommenheit des Beobachters, aber keine wissenschaftliche Tatsache.

Ich schaute zu Bill hinüber. Diesmal war das Schulterzucken weder eine choreatische Zuckung noch eine maskierende Bewegung. Es ähnelte mehr einem leichten Tick, einem gestischen Ausdruck von Nervosität, einer Bewegung, die die meisten zwar sehen, aber nicht wirklich bemerken würden, einem Teil des üblichen Repertoires des Lebens.

Mrs. Hamilton begriff, daß die Erwartung im Auge des Betrachters liegt. Sie wußte auch, daß ihr Sohn Chorea Huntington hatte. Sie war zu mir gekommen, um sich diese Diagnose bestätigen zu lassen, und das tat ich. Jede choreatische Bewegung ist eine isolierte Muskelkontraktion, eine kurze, unkoordinierte Zuckung. Diese Zuckungen können in praktisch jedem Muskel des Körpers auftreten, wodurch sich der betreffende Körperteil in unvorhersehbarer Weise bewegt. Wenn zwei oder mehr solcher Zuckungen aufeinander folgen, können kompliziertere Bewegungen entstehen, während die Überlagerung mit zielgerichteten Bewegungen zu weit komplexeren Bewegungen führen kann, wie ich sie beobachtet hatte, als Bill Hamilton versuchte, die heftige Zuckung seiner Schulter mit der Willkürhandlung zu verbinden, sich das Haar glattzustreichen. Diese choreatischen Bewegungen sind die charakteristischsten Manifestationen der Chorea Huntington. George Huntington hatte sie bei seinen Patienten gesehen. Ich hatte sie bei meinen gesehen. Mrs. Hamilton hatte sie bei ihrem Mann und ihrem Sohn gesehen. Sie waren bei all diesen Patienten dieselben gewesen.

Mrs. Hamilton wollte außerdem wissen, ob ich irgend etwas für ihren Sohn tun könne. »Um seine Bewegungen zu kontrollieren?« fragte ich. Wir hatten verschiedene Medikamente, die sich dafür eigneten. »Nein, um ihn zu kontrollieren.«

Ich verstand nicht recht, was sie meinte. »Manchmal verliert er einfach die Kontrolle über sich«, sagte sie. »Körperlich?« »Ja.«

»Sowas wie Tobsuchtsanfälle?« fragte ich, ohne mich klar auszudrücken.

»Ja, sowas«, stimmte sie mir zu. Ich verordnete ihm eine geringe Dosis eines Antipsychotikums. Die zu den Tranquilizern zählenden Neuroleptika, die entwickelt wurden, um das anomale Verhalten von schizophrenen Patienten zu dämpfen, halfen oft auch bei Patienten mit Chorea Huntington, ihre choreatischen Bewegungen und gelegentlich auch ihr anomales Verhalten zu kontrollieren. Ich habe Bill Hamilton nie wiedergesehen.

Ich wußte, daß die Hamiltons Träger des Gens für Huntington waren, hatte aber keine Ahnung, was das wirklich bedeutete. Das ist jetzt über 20 Jahre her. Damals war es uns nicht möglich, die Gene zu identifizieren. Wir konnten nur Fragen stellen mit dem Ziel, Informationen über die Mechanismen zusammenzutragen, die das Gehirn veranlaßten, Chorea zu produzieren.

Aber warum entwickeln Patienten mit der Huntington-Krankheit Chorea und nicht irgendeine andere Form anomaler Bewegungen? Warum überhaupt Bewegungen? George Huntington hat sich darüber nie geäußert. Diese Frage interessierte ihn nicht. Aber ich war Neurologe mit einem besonderen Interesse an anomalen Bewegungen. Der Besuch von Mrs. Hamilton und ihrem Sohn Bill hatte in mir ein zwanghaftes Bedürfnis geweckt, mehr darüber zu wissen. In dem folgenden Jahr las ich alles, was ich über das Thema finden konnte, aber ich fand nichts Erhellendes. Soweit ich das beurteilen konnte, wußte niemand Genaues über den Mechanismus, der Chorea auslöste. Mehrere angesehene Autoritäten führten die Bewegungen auf einen Verlust des normalen

Filtermechanismus im Streifenhügel zurück, einer Ansammlung von Neuronen in der Tiefe der beiden Hirnhälften, die den motorischen Steuerungsbereich umfaßte, der bei Chorea Huntington am stärksten betroffen war. Diese Theorie ließ sich jedoch nicht in biochemische oder zellphysiologische Vorstellungen übersetzen, so daß sie nicht überprüft werden konnte, und eine nicht überprüfbare Hypothese ist sinnlos.

Was mich besonders reizte, war die Schnittstelle zwischen Biochemie und Physiologie. Wenn es im Gehirn eine chemische oder physiologische Veränderung gab, wie entstand dann daraus Chorea? Die Entdeckung, daß der Dopamingehalt im Gehirn von Patienten mit Parkinson herabgesetzt ist, hatte zur ersten erfolgreichen medikamentösen Behandlung dieser Krankheit geführt. Man konnte den Patienten anstelle des fehlenden Dopamins Levodopa verabreichen. Das veränderte ihr Leben. War dies auch für die Chorea Huntington zu erreichen?

Ich vertrat wie fast alle Leute vom Fach die Theorie, daß die für Chorea Huntington charakteristischen anomalen Bewegungen mit der im Striatum beobachteten Zerstörung von Zellen zusammenhängt. Was auch immer das noch unbekannte Gen tat, es wirkte in den Neuronen dieses Gehirnareals. Infolge des genetischen Defekts sterben die Neuronen des Striatums zunehmend ab. Alle Theorien führten das Auftreten von Chorea auf den Funktionsausfall aufgrund dieser toten Neuronen zurück. Ich überlegte mir, ob es nicht noch eine andere Möglichkeit gibt. Chorea mußte nicht bedeuten, daß die Zellen tot waren. Sie konnte auch die Folge des anomalen Funktionierens von erkrankten, aber noch lebenden Zellen des Striatums sein.

Dies war alles andere als ein nur geringfügiger Unterschied, ein Unterschied, mit dem Neurologen nur allzu vertraut sind. Die durch einen Schlaganfall hervorgerufene Lähmung beruht auf dem Funktionsausfall toter Zellen. Nach dem Ende der natürlichen Genesung kann man kaum etwas daran ändern. Anfälle dagegen beruhen auf dem veränderten Funktionieren lebender Neuronen, und wir können eine Menge tun, um Anfälle zu behandeln. Das war der Kern der Revolution in der Behandlung der Parkinson-

Krankheit. Deren Symptome beruhen nicht einfach auf dem Tod von Dopamin-erzeugenden Zellen. Vielmehr bleibt der Einfluß des Dopamins auf überlebende Zellen des Striatums aus. Der Ersatz des fehlenden Dopamins verbessert das Funktionieren lebender Zellen, und damit verbessert er das Leben der Patienten erheblich – obwohl weiterhin Dopamin-erzeugende Zellen absterben. Chorea wurde möglicherweise verursacht durch eine neurochemische Substanz wie Dopamin, die auf erkrankte, nicht auf tote Zellen des Striatums einwirkt.

Ich konzentrierte mich auf das Dopamin, obwohl es bei weitem nicht der einzige Transmitter war, der auf die Neuronen des Striatums einwirkt. Es lag auch nicht nur daran, daß ich aufgrund meiner Kenntnisse über Parkinson mehr über Dopamin als über die anderen neurochemischen Botenstoffe wußte. Was das Dopamin angeht, war mir bekannt, daß viele Anhaltspunkte dafür sprachen, daß es eine Rolle bei der Erzeugung von Chorea spielte, und diese Anhaltspunkte mußten nur zusammengefügt werden.

Wenn ich herausbekäme, wie man eine offensichtlich anomale Nervenzellfunktion behandeln kann, und wenn ich den Wirkungsmechanismus des Medikaments kennen würde, mit dem ich ihr Symptom behandeln müßte, dann wüßte ich logischerweise auch etwas über den Mechanismus, der das Symptom hervorruft. Neurologen denken rückwärts. Die meisten Medikamente, die zur Dämpfung der Chorea bei der Huntington-Krankheit benutzt wurden, waren ursprünglich für die Behandlung der Schizophrenie entwickelt worden, darunter Chlorpromazin und Haloperidol. All diese Medikamente haben eine Eigenschaft gemeinsam: Sie blokkieren die Dopamin-Rezeptoren des Striatums. Rezeptoren sind jene Bereiche der Membran von Neuronen, die speziell dafür konstruiert sind, Neurotransmitter aufzunehmen und auf sie zu reagieren. Jeder Neurotransmitter wirkt auf eine bestimmte Sorte oder mehrere Sorten von Rezeptoren. Dopamin wirkt auf die Dopamin-Rezeptoren auf den Membranen von Striatum-Neuronen, jenen Zellen, die bei Patienten mit Chorea Huntington besonders betroffen sind. Durch Blockieren dieser Rezeptoren wird die Wirkung des Dopamins an seinen Rezeptoren herabgesetzt und dadurch läßt die Chorea nach. Dies brachte mich auf den Gedanken, daß Dopamin an der Entstehung einer Chorea beteiligt war.

Aber wie? Nichts deutete darauf hin, daß das Dopamin bei diesen Patienten anomal erhöht war. Wie also konnte eine normale Menge Dopamin eine anomale Wirkung hervorrufen? Vielleicht kam es darauf an, wie die Zelle auf das Dopamin reagiert. Dies war eine neue Sichtweise bezüglich der Chorea: die Möglichkeit, daß Chorea nicht auf einem Funktionsausfall toter Zellen beruhte, sondern auf einer veränderten Funktion lebender Zellen.

Wie konnte ich diese Möglichkeit nutzen, um Patienten mit Chorea Huntington zu helfen? Wahrscheinlich konnte ich ihnen überhaupt nicht helfen. Mir fiel jedoch ein, daß es möglicherweise denen helfen könnte, die von der Krankheit bedroht waren. Aber viele wußten, daß die Chancen fifty-fifty standen, daß sie in den Dreißigern die Krankheit bekommen würden. Viele von ihnen wollten auch Kinder haben. Etliche dieser gefährdeten Personen kamen im Laufe der Jahre zu mir und baten um Hilfe. Konnte ich etwas tun, das ihnen bei der Entscheidung half, ob sie Kinder bekommen sollten oder nicht?

Ihnen konnte nicht geholfen werden. Wir hatten damals keine Möglichkeit, das Gen zu identifizieren. Das war 1971, eine Zeit, die auf dem Gebiet der Molekulargenetik Ewigkeiten zurückliegt.

Unter denen, die zu mir kamen und um Hilfe baten, war die Tochter Bill Hamiltons. Sie hieß Penny, und ihre Großmutter brachte sie in meine Praxis, so wie sie drei Jahre zuvor ihren Sohn Bill zu mir gebracht hatte. Penny war sechzehn und dachte bereits daran, zu heiraten und eine Familie zu gründen. Die Großmutter konnte es ihr nicht ausreden. Nicht etwa, daß die Großmutter sie tadelte; Bills Ehefrau hatte die Familie vor Jahren fluchtartig verlassen, denn Bill war immer jähzorniger geworden. Penny wollte ebenfalls so schnell wie möglich fort von zu Hause.

Penny wollte wissen, ob ich ihr helfen könne. Konnte ich ihr sagen, ob ihre Kinder die Krankheit bekommen würden oder nicht? An ihrer eigenen Erkrankungswahrscheinlichkeit war sie nicht interessiert, nur an der ihrer späteren Kinder.

Als ich diesen Teil des Hamilton-Clans kennenlernte, war ich der Ansicht, daß man bei solchen gefährdeten Personen durch Erhöhung des Dopamin-Gehalts im Gehirn möglicherweise eine Chorea auslösen könnte, während ein erhöhter Dopamin-Gehalt im Gehirn bei normalen Personen wahrscheinlich keine Chorea auslösen würde. Da sich frühzeitig zeigen würde, welche Personen Träger des Gens waren, konnte man die Frage beantworten, die Penny stellte: Sollte sie Kinder bekommen? Hatte sie das Gen, das auch ihre Kinder gefährdete?

Meine Überlegung beruhte natürlich nicht auf der schlichten Logik »Mehr Dopamin gleich Chorea bei Trägern des Gens«. Bill Hamilton war 32 Jahre lang Träger des Gens gewesen, bevor sich die Symptome bei ihm zeigten. »Einunddreißig«, korrigierte mich seine Mutter. Daß die Reaktion des Striatums auf Dopamin plötzlich von völlig normal auf eindeutig anomal umgeschlagen war, kam mir unwahrscheinlich vor. Der zunehmenden Heftigkeit der anomalen Bewegungen mußte eine entsprechende Verschärfung der biochemischen und physiologischen Anomalie zugrunde liegen, die die Bewegungen auslöste. Die Anomalie der Reaktion konnte wie die von ihr ausgelösten Bewegungen nicht eine bloße Alles-oder-nichts-Dichotomie sein. Wahrscheinlich handelte es sich um ein kontinuierliches Spektrum, das von normal bis absolut anomal reichte. Es war demnach denkbar, daß im Striatum schon längst eine gewisse Anomalie herrschte, bevor sich eine Chorea zeigte. Wenn diese physiologische Anomalie dem Auftreten der Krankheit – jenem Zeitpunkt, an dem ein normaler Dopamin-Gehalt anomale Bewegungen hervorrief – vorausging, dann durfte ich wohl annehmen, daß eine Erhöhung des Dopamin-Spiegels, der solche anomal reagierenden Dopamin-Rezeptorsysteme verursachte, diese Anomalie enthüllen würde. Das wäre dann eine echte Antizipation gewesen, ein Verfahren, das Auftreten der Krankheit vorzeitig auszulösen.

Diese Hypothese ließ sich überprüfen. Es war kinderleicht, die Dopaminmenge im Gehirn zu erhöhen – man brauchte nur Levodopa zu verabreichen. Ich wußte, wie groß die Dosis sein mußte, um die Dopamin-Aktivität im Striatum zu steigern, denn es gehörte zu meinem beruflichen Alltag, den Patienten mit Parkinson Levodopa zu verabreichen. Ins Gehirn der Patienten gelangt, wurde Levodopa in hinreichender Menge in Dopamin umgewandelt, um ihre Symptome zu lindern.

Grundlage meiner Hypothese war natürlich, daß Levodopa bei gesunden Personen – was in diesem Fall hieß: bei Personen, die nicht das Gen für Chorea Huntington in sich trugen – keine Chorea auslösen würde, ganz gleich, ob in der Familie des Betreffenden Träger des Gens vorkamen oder nicht. Bei Verabreichung von Levodopa würden gefährdete Personen in zwei Gruppen zu unterscheiden sein: die eine, bei der Chorea auftrat, und die andere, bei der das nicht der Fall war. Die ersteren waren vermutlich Träger des Gens, und die physiologische Anomalie war hinreichend weit fortgeschritten, so daß sie auf den erhöhten Dopamin-Gehalt im Gehirn reagierten; die letzteren waren entweder nicht Träger des Gens, oder sie waren auf dem Kontinuum der Schwere des Symptoms noch nicht weit genug fortgeschritten. Das Auftreten einer Chorea bei erhöhter Dopamin-Aktivität im Gehirn würde folglich etwas vorwegnehmen, das sich sonst im weiteren Verlauf der Störung von selbst einstellen würde.

Dies alles erklärte ich den Hamiltons. Pennys Großmutter ergriff wieder einmal die Initiative. Sie fragte, was denn bei diesem Herumprobieren für sie an Erkenntnissen herauskommen werde. Auch Penny wollte das wissen. Es ging schließlich um sie.

Ich gab ehrlich zu, daß ich mir nicht sicher war. Wäre Pennys Frage damit beantwortet? Ich wollte ihnen keine Versprechungen machen. Ich hoffte, daß wir über Huntington etwas mehr herausfinden würden, das für ihre Familie langfristig von Nutzen sein würde.

Mrs. Hamilton wollte es aber genau wissen. Ich war unschlüssig. Beide forderten Klarheit. »Wenn sich«, erklärte ich Penny, »bei Ihnen eine Chorea entwickelt, könnte das bedeuten, daß die Wahrscheinlichkeit, daß sie die Krankheit bekommen, bei Ihnen weit größer ist als fifty-fifty.« »Und wenn nicht? Ist sie dann nicht geringer als 50:50?« »Vermutlich schon«, gab ich widerstrebend zu. »Um wieviel geringer?« Ich hatte keine Ahnung, und ins Blaue hinein raten wollte ich nicht.

Penny nahm als eine der gefährdeten Personen an der Untersuchung teil, die ich zusammen mit zwei Kollegen durchführte: André Barbeau von der Universität Montreal und George Paulson von der Ohio State University. Wir verabreichten den insgesamt 30 gefährdeten Personen, die sich beteiligten, Levodopa und prüften in regelmäßigen Abständen, ob sich choreatische Bewegungen zeigten. Ein Drittel entwickelte nach Einnahme von Levodopa eine Chorea, die anderen zwei Drittel nicht. Von den 24 Personen einer Kontrollgruppe, die nicht Huntington-gefährdet waren, entwikkelte nach Einnahme von Levodopa keine die Chorea. Genau das hatte ich erwartet. Das den gefährdeten Personen gemäß Versuchsprotokoll verabreichte Levodopa spaltete die Gruppe in zwei Populationen auf. Die eine, die aus 10 Personen bestand, entwickelte eine Chorea. Bei allen zehn verschwand die Chorea, nachdem Levodopa abgesetzt wurde. Die anderen 20 blieben völlig frei von Chorea. Penny Hamilton gehörte zur letzteren Gruppe. Bei ihr zeigte sich keine einzige Zuckung. Von den Personen der Kontrollgruppe, die nicht gefährdet waren, entwickelte keiner eine Chorea.

Wir interpretierten unsere Ergebnisse sehr zurückhaltend. Ein positives Ergebnis mußte nicht bedeuten, daß die betreffende Person später Chorea Huntington entwickeln würde. Es deutete lediglich auf eine stärkere physiologische Reaktionsfreudigkeit hin, die bei den Angehörigen der normalen Kontrollgruppe kaum zu beachten war. Damit, daß es falsch-positive und falsch-negative Ergebnisse gibt, muß man immer rechnen. Es war durchaus möglich, daß eine Person, die das Gen für Chorea Huntington in sich trug, zum Zeitpunkt der Untersuchung nicht weit genug vom normalen Zustand entfernt war, um entdeckt zu werden. Das wäre dann ein falsch-negativer Fall. Wir hatten keine Ahnung, wie häufig die falsch-negativen Fälle waren.

In diesem Boot war Penny Hamilton also gelandet. Sie hatte das Levodopa eingenommen, das wir ihr verabreichten, und keine anomalen Bewegungen entwickelt. Bedeutete das, daß sie das Gen nicht besaß? Daß sie davongekommen war? Daß ihre Kinder davongekommen waren? Und ihre Enkelkinder? Und ihre sämtlichen Nachkommen? Für alle Ewigkeit?

Das vermochte ich ihr nicht zu sagen. Eine solche Vorhersage konnte ich nicht treffen. Ich habe das mindestens ein Dutzend Mal gesagt, wenn nicht öfter. Ich habe jedoch Zweifel, ob sie es überhaupt hörte. Während der zwei Monate, in denen sie das Mittel eingenommen hatte, schaute sie jeden Morgen in den Spiegel, Tag für Tag, Woche für Woche. Und sie bemerkte nichts, keine Bewegungen. Das mußte doch für sie und ihre Kinder etwas bedeuten.

Ich hoffte, daß sie sich da nicht täuschte.

Danach verlor ich wieder den Kontakt zur Familie Hamilton. Ich hörte allerdings von ihnen, genauer gesagt, von Bill Hamilton. Es war wieder bei einer Sonntagnachmittags-Versammlung der Chicagoer Ortsgruppe der National Huntington's Disease Association. Bei dieser Versammlung kam jemand, den ich nicht kannte, zu mir und sagte, der arme Bill Hamilton sei gestorben. Sein Haus war abgebrannt.

»Was ist passiert?« wollte ich wissen. »Es war ein Unfall«, erwiderte der Mann. »Wie bei der Mutter von Woody Guthrie?« Auch sie hatte Chorea Huntington gehabt und war umgekommen, als ihr Haus niederbrannte – wie es hieß, weil sie beim Zigarettenrauchen eingeschlafen war. »Ja, er schlief. Außerdem hatte er was getrunken. Er war Kettenraucher. Schlimmer als vorher, bevor er krank wurde. Er rauchte immer im Bett. Und ...« »Und was?« »In seinem Schlafzimmer war Benzin ausgegossen worden.« »Benzin ausgegossen?« »Der untersuchende Beamte entschied, es sei ein Unfall gewesen. Aber wer weiß? Vielleicht war es für ihn einfach zuviel geworden.«

Selbstmord. Das war bei Chorea Huntington durchaus nicht selten. Der Beamte hatte darüber großzügig hinweggesehen. Am nächsten Morgen trug ich eine kurze Notiz in Bill Hamiltons Krankenblatt ein. Jetzt war es zu einer Sache zwischen Bill Hamilton und seinem Schöpfer geworden.

Zu meiner nächsten Begegnung mit den Hamiltons kam es rund sieben Jahre später. Diesmal begab ich mich zu ihnen. Ich wollte mich nach den gefährdeten Personen erkundigen, die Levodopa genommen hatten, und so mußte ich eben zu Penny Hamilton Kontakt aufnehmen.

Ihr ehelicher Name lautete jetzt Penny Lewis, aber sie lebte immer noch in derselben Kleinstadt, und sie war bereit, mit mir zu sprechen. Sie stellte den Tod ihres Vaters anders dar: Er sei bei einem Verkehrsunfall umgekommen. Ich wußte, was ich wissen mußte, und widersprach ihr nicht. Wenn sie mit dieser Version leichter leben konnte, sollte es mir recht sein. Ihre Großmutter war inzwischen auch gestorben, an Brustkrebs.

Penny betonte ein ums andere Mal, daß sie normal sei. So wie ich es ihr gesagt hätte. Das hatte ich überhaupt nicht gesagt, aber das war es, was sie gehört und in ihrem eigenen Spiegel gesehen hatte. Ihren eigenen Augen konnte sie trauen. Ich hatte dies schon bei anderen Teilnehmern an unserer Untersuchung erlebt. Dieselbe Interpretation dessen, was wir ihnen gesagt hatten, bestehend aus 1 Prozent stillschweigender Folgerung und 99 Prozent Hoffnung.

Sie war viel zu stark von ihren drei Kindern in Anspruch genommen, um zu einer Untersuchung nach Chicago zu kommen, aber sie war bereit, sich von einem örtlichen Neurologen untersuchen zu lassen. Ein Arzt, der bei mir studiert hatte, praktizierte in der Nähe, und wir vereinbarten, daß er sie untersuchen werde. Eine Woche später wurde Penny untersucht und für frei von Chorea erklärt.

Wieder einmal wurde Penny Hamilton Lewis zu einem Fall für unsere Statistik. Acht Jahre nach Abschluß unserer Untersuchung der gefährdeten Personen zeigte sich ein Unterschied zwischen den beiden Gruppen. Vorher waren die Ergebnisse eindeutig gewesen: alle oder keiner – das galt nun nicht mehr. Von den zwanzig in der Gruppe, die bei Einnahme von Levodopa keine Chorea hatten erkennen lassen, hatte nur einer klinische Anhaltspunkte für Chorea Huntington entwickelt. Zu dieser Gruppe hatte Penny gehört. Ein falsch-negativer Fall von zwanzig, also 5 Prozent mit der Krankheit. Von den zehn, die bei Einnahme von Levodopa eine Chorea entwickelt hatten, war innerhalb der 8 Jahre bei 5 Personen Chorea Huntington diagnostiziert worden. Das waren 50 Prozent. Die Ergebnisse waren nicht hinreichend eindeutig, um einen verläßlichen genetischen Prädiktor abzugeben, aber sie reichten aus, um unsere Vermutung plausibel zu machen. Ich hoffte, mit Mrs. Penny Lewis in meiner beruflichen Eigenschaft nicht wieder zu tun zu bekommen.

Diese Hoffnung erwies sich als Illusion. Fast 15 Jahre später suchte Penny mich auf. Wenn man danach geht, was wir inzwischen über die Genetik der Chorea Huntington wußten, war es, als seien mittlerweile fünfzehn Lichtjahre verstrichen und nicht bloß drei Viertel einer Generation. Die Huntington's Disease Collaborative Research Group, ein Zusammenschluß, an dem sich 58 Forscher in sechs universitären Forschungsgruppen beteiligten, hatte 1983 das Gen für die Huntington-Krankheit entdeckt. Das fehlerhafte Gen wurde am Ende des kurzen Arms von Chromosom 24 gefunden. Man kennt sogar die genaue Stelle auf dem kurzen Arm des Chromosoms.

Die medizinische Forschung hatte mittlerweile die Vorstellung entwickelt, daß ein anomales Gen aus einem DNA-Abschnitt besteht, bei dem ein Baustein fehlt oder unkorrekt kodiert ist. Nicht so bei der Huntington-Krankheit. Alle Chromosomen bestehen aus DNA, Desoxyribonukleinsäure. Das vollständige DNA-Molekül besteht aus zwei Strängen, die wie eine lange Wendeltreppe umeinander gewunden sind. Das ist die DNA-Doppelhelix. Die Längsseiten der Leiter bestehen aus Zucker (Desoxyribose) und einem Phosphorsäurerest, während die Verbindungssprossen aus einer stickstoffhaltigen Base bestehen. Die Stränge bilden lineare Anordnungen dieser dreiteiligen Einheiten (Desoxyribose-Phosphat-Base), und diese Einheiten nennt man Nukleotide. Die DNA enthält nur vier verschiedene Basen: Adenin, Thymin, Cytosin und Guanin, die durch ihre Anfangsbuchstaben A, T, C und G eindeutig bezeichnet sind. Die Anordnung dieser Basen auf dem DNA-Strang bezeichnet man als DNA-Sequenz. Darum dreht sich die ganze Genetik – um ein System von eleganter Einfachheit, in dem vier verschiedene Nukleotid-Teile in einer ganz bestimmten Reihenfolge angeordnet sind. Einfacher geht es nicht. Auf dieser Sequenz beruhen die exakten genetischen Anweisungen, die an die Tochterzelle und die nächste Generation weitergegeben werden. Zusammengehalten werden die beiden DNA-Stränge von recht schwachen Bindungen zwischen den Basen auf den beiden Strängen. Die miteinander verbundenen Basen bezeichnet man als Basenpaar. Die Gesamtmenge des genetischen Kernmaterials – diese Gesamtheit bildet das Genom – wird durch die Zahl der Basenpaare angegeben. Das menschliche Genom besteht aus rund drei Milliarden Basenpaaren. Das ist die Gesamtmenge unseres genetischen Kernmaterials.

Vor einer Zellteilung werden die schwachen Bindungen zwischen den Basenpaaren gelöst, und das umeinandergeschlungene DNA-Molekül wickelt sich auf, so daß die beiden Stränge sich voneinander lösen. Jeder der Stränge steuert sodann die Synthese eines neuen, komplementären Stranges, der ein Duplikat des vorhergegangenen Partners ist. Auf diese Weise wird das Genom bei jeder Zellteilung dupliziert. Um es einmal so auszudrücken: Jedesmal wenn eine Zelle sich teilt, werden rund drei Milliarden Basenpaare genetischen Kernmaterials dupliziert.

Was ist nun ein Gen?

Das Gen ist die Grundeinheit des Genoms. Es besteht aus einer bestimmten Abfolge von Nukleotidbasen. Diese Gene oder Einheiten enthalten die Information, die vermittels der RNA den Aufbau bestimmter Proteine steuert, die entweder als Strukturproteine oder als Enzyme fungieren können. Der Aufbau des Proteins wird durch Stränge der messenger-RNA gesteuert, deren Bildung sehr der Nachbildung des paarigen DNA-Moleküls ähnelt; auch sie unterliegt den strengen Regeln der Basenpaarung. Diesen Vorgang bezeichnet man als Transkription. Die messenger-RNA verläßt anschließend den Zellkern und dient im Zytoplasma als Vorlage für den Aufbau von Proteinen. Die Gene sind von unterschiedlicher Länge, können aber mehrere tausend Basenpaare umfassen, jene Sequenzen von eleganter Einfachheit. Soweit uns bekannt ist, bestehen nur rund 10 Prozent des Genoms aus solchen kodierenden Sequenzen.

Beim Aufbau eines Proteins kommt es darauf an, daß die richtige DNA-Sequenz benutzt wird. Die Proteine sind lange Ketten von einfachen Molekülen, sogenannten Aminosäuren. Jedes Protein, ganz gleich, ob es als Strukturprotein oder als Enzym fungiert, besteht aus einer ganz bestimmten Sequenz von Aminosäuren. Beim Menschen gibt es über 20 verschiedene Aminosäuren. Jede wird kodiert durch ein bestimmtes Codon, das in einer Sequenz von drei Nukleotiden besteht.

Ein durchschnittliches Gen umfaßt eine Sequenz von 1000 Codons, so daß das Protein-Endprodukt in einer vorherbestimmten Anordnung von rund 1000 Aminosäuren besteht, die stets in exakt derselben Reihenfolge aneinandergekettet werden – es sei denn, es wäre etwas schiefgegangen. Wie das geschieht, weiß man seit langem. Ein einziger Fehler bei einem einzigen Codon führt dazu, daß das Proteinmolekül eine verkehrte Aminosäure enthält. Was kann eine einzige Aminosäure in einer Abfolge von 1000 oder mehr Aminosäuren ausmachen?

Bei der Sichelzellenanämie besteht das Genprodukt in einem solchen anomalen Protein. Wegen der Anomalie wird durch das Sichelzellen-Hämoglobin die Form des roten Blutkörperchens so verändert, daß es statt einer Scheibe eine Sichel bildet. Seine Funktion wird verändert, Arterien werden verstopft, was das Gewebe zerstört und den Tod zur Folge hat. Und das alles liegt nur daran, daß ein abweichendes Nukleotid mit einem mutierten Codon eine andere Aminosäure innerhalb des Hämoglobin-Moleküls kodiert: Nur eine einzige verkehrte Aminosäure ruft also die Sichelzellenanämie hervor.

Das war unsere herkömmliche Auffassung von genetischen Krankheiten: eine einzige verkehrte Aminosäure wegen eines einzigen Nukleotids an der verkehrten Stelle. So faßten wir die Mutationen auf. Doch bei der Huntington-Krankheit ist die Mutation eine andere.

1993, zehn Jahre nach der Lokalisierung des Gens für die Huntington-Krankheit, identifizierte die Huntington's Disease Collaborative Research Group das spezifische Gen für die Huntington-Krankheit. Zunächst nannten sie es »important transcript 15«, kurz IT15. Bekannt wurde es dann unter dem Namen Huntington-Gen. Der Unterschied ist folgender: Das Huntington-Gen besteht nicht aus einem verkehrten Nukleotid in einem einzigen Codon. Bei ihm *wiederholt* sich ein Codon. Besser bekannt ist diese Anomalie unter der Bezeichnung Trinukleotid-Repeat, kurz *Three-peat*. Das Gen besteht normalerweise aus Wiederholungen eines bestimmten Codons, nämlich Cytosin-Adenin-Guanin; man spricht vom CAG-Codon.

Die Forschergruppe entdeckte, daß die Anzahl der Codons bei Patienten, die an der Huntington-Krankheit litten, höher war als normal. Die Mutation, die die Huntington-Krankheit hervorruft, betrifft also einen instabilen DNA-Abschnitt, der eine anomal erhöhte Anzahl von Wiederholungen eines normalen Codons aufweist. Die DNA-Sequenz wird durch die Mutation somit nicht qualitativ, sondern quantitativ verändert. *Three-peat*-Mutationen hat man auch bei anderen genetischen Störungen gefunden, zum Beispiel beim Syndrom des fragilen X-Chromosoms und der myotonischen Muskeldystrophie.

Warum sind solche Three-peats dominant? Man nimmt an, daß sie deshalb zustande kommen, weil sie einen Funktionsgewinn und nicht einen Funktionsverlust hervorrufen.

Jedes Chromosom eines Chromosomenpaares dient als Vorlage für die Herstellung von *messenger*-RNA-Strängen, die wiederum in Proteine umgewandelt werden. Häufig entsteht durch Mutation ein abweichendes Codon, das ein durch Funktionsverlust gekennzeichnetes Genprodukt erzeugt. Die Hälfte der von den beiden DNA-Vorlagen kommenden *messenger*-RNA produziert also ein Protein, das seine enzymatische Funktion nicht erfüllen kann. Was nun? Unsere Zellen enthalten mehr Kopien der einzelnen Enzyme, als sie benötigen. Außerdem produziert die DNA des anderen Chromosoms des betreffenden Chromosomenpaares normale Kopien des Enzyms. Deshalb müssen zwei solche Mutationen zusammenkommen (eine auf jedem Chromosom), damit ein solcher Funktionsverlust aufgrund eines Gen-Enzym-Defekts entsteht. Man hat dann einen Fall der klassischen Mendelschen rezessiven Vererbung vorliegen.

Kommt es dagegen zu einem Funktionsgewinn, erzeugt die anomale Sequenz ein Genprodukt, das eine neue oder veränderte

Funktion hat. Dieses Protein bleibt nicht untätig; es tut etwas in der Zelle. Obwohl also die entsprechende Sequenz auf dem vom anderen Elternteil stammenden Chromosom das normale Produkt erzeugt, das durchaus normal funktionieren kann, exprimiert auch das anomale Gen seine Funktion. Deshalb ist die Mutation dominant. Wenn das Gen sich immer vollständig exprimiert, sprechen wir von vollständiger Penetranz der Mutation. Wenn das Produkt mit dem normalen Produkt konkurriert, ist die Penetranz unvollständig.

Bei der Huntington-Krankheit sieht das genetische Muster der Repeats so aus: Normale Individuen aus Familien, in denen die Krankheit nicht vorkommt, haben im Schnitt 18 Repeats, mit einer Schwankungsbreite von 9–10 im unteren und 34–37 im oberen Bereich.

Patienten mit Huntington-Krankheit haben im Schnitt 47 Repeats, mit einer Schwankungsbreite zwischen 37 und weit über 100.

Bei anderen Krankheiten als Huntington ist das CAG-Repeat instabil und expandiert nach der Geburt weiter, womit sich vielleicht der fortschreitende Verlauf der Krankheit erklärt. Aber bei der Huntington-Krankheit bleibt die Zahl der Repeats stabil. Das läßt den Schluß zu, daß die Zahl der Repeats bei Huntington vollständig von der Produktion der Spermien und der Eizellen abhängt. Während dieses Prozesses besteht eine Tendenz zur weiteren Expansion der Trinukleotid-Repeats (es kommen also mehr Funktionsgewinn-Codons hinzu, und das Ergebnis sind »Mutanten«). Diese Tendenz ist auch nicht geschlechtsneutral; sie kommt weit häufiger bei der Produktion von Spermien als bei der von Eizellen vor, eher beim Vater als bei der Mutter. Die Nachkommen haben tendenziell mehr Repeats als die Eltern, besonders dann, wenn der erkrankte Elternteil der Vater war. Und je größer die Zahl der Trinukleotid-Repeats war, desto früher bricht die Krankheit aus.

Das ist die Antizipation! Die Antizipation war also real. Sie war kein täuschendes Produkt der Untersuchungsmethode, sondern ein Teil der Krankheit selbst. Die alten Kliniker hatten es schon immer gewußt.

Penny Lewis trat also, wie gesagt, wieder in mein Leben. Sie brachte ihren Sohn mit – ein Déjà vu-Erlebnis. Vor drei Generationen hatte Pennys Großmutter, wie Sie sich erinnern werden, ihren Sohn zu mir gebracht, Bill Hamilton, Pennys Vater.

Penny schaute noch immer jeden Morgen in den Spiegel, um nach Anzeichen von Chorea zu fahnden, aber sie entdeckte keine. Sie war immer noch »normal«.

Aber ihr Sohn Greg war es nicht. Seine Diagnose war so offenkundig wie die leichten Zuckungen seiner Schultern. Das gelegentliche Zucken seiner Finger. Das seltene Grimassieren.

Antizipation! Sie mag bei der Spermienproduktion häufiger sein als bei der Eizellenproduktion, doch Penny war die gefährdete Person gewesen. Ihr Vater und ihr Großvater hatten die Huntington-Krankheit gehabt, und nun war es schmerzhaft offenkundig, daß ihr Sohn sie hatte. Der arme Greg, gerade achtzehn Jahre alt, hatte die Symptome früher bekommen als sein Großvater und seine Mutter, wenn nicht alles trog. Mit meiner Rückwärtslogik eines Neurologen war mir klar, daß Penny im Moment zwar keine Symptome zeigte, daß es aber wohl nur eine Frage der Zeit war. Von Bill Hamilton über Penny Lewis zu Greg Lewis. Das schrieb ich in sein Krankenblatt und hielt damit seinen Familienstammbaum fest.

Aber warum zuckte sie dann nicht? Warum war die Krankheit bei ihr noch nicht ausgebrochen? Und was war mit der Untersuchung? Würden viele gefährdete und negativ auf Huntington getestete Personen unsere Annahme widerlegen? Es war, wie ich vermutete, eine Frage der Statistik.

Doch vielleicht zäumte ich das Pferd beim Schwanz auf. Hatte Greg wirklich die Huntington-Krankheit? Was war ihr aufgefallen? Während ich mit ihr sprach, beobachtete ich ihn.

Greg fand, daß seine Mutter aus einer Maus einen Elefanten machte. Bei ihm war alles in Ordnung. Er war manchmal unruhig, aber wer war das nicht?

Penny berichtete etwas anderes. Gregs Verhalten hatte sich in den letzten ein bis zwei Jahren verändert. Es waren anfangs ganz unscheinbare Veränderungen, und sie hatte versucht, sie entweder zu verleugnen oder zu ignorieren oder Ausflüchte zu machen. Heranwachsende sind schon eigenartig. Besonders die Jungen.

Was waren das für Veränderungen? Er war schon immer reizbar gewesen, aber er wurde immer nervöser. Leichter erregbar. Und seine schulischen Leistungen hatten nachgelassen. Sie brach ab. Ich wollte Genaueres von ihr wissen. Ein besonders guter Schüler sei er nie gewesen, aber er hatte immer fleißig gearbeitet und annehmbare Noten bekommen: durchweg eine 2, gelegentlich eine 3.

»In Spanisch habe ich eine 1«, schrie er fast. »Nicht im letzten Semester«, widersprach ihm seine Mutter. »Ich habe eine gute 3 gekriegt.« »Und in amerikanischer Geschichte und Biologie bist du durchgefallen«, fügte sie hinzu. »Die Lehrer waren fies«, erklärte Greg mit einem Zucken seiner rechten Schulter, das zu rasch kam und übertrieben stark war und dem ein Zucken in der linken Gesichtshälfte folgte. »Und die Bewegungen?« fragte ich sanft. »Was für Bewegungen?« wollte er wissen.

Penny sagte, sie seien ihr erst in den letzten sechs Monaten richtig zu Bewußtsein gekommen. Ein neurologischer Assistenzarzt hätte die Beobachtung und Beschreibung nicht besser machen können als sie. Als sie detailliert schilderte, was sie gesehen hatte, wurde deutlich, daß sich mindestens seit sechs Monaten choreatische Bewegungen bei Greg manifestiert hatten. Ich sah sie selbst: Zuckungen und ruckartige Bewegungen, deren Ort nicht ganz zufällig war, aber fast; und die Bewegungen waren von unterschiedlicher Schnelligkeit, Amplitude und Richtung, und sie waren überlagert von offenkundigen Bemühungen, die spontanen unwillkürlichen Zuckungen in beinahe absichtsvolle Gesten umzuwandeln.

Greg hatte Chorea. Er hatte eine Persönlichkeitsveränderung durchgemacht. Und einen geistigen Niedergang. Es war nicht der Irrsinn, den Georgen Huntington als Endstadium beschrieben hatte, aber es waren die für die Krankheit typischen Veränderungen. Greg stammte aus einer Familie, in der die Huntington-Krankheit vorkam. Uns standen jetzt zwar die Mittel zur Verfügung, um den Beweis zu führen, aber eine genetische Untersuchung war bei

Greg nicht erforderlich. Die klinische Untersuchung reichte; Greg hatte Huntington.

Ein genetischer Test war eventuell bei ihren Kindern nötig, wenn sie wollten. Und bei Mrs. Lewis selbst. »Warum bei mir?« fragte sie. Ich erklärte ihr, daß ihr Mann keine gefährdete Person sei. In seiner Familie kam die Krankheit nicht vor. Sie war die gefährdete Person, die auch die Trinukleotid-Repeats an ihre Nachkommen weitergab, zumindest an einen ihrer Nachkommen; bei den übrigen bestand noch eine fifty-fifty-Wahrscheinlichkeit, daß sie die Krankheit bekommen würden.

Ich regte an, daß Penny und ich dieses Gespräch in meinem Sprechzimmer fortsetzen sollten. Jetzt wollte ich sie daraufhin untersuchen, ob bei ihr eine erhöhte Zahl von Trinukleotid-Repeats vorlag. Nicht in ihrem Interesse, sondern in meinem. Das wollte der Forscher in mir wissen. Der Kliniker in mir nahm jetzt an, daß ich durch die Ermittlung der Anzahl der CAG-Codons in ihrem Gen nichts erfahren würde, was ich nicht bereits wußte. Sie hatte mindestens 37, und das war mindestens ein verdammtes Codon zuviel. Wenn sich das herausstellte, war alles andere überflüssig. Die genaue Anzahl würde nur vorhersagen, in welchem Alter ihre Krankheit im Durchschnitt ausbrechen würde. Durchschnittswerte sagen im Einzelfall gar nichts. Trotzdem wollte ich es wissen.

Diese Situation hatte ich bisher noch nicht erlebt. Ich hatte eine Antizipation beobachtet. Ich bin ja, seit jeher, weit mehr Kliniker als Forscher. Daher hatte ich zahlreiche Patienten gesehen, bei denen die Krankheit früher ausgebrochen war als bei dem betroffenen Elternteil; ich wollte nun aber auch das Gegenteil sehen, einen Patienten, bei dem die Symptome der Krankheit später einsetzten als bei dem betroffenen Elternteil.

Penny Hamilton Lewis wies keine klinischen Anzeichen von Chorea auf. Ich hatte sie über anderthalb Stunden lang beobachtet. Es würde höchst interessant sein, wie stark die Anzahl der Trinukleotid-Repeats bei ihr und ihrem Sohn voneinander abwich.

Aber meine Wißbegier interessierte sie nicht. Also zurück zur Forschung, zu den klinischen Tatsachen. »Bei Ihrem Großvater begann die Krankheit, als er in den späten Dreißigern war«, begann ich. Das war ihr sehr wohl bekannt.

Ebenso der Umstand, daß die Krankheit bei ihrem Vater begonnen hatte, als er in den frühen Dreißigern war, und bei ihrem Sohn, als er im Teenageralter war. Sie selbst war aber immer noch symptomfrei.

Das war ihr alles bekannt; sie hatte es mir selbst mitgeteilt, als wir in mein Sprechzimmer traten. Nicht sie sei der Patient, rief sie mir in Erinnerung, sondern Greg. Ich fragte sie erneut, ob sie mir erlauben würde, sie zu untersuchen. Wieder erhielt ich eine Abfuhr. Ich erläuterte ihr, an welchen Dingen die Forschung interessiert sei, fand aber kein Gehör. Ich bettelte, ich schmeichelte.

Mir wurde klar, daß ich es mit einer neuen Taktik versuchen mußte. Ich brachte ihre anderen Kinder zur Sprache. Sie waren gefährdet. Sie sollten untersucht werden.

»Warum?« Hinter dieser Ein-Wort-Frage steckte ein tiefes Problem. Viele gefährdete Personen haben mir gesagt, sie wollten wissen, ob sie Träger des Gens sind, um zu entscheiden, ob sie Kinder bekommen sollen – ein allem Anschein nach berechtigtes Verlangen. Wir müßten allerdings noch wissen, in wie vielen Fällen sie ihrem Wissen entsprechend handeln. Hat das Wissen wirklich Einfluß auf das Verhalten? Und wenn ja, wie oft? Penny meinte also, es gebe für ihre Kinder keinen Grund, es genauer zu wissen. Sie wollten es vielleicht gar nicht wissen. Vielleicht würden sie selbst Kinder haben, vielleicht auch nicht. Sie würden sich möglicherweise anders verhalten, wenn sie die Zukunft kennen würden. Oder auch nicht. Es könnte aber todsicher ihr Leben verändern.

Dies ist ein schwer zu lösendes Dilemma. Nancy Wexler, selbst eine gefährdete Person, hat es als Teiresias-Komplex bezeichnet. Sie sieht es einerseits als gefährdete Person, andererseits als gelernte Psychologin. Warum eine Krankheit diagnostizieren, die nicht behandelt werden kann? Die Information bringt keine Lösung, weil man nichts tun kann. Es gehört zu den Anmaßungen der Wissenschaft des ausgehenden 20. Jahrhunderts, daß eine Diagnose zwangsläufig eine Behandlung nach sich zieht und die

Behandlung die Diagnose rechtfertigt. Teiresias tritt auf, der blinde Seher der griechischen Mythologie. Er erscheint in Sophokles' *König Ödipus* ebenso wie in Homers *Odyssee* und einigen weiteren griechischen Tragödien. In *König Ödipus* kennt Teiresias die Wahrheit, er weiß aber auch, welches Unglück die Enthüllung der Wahrheit mit sich bringt. So sagt er zu Ödipus: »Weh, weh, es wandelt die Erkenntnis sich in Fluch, wo uns nicht frommt Erkenntnis!«

Wexler hat das Dilemma in diese Fragen gefaßt: Möchten Sie wissen, wie und wann Sie sterben werden, besonders wenn es nicht in Ihrer Macht steht, daran etwas zu ändern? Sollte solches Wissen frei zugänglich gemacht werden? In welcher Weise entscheidet man, ob man diese wichtige Information erhalten möchte oder nicht? Wie geht man mit der Antwort um?

Vergessen wir jedoch nicht, was in *König Ödipus* geschah. Der König erkennt, daß er seinen Vater getötet und seine Mutter geheiratet hat. Seine Ehefrau/Mutter tötet sich, er sticht sich die Augen aus, und die Familientragödie geht dann auf die nächste Generation über. Hatte Teiresias richtig gehandelt? Warum hatte Ödipus mit dieser Suche nach dem Wissen begonnen? Weil Theben, sein Theben, von einer schrecklichen Pest heimgesucht wurde. Diese Pest war über Theben gekommen, weil ein Frevel, der die Götter erzürnte, gesühnt werden mußte. Als der geblendete Ödipus nach Kolonos aufbricht, endet die Pest. Hat sich sein Wissen als wertlos erwiesen? Haben nicht mehr Menschen von seinem Wissen profitiert, als darunter gelitten haben?

Das alles ging mir durch den Kopf, aber es nutzte nichts. Penny war genauso störrisch wie einst ihre Großmutter – oder war es ihr Vater? »Aber denken Sie doch an Ihre Enkelkinder«, platzte es aus mir heraus. »Wegen meiner Enkelkinder brauchen Sie sich keine Sorgen zu machen«, fauchte sie zurück. »Wieso nicht?« »Von denen wird keines Huntington bekommen«, rief sie aus. »Und Ihre anderen Kinder?« »Die auch nicht.« Ihre Zuversicht war grenzenlos. »Weshalb sind Sie da so verdammt sicher? Ihr Sohn hat die Krankheit. Und Sie auch.« »Scheren Sie sich zum Teufel!« sagte sie. »Ich ...« Ich hielt inne. Ich hatte mich in meinem wissenschaftlichen Drang zu sehr ins Zeug gelegt und dabei die Tragödie ihres realen Lebens aus den Augen verloren.

Nach einer Pause sagte ich: »Hören Sie, Mrs. Lewis, es tut mir aufrichtig leid, daß ich Sie so bedrängt habe, aber ich dachte dabei wirklich an die nächste Generation. An den Tatsachen ist nicht zu rütteln. Ihr Vater hatte Huntington. Ihr Sohn hat Huntington. Sie haben Huntington.« »Ich nicht!« sagte sie mit Bestimmtheit, fast emotionslos. »Woher wissen Sie das so genau?« fragte ich, ebenfalls so emotionslos wie möglich. »Weil er der Sohn meines Vaters ist.« »Ihres Vaters ...« »Der Scheißkerl hat mich vergewaltigt.« Vielleicht war das ein fernes Echo von George Huntingtons Andeutung, daß der Irrsinn das Endstadium der Huntington-Krankheit sei.

»Er ist gestorben«, erinnerte sie mich. »Als ich im sechsten Monat schwanger war, kam er bei einem Verkehrsunfall um.«

Ich wollte ihr auf keinen Fall widersprechen. Wieviel hatten andere gewußt? Wer hatte das Benzin ausgegossen? War es Selbstmord gewesen, ein Unfall oder etwas weit Schlimmeres? War er ermordet worden? Vielleicht war das Benzin nicht ganz zufällig ausgegossen worden. Es konnte von einer Zigarette entflammt worden sein, vielleicht aber auch nicht. Schlief er bloß, nachdem er sich wieder einmal betrunken hatte? Hatte er gerade seine Tochter vergewaltigt? Wer hatte ihn getötet? Die Frauen waren in der Familie die starken, die eigenwilligen, die sich zu Taten aufrafften.

Diesen Fragen nachzugehen war nicht meine Sache. Ich war ihr Arzt – die Vergangenheit ging mich nichts an. Ich hatte die Antwort, die ich brauchte. Penny hatte recht. Daß Greg krank war, bedeutete nicht, daß sie das Gen hatte. Gregs abweichende genetische Ausstattung stammte von seinem Großvater, der auch sein Vater war. Nicht von seiner Mutter.

Ich hätte diese Möglichkeit vielleicht erahnen können, wenn ich nicht – wie die meisten von uns – dazu neigen würde, das Ungeheuerliche auszublenden.

Es gibt eine alte, erprobte klinische Beobachtung, die sich, anders als die Antizipation, immer wieder bewährt hat. Bei den allermeisten Huntington-Patienten, bei denen die Krankheit ausbricht, bevor sie zwanzig werden, stammt das Gen vom Vater. Trinukleotid-Repeats in rauhen Mengen. Und Greg war unter zwanzig. Penny hatte völlig recht. Sie hatte nicht Huntington. Sie war kein falsch-negativer Fall, auch wenn ihr Leben in mancher Hinsicht leichter hätte sein können, wenn sie es gewesen wäre.

Ich setzte an, etwas zu sagen, brach dann aber ab.

Penny hatte außerdem auch unrecht. Sie war noch nicht außer Gefahr, und auch ihre anderen Kinder nicht. Als Tochter eines Mannes, der Huntington gehabt hatte, gehörte sie noch zu den gefährdeten Personen. Bei ihr bestand noch immer eine fifty-fifty-Wahrscheinlichkeit, daß sie das Gen in sich trug und schließlich die Krankheit bekommen würde. Und ihre anderen Kinder waren auch nicht außer Gefahr. Ich war wieder bei dem Dilemma des Teiresias. Aber nicht ganz.

»Wer weiß es sonst noch?« »Meine Großmutter wußte es.« Viele Mütter von mißbrauchten Töchtern wissen nichts oder wollen nichts wissen – aber zu dieser Sorte hatte Mrs. Hamilton nicht gehört.

»Ihr Mann?« Sie schüttelte den Kopf. Deshalb wollte sie sich nicht untersuchen lassen. Denn wenn sich dabei herausstellen würde, daß sie negativ war, dann ...

»Aber sie bräuchten nichts davon zu erfahren.« »Wie soll ich das verstehen?« »Wenn Ihr Untersuchungsergebnis negativ ist, bleibt es unter uns beiden, sonst erfährt niemand davon.« »Wozu soll das gut sein?« »Dann können wir Ihre Kinder untersuchen.« »Aber sie müßten alle negativ sein ...« »Darum geht es ja. Noch hängt das Damoklesschwert über ihnen. Aber wahrscheinlich sind sie nicht gefährdet – und das sollten sie auch wissen.«

So sind wir dann auch verfahren. Penny hatte 20 Repeats auf einem Chromosom und 14 auf dem anderen. Sie war keine Trägerin des Gens. Sie brauchte sich keine Sorgen mehr zu machen, auch nicht um ihre Kinder.

GESCHICHTE 11

Der Einsiedler von Thief River Falls: Erste Begegnung mit einem Namensgeber

Immer wenn ein berühmter Gastprofessor die neurologische Abteilung eines Krankenhauses besucht, gehört es zu seinen Verpflichtungen, einen Vortrag zu halten. Dieser Vortrag findet gewöhnlich während der Chefarztvisite statt, bei der ein Patient vorgestellt wird, den der Gastprofessor zum Ausgangspunkt seines Vortrags macht. Dieses Arrangement erlegt dem Gastgeber zahlreiche Verpflichtungen auf, und die wichtigste davon ist, für die Vorstellung den richtigen Patienten auszusuchen, der es dem Gastprofessor ermöglicht, sich wortreich über ein Gebiet zu verbreiten, auf dem er Experte ist.

Der Gastprofessor, über den ich hier schreibe, war bereits zum Namengeber geworden, aber die nach ihm benannte Krankheit war sehr selten. Im ganzen Land gab es nicht mehr als einige Dutzend Fälle, und wenn er den Patienten nicht selbst mitbrachte, waren die meisten Neurologie-Abteilungen außerstande, ihm den richtigen Patienten vorzustellen. Das ist eine der Tragödien der Neurologie des 20. Jahrhunderts. Es ist noch immer möglich, zum Namensgeber zu werden, aber alle guten Krankheiten sind schon vergeben. Es sind nur noch seltene Krankheiten übrig, und es war eine der allerseltensten, die ihren Namen von unserem Gastprofessor erhalten hatte: Professor Sigvald Refsum von der Universität Oslo. Er war der erste Namensgeber aus Norwegen, seit Armauer Hansen seinen Namen dem Bazillus gegeben hatte, der Lepra hervorruft – Hansen-Bazillus –, und dann auch der Krankheit selbst, die seither Hansen-Krankheit heißt. Letzteres geschah jedoch weniger, um Hansen zu ehren, als vielmehr, um einen Namen für die

Lepra zu finden, der frei war von dem Stigma, das dem herkömmlichen Namen anhaftete. So wie man dem Mongolismus den Namen von J. L. H. Down verliehen hatte.

Der Tatsache, Refsums Krankheit zu haben, haftete keinerlei Stigma an. Der Einsiedler von Thief River Falls war nicht zum Einsiedler geworden, weil er Refsums Krankheit hatte. Wie ich an jenem Tag von Professor Refsum erfuhr, verhielt es sich vielmehr genau umgekehrt.

Thief River Falls ist eine Kleinstadt im ländlichen Minnesota, und Knut Jacobsen hatte dort sein ganzes Leben verbracht. Er war Farmer, wie es schon sein Vater und seine beiden Großväter gewesen waren. Die Familien waren Ende der achtziger Jahre des 19. Jahrhunderts aus Norwegen eingewandert und hatten sich in der Nähe von Thief River Falls angesiedelt. Sie waren arbeitsame Farmer, die noch immer an der alten Heimat hingen. Knut wurde nach Knut Hamsun benannt, der 1920 den Nobelpreis für Literatur erhielt.

Die Jacobsens waren immer auf ihre Unabhängigkeit bedacht gewesen und weitgehend unter sich geblieben. Ende der dreißiger Jahre, als Knut 15 oder 16 war, kamen seine Eltern und sein älterer Bruder bei einem schrecklichen Brand ums Leben, und er war auf sich allein gestellt. Einige Jahre lebte er auf der Farm oder dem, was davon übriggeblieben war, bis Gläubiger anfingen, Anspruch auf einzelne Teile des Grundbesitzes zu erheben. Als die Vereinigten Staaten in den Zweiten Weltkrieg eintraten, lebte Knut in einer kleinen Blockhütte an einem kleinen See im tiefen Hinterland und ernährte sich von Fischfang und Jagd.

Er bekam einen Gestellungsbefehl, den er ignorierte, bis der Sheriff ihn in die Stadt schleifte. Die Musterungskommission befand ihn aus psychiatrischen Gründen für dienstuntauglich. Knut kehrte in die Blockhütte und eine ständig zunehmende Einsamkeit zurück.

Der Zweite Weltkrieg hatte für die Amerikaner einschneidende Folgen. Dazu gehörte die Rationierung mit blauen und roten Punkten, die letzteren für Fleisch. Knut Jacobsen brauchte derlei nicht. Wildbret fiel nicht unter das Rationierungssystem. Auch Kaninchen nicht. Ebensowenig Fische. Er konnte so viel Protein zu sich nehmen, wie er wollte. Das konnten auch andere Fischer und Jäger. Aber die meisten Menschen, die in Minnesota lebten, waren keine Fischer oder Jäger. Sie waren Farmer, Ladenbesitzer, Lehrer, Friseure, Lastwagenfahrer und Fabrikarbeiter. Sie alle hatten weniger rote Punkte, als sie brauchten. Auf einmal gab es einen Markt für alles, was Knut fangen oder schießen konnte, und bald stand er in dem Ruf, das beste frische Wild von ganz Minnesota zu liefern. Es war immer perfekt bratfertig, ohne ein Gramm Fett daran. Einmal in der Woche fuhr Knut nach Thief River Falls hinein und verkaufte sein bereits bratfertig zugerichtetes Wild und seine Fische, immer gegen bar, aber er kaufte nie etwas. Knut lebte vom Land und war vollkommen autark. Im Lauf des Krieges nahm er mehr und mehr Geld ein. Doch auf die Landung der Alliierten in der Normandie folgte der Sieg in Europa und dann der Sieg über Japan, und es dauerte kein Jahr mehr, bis die Rationierung aufgehoben wurde. Nun brauchte niemand mehr den Fisch und das Wild von Knut. Und dann kehrten die Wildhüter zurück, und sie nahmen die Jagdzeit tatsächlich ernst.

Knut hörte also auf zu fischen und jagte nur noch während der Jagdzeit. Ein- oder zweimal im Jahr kam er in die Stadt, aber ansonsten blieb er draußen in den Wäldern. Um 1960 fiel den Einwohnern von Thief River Falls allmählich auf, daß mit dem alten Knut etwas nicht stimmte. Er war noch nicht dreißig, sah aber aus wie vierzig. Seine Haut war dick und derb und sah aus wie die Schuppen eines sterbenden Fisches, was selbst bei einem Mann, der sein ganzes Leben im Freien verbracht hatte, merkwürdig war. Und Knuts Gang veränderte sich. Anfangs schlurfte er mit den Füßen, so als könne er sie kaum hochheben. Dann fing er an zu torkeln, so als sei er betrunken.

War es möglich, daß er das ganze Geld, das er im Krieg verdient hatte, auf diese Weise ausgab? Indem er schwarz gebrannten Alkohol kaufte? Für Alkohol brauchte man keine Punkte. Niemand in Thief River Falls hatte ihm je Alkohol verkauft, und niemand hatte ihn je betrunken gesehen, aber wußte man's? Was konnte man in den langen, kalten Winternächten in der einsamen Hütte in den

Wäldern sonst tun? Vielleicht machte er sich seinen Schnaps selbst. Oder er kaufte Schwarzgebrannten von einem anderen Einsiedler.

Als Knut im Frühjahr 1964 in die Stadt kam, sah er so schlecht aus wie noch nie. Er konnte kaum seine Füße heben, und er konnte so schlecht das Gleichgewicht halten, daß er sich im Zickzack zu bewegen schien, als suche er nach einer Wand, die ihn stützte. Da gab der Ladenbesitzer Henrik Nordgren Knut den Rat, zum Doktor zu gehen, und Knut war einverstanden. Wenn Knut bereit war, zum Doktor zu gehen, dachte Nordgren, dann mußte der Einsiedler überzeugt sein, daß der Tod nicht mehr fern war.

Auf diese Weise wurde er mein Patient. Henrik Nordgren brachte ihn in die Notaufnahme des Krankenhauses der University of Minnesota. Nicht, daß dies ein Notfall gewesen wäre – es hatte sich sich schon über etliche Jahre erstreckt –, aber Nordgren dachte, daß Knut es sich vielleicht anders überlegen könnte, wenn er warten mußte, bis man ihm einen Termin gab.

Der Arzt in der Notaufnahme warf einen kurzen Blick auf Knut Jacobsen und rief Hilfe herbei. Er piepste die auf Abruf bereitstehenden Assistenzärzte für Dermatologie und Neurologie an. Ich war als erster da. Knut lag auf dem Rücken und starrte zur Decke, als ich an das Krankenbett trat und mich vorstellte.

»Bin noch keinem Neu-rologen begegnet«, sagte er. »Allerdings treffe ich in diesen Tagen nicht allzu viele Leute.« Nach einer Pause fragte er: »Was ist ein Neu-rologe?«

»Neuro-loge«, verbesserte ich ihn. »Wir befassen uns mit dem Nervensystem. Wir versuchen Patienten zu helfen, die Probleme haben, weil ihr Nervensystem nicht richtig funktioniert.«

»Was für Probleme?«

Ich warf einen Blick auf die knappen Notizen, die der Arzt von der Notaufnahme in seiner Krankenakte festgehalten hatte. »Zum Beispiel Schwierigkeiten mit dem Gehen.« »Was für Probleme? Rheumatismus?« »Nein. Schlurfen mit den Füßen. Gleichgewichtsverlust.« Er sagte nichts. Ich schaute wieder auf das Blatt. »Leute, die wie Betrunkene gehen«, äußerte ich. »Ich habe in meinem ganzen Leben keinen Tropfen getrunken.« »Das hat auch keiner gesagt. Es kann aber passieren, daß man wie ein Betrunkener geht, auch wenn man in seinem Leben noch nie etwas getrunken hat.« »Wie ist das möglich?«

Ich stellte mich auf seine kurzen Fragen ein. »Das versucht die Neurologie herauszukriegen.« Ich machte eine Pause, und als er schwieg, fuhr ich fort. Alkohol, erklärte ich, verursacht Gleichgewichtsstörungen, weil er die Funktion eines Teils des Gehirns beeinträchtigt, den man Cerebellum – Kleinhirn – nennt. Er bat mich, das Wort zu wiederholen, und als ich es wiederholte, sprach er es nach.

Das Cerebellum, erklärte ich, steuert das Gleichgewicht. Alkohol greife in diese Steuerung ein, aber auch andere Dinge, darunter neurologische Krankheiten, und meine Aufgabe sei es, herauszufinden, woran es lag, daß sein Cerebellum nicht normal arbeitete, und die Ursache nach Möglichkeit abzustellen.

»Aber Sie operieren doch nicht, oder? Hirnoperationen?« »Nein, keine Operationen. Das machen die Neurochirurgen. Ich bin Neurologe.« »Dann möchte ich einen Neurologen«, sagte er und sprach dabei das Wort einwandfrei aus. »Und ich möchte, daß Sie mein Neurologe sind.«

Ich versuchte ihm klarzumachen, daß ich bloß Assistenzarzt im ersten Jahr war. Daß ich noch kein richtiger Neurologe sei und daß er einem der diensthabenden Neurologen zugewiesen würde, der weit mehr Erfahrung besitze als ich. Auf Erfahrung legte Knut keinen besonderen Wert. Außerdem gehörte ich nicht einmal zum Aufnahmedienst. Ich hatte bloß Nachtbereitschaft; tagsüber war ich im Labor und las Elektroenzephalogramme. Auch dieses Wort sprach er nach. »Hirnwellen-Untersuchungen«, erklärte ich, wobei ich mir nicht sicher war, ob die Erklärung ihm etwas sagte. »Kommt mir ziemlich langweilig vor.« Es war sehr langweilig, aber ich war erst Assistenzarzt im ersten Jahr und hatte zu tun, was man mir sagte.

»Bestimmt finden Sie Zeit, nach mir zu sehen zwischen den Hirnwellen-Untersuchungen.« Das war mir leider nicht möglich. »Ich glaube, dann gehe ich lieber wieder heim.« »Ich glaube, dann werde ich Zeit finden, nach Ihnen zu sehen.«

Ich hatte noch nicht einmal seine Krankengeschichte aufgenommen oder ihn untersucht, aber er hatte mich bereits als seinen Arzt verpflichtet, eine Rolle, die ich noch weiterspielte, nachdem ich Minnesota längst weit hinter mir gelassen hatte. Seine Krankengeschichte stückelte ich aus Angaben von Knut Jacobsen und Henrik Nordgren zusammen. Von Mr. Nordgren erfuhr ich, daß Knut als »der Einsiedler« bekannt sei, weil er ein Einzelgänger war, der tief in den Wäldern allein in einer Blockhütte lebte. Mr. Nordgren berichtete auch, daß Knut vom Jagen und Fischen lebte und in seiner Gegend eine beinahe legendäre Gestalt war.

In den Notizen, die ich mir von unserem Gespräch machte, begann ich Knut als den »Einsiedler von Thief River Falls« zu bezeichnen.

Mr. Nordgren nannte mir weitere Einzelheiten über den fortschreitenden Verlauf von Knut Jacobsens Behinderung, weil Knut sich nicht erinnern konnte, wann es angefangen hatte. Mr. Nordgren meinte jedoch, ihm sei Mitte der fünfziger Jahre aufgefallen, daß etwas nicht stimmte, und da war Knut Ende Zwanzig. Was war ihm zuerst aufgefallen? Der schlurfende Gang.

Allmählich schälte sich ein stimmiges Bild heraus. Knut hatte rund zehn Jahre lang mit den Füßen geschlurft, mit beiden Füßen ungefähr gleich stark, und das Schlurfen war mit den Jahren langsam, aber sicher schlimmer geworden.

Das Schlurfen deutete auf eine Muskelatrophie hin, die distal, weit entfernt vom eigentlichen Sitz der Krankheit, ihren Anfang genommen und sich dann verschlimmert hatte. Da das Schlurfen in beiden Beinen gleich deutlich war, litt Knut vermutlich an einer peripheren Neuropathie, einer Störung der Nerven, die die Beinmuskeln durchziehen. Dies deutete ferner darauf hin, daß er eine Neuropathie mit retrogradem Absterben der Nervenzellen hatte; das bedeutete, daß nicht nur die Nervenenden erkrankt waren, sondern die Zellkörper der Nerven. Die im Rückenmark sitzenden Zellkörper steuern den gesamten Stoffwechsel der Nerven. Wenn die Zellkörper nicht normal funktionieren, beginnen die Zellen abzusterben, und sie sterben retrograd – rückwärts – ab, beginnend am fernen Ende. Eine Neuropathie mit retrogradem Absterben beginnt also in den Füßen und arbeitet sich dann die Beine hinauf.

Solche distalen Neuropathien können verursacht sein von Giften oder Toxinen wie Blei, Arsen oder Thallium; von Stoffwechselproblemen wie Diabetes mellitus; von erblichen Krankheiten oder von Ernährungsfehlern oder Vitaminmangel, wie man sie oft bei Alkoholikern antrifft.

Wer zehn Jahre lang eine Neuropathie mit retrogradem Absterben in beiden Beinen hat, müßte auch eine Neuropathie seiner Hände aufweisen; sie müßten schwach sein. Waren Knuts Hände schwach? Ich betrachtete die Hände. Die Muskeln waren verkümmert, was ebenfalls zu dieser Form der Neuropathie paßte.

Der Einsiedler hatte also eine diffuse, retrograde Neuropathie aller vier Extremitäten. In den letzten drei bis vier Jahren hatte er sich fortbewegt, als sei er betrunken.

»Ich trinke nicht einen Tropfen«, beteuerte er. Beteuerte er vielleicht viel zu viel? Alkoholische Neuropathien sind zumeist eher sensorischer als motorischer Natur, betreffen also eher die Wahrnehmungen als Bewegungsstörungen. Sie gehen eher mit Taubheit und Kribbeln als mit einem schlurfenden Gang einher. Ich hatte allerdings gelernt, daß Alkoholismus die bei weitem häufigste Ursache der peripheren Neuropathie in Verbindung mit Ataxie – Gleichgewichtsstörungen – war. Der Einsiedler war vermutlich ein in einer Blockhütte lebender heimlicher Trinker. Dabei hatte ich schon mehr Alkoholiker auf meiner Liste, als mir lieb war. Ihre Haupttugend als Patienten bestand darin, daß sie selten zu ihren Terminen erschienen, so daß ich mehr Zeit hatte, die ich in der Bibliothek verbringen konnte.

Knut präsentierte ein anderes Symptom. Im letzten Jahr hatte er auf beiden Augen Probleme mit dem Sehen bekommen. War das Problem bei beiden Augen gleich? Er meinte, ja. Was für ein Problem? Alles war verschwommen und undeutlich. Hatte es plötzlich eingesetzt? Schlechter Schnaps, der aus Holzgeist, anders gesagt aus Methanol, hergestellt ist, kann durch Schädigung der Sehnerven Blindheit hervorrufen. Das fängt für gewöhnlich schlagartig an. Nein, es hatte allmählich angefangen.

Dann war es vermutlich keine Methanolvergiftung. Ich schaute ihm in die Augen, untersuchte den Augenhintergrund. Ein weißer, geschrumpfter Sehnerv, das Erkennungsmerkmal einer Methanolvergiftung, war nicht zu erkennen. Vielmehr war seine ganze Netzhaut anomal, übersät mit schwarzen Flecken von unterschiedlicher Form und Größe, so als habe jemand schwarzes Pigment darüber versprüht und dadurch Entzündungen ausgelöst. So etwas hatte ich noch nie gesehen.

Dann führte ich die übrigen Teile der neurologischen Untersuchung durch. Ich beobachtete ihn beim Gehen. Er hatte einen sogenannten *steppage gait:* Seine Füße, genauer gesagt, die Unterschenkelmuskeln, die den Knöchel beugten, waren so schwach, daß er beim Vorwärtsgehen die Knie heben mußte, als ginge er eine Treppe hinauf, um überhaupt die Zehen vom Boden zu heben. Das leuchtete mir ein. Die Knöchelmuskulatur war sehr schwach, aber die Hüftmuskulatur war stark genug, um das auszugleichen, was für die Vermutung sprach, daß er eine distale Muskelatrophie hatte, genau das, was ich erwartet hatte.

Der *steppage gait* war auf beiden Seiten gleich stark ausgeprägt: eine vollkommen symmetrische, bilaterale distale Muskelatrophie, die mit der bilateralen Atrophie beider Hände einherging. Ich ließ ihn die Schuhe ausziehen – er trug keine Socken – und die Hosenbeine anheben. Die Muskeln seiner Unterschenkel und Füße waren atrophisch, genau wie die Hände.

Knut hatte außerdem einen Wahrnehmungsverlust in seinen Extremitäten. Eine leichte Berührung an den Füßen nahm er nicht wahr, wohl aber an den Knien. Gleiches galt für einen Nadelstich und die Schwingungen einer Stimmgabel. Dann veränderte ich, während er die Augen geschlossen hielt, die Stellung einer Zehe und bat ihn zu sagen, ob ich sie nach oben oder nach unten gebeugt hatte. Er hatte nicht einmal gemerkt, daß ich sie überhaupt bewegt hatte. Er konnte angeben, ob ich seinen Fußknöchel bewegt hatte, und zumeist konnte er auch die Richtung korrekt angeben. Einen erheblichen sensorischen Ausfall, der distal und symmetrisch war, konnte man jedenfalls nicht als Muskelerkrankung oder als *amyotrophische Lateralsklerose* einordnen. Dazu paßte auch nicht, was ich in seinen Augen gesehen hatte.

Knuts Ernährungszustand erschien gut. Von seinen atrophischen Muskeln abgesehen, machte er einen robusten Eindruck. Wahrscheinlich ernährte er sich vernünftig. Ich fragte ihn, was er aß. Obst und Gemüse in rauhen Mengen. Vitaminmangel kam also nicht in Frage.

Knut Jacobsen hatte demnach eine periphere Neuropathie und einen sonderbaren Augenhintergrund. Und er war ataktisch, sein Gang war schwankend. Periphere Neuropathie, Ataxie und sonderbarer Augenhintergrund. Als ich soweit war, kam der dermatologische Assistenzarzt herein.

»Was haben wir?« fragte er.

Ich machte ihn mit Knut Jacobsen bekannt. Er selbst war mir unbekannt, und ich war mir sicher, daß er sich nicht vorstellen würde. Wie Assistenzärzte nun einmal sind, blieb er in einem Meter Entfernung stehen und betrachtete den Patienten. Damit befolgte er die Grundregel der dermatologischen Untersuchung: Wenn du nicht weißt, welche Art von Ausschlag du siehst, gibt es keinen Grund, den Patienten zu berühren; dann gilt: beobachten, beobachten, beobachten.

»Was haben wir?« wiederholte er.

»Ich weiß nicht, was wir haben«, erwiderte ich, »aber Mr. Jacobsen hat dieses Hautproblem seit fünf Jahren oder länger. Die Haut ist immer schuppiger geworden.« Das war untertrieben, denn tatsächlich sah seine Haut wie die eines Fisches aus. Knut streckte seine Arme vor und zeigte Rücken und Brustkorb, damit der Dermatologe ihn in Augenschein nehmen konnte.

»Er hat eine fischartige Haut«, sagte der Dermatologe. »Das weiß ich auch. Was hat er?« »Ichthyose.« Das bedeutete aber nichts anderes als fischartige Haut. »Er hat Ichthyose«, wiederholte er. »Sie ist nicht behandelbar, und ein Notfall ist es jedenfalls nicht.« Mit diesen Worten ging er hinaus.

Periphere Neuropathie, Ataxie, sonderbarer Augenhintergrund – und Ichthyose. Nun, wenn der dermatologische Assistenzarzt Knut Jacobsens fischartige Haut als »Ichthyose« bezeichnen konnte, dann würde ich seine entzündete Netzhaut »Netzhautentzündung«, »Retinitis«, nennen. »Retinitis pigmentosa«, Netzhautentzündung mit Pigmentflecken.

Dann fiel bei mir der Groschen: Knut Jacobsen hatte das Refsum-Syndrom, benannt nach Dr. Sigvald Refsum.

Sigvald Refsum hatte der Erkrankung ursprünglich den perfekt griechisch-lateinischen deskriptiven Namen gegeben: *Heredopathia atactica polyneuritiformis*, was übersetzt bedeutet: Erbkrankheit – Heredopathia –, gekennzeichnet durch Ataxie – atactica – und eine Neuropathie mehrerer peripherer Nerven – polyneuritiformis. Und für gewöhnlich hatten die Patienten auch Retinitis pigmentosa und oftmals Ichthyose. Die Diagnose war für einen neurologischen Assistenzarzt im ersten Jahr gar nicht so schlecht.

Ich nahm ihn ins Krankenhaus auf. Wir taten nicht viel für ihn. Alle gestandenen Neurologen kamen herbei, nickten verständig und stimmten der Diagnose zu. Natürlich hatte keiner von ihnen jemals einen Patienten mit Refsum-Krankheit gesehen. So nannten sie es alle. Keiner sagte »Heredopathia atactica polyneuritiformis«. Refsums Name war leichter auszusprechen und sogar leichter zu merken, und außerdem würde Refsum im Juni kommen und auf seine Gastvisite gehen. Dann würde ich ihm meinen Fall vorstellen können. Ich hatte also drei Monate, um mich darauf vorzubereiten.

Was konnten wir aber in der Zwischenzeit für meinen Patienten tun? Von den festangestellen Neurologen hatte keiner eine Idee, was zu tun sei. Sie sagten mir alle, daß wir uns das von Professor Refsum erklären lassen sollten. Er hatte die Krankheit entdeckt. Er würde wissen, was mit meinem Fall zu tun sei.

Aber Knut Jacobsen war nicht mein Fall. Er war ein Patient, eine Person, ein Mensch, dessen Nervensystem allmählich degenerierte. Das entscheidende Wort für alle meine Mentoren war »allmählich«. Das bedeutete, daß der Patient ohne weiteres drei Monate warten konnte. Was blieb uns anderes übrig?

Wir warteten also. Mr. Jacobsen wartete daheim in seiner Blockhütte in den abgelegenen Wäldern hinter Thief River Falls, ging allein fischen und sah keinen Menschen: Rollen, die zum Einsiedler von Thief River Falls paßten. Mit dem Jagen war es nichts mehr. Dafür sah er nicht scharf genug. Seit Jahren hatte er schon nichts mehr geschossen. Er konnte nicht einmal mehr Fallen aufstellen, weil seine Hände zu schwach waren, um sie zu öffnen. Er schlug sich mühsam damit durch, daß er alles sammelte, was sich Eßbares an Büschen und anderen Pflanzen in den Wäldern fand.

Auch ich wartete, aber meistens in der Bibliothek. Ich las in diesen drei Monaten jeden Artikel über die Refsum-Krankheit, den ich aufstöbern konnte. Ich begann mit Refsums Originalartikel, der 1946 erschienen war. Refsum hatte über vier Patienten geschrieben, die er während der letzten drei Jahre der deutschen Besetzung Norwegens untersucht hatte. Sie stammten aus zwei Familien, je zwei aus einer Familie. Daher wußte er, daß es eine Erbkrankheit war. Die beiden Familien lebten an entgegengesetzten Enden Norwegens, über 800 Kilometer voneinander entfernt. Sie waren, soweit man wußte, nicht miteinander verwandt. Von den Eltern und auch den Großeltern der vier Patienten hatte keiner diese Krankheit. Der Vererbungsmechanismus war demnach höchstwahrscheinlich ein seltenes, rezessives Gen. Wenn ein Gen rezessiv ist, ist derjenige, der nur ein Allel, nur eine Kopie des Gens besitzt, funktionell normal, aber er kann dieses Allel an seine Nachkommen weitergeben. Ist der andere Elternteil kein Träger (besitzt er also keine Allele für dieses Gen), ist die Weitergabe folgenlos; die Hälfte der Kinder aus dieser Verbindung wird eine Kopie des Gens besitzen, die andere Hälfte keine Kopie. Aber alle Kinder werden normal sein, weil Personen, die mit nur einem Allel für die Refsum-Krankheit geboren werden, lebenslang normal bleiben. Sind dagegen beide Eltern Träger des Allels, beträgt die Wahrscheinlichkeit, daß eines ihrer Kinder beide rezessiven Allele erbt und folglich erkrankt, nur 1 zu 4.

Was so selten ist, bleibt selten.

Aber die Ehe ist nicht unbedingt ein Zufallsereignis, besonders nicht in den entlegenen Waldgebieten Nordnorwegens, wo seit den Zeiten der Wikinger immer wieder dieselben Familien untereinander geheiratet haben. Was die Gesamtinzidenz der

Krankheit vorherzusagen erlaubt, ist nicht die Hintergrundinzidenz innerhalb der gesamten Bevölkerung, sondern die Inzidenz in bestimmten Teilgruppen. Das Gen für das Tay-Sachs-Syndrom ist innerhalb der Gesamtbevölkerung so selten, daß die Krankheit sehr selten vorkommen müßte, aber das ist nicht der Fall. Das Gen ist praktisch auf Juden beschränkt, deren Vorfahren aus Osteuropa stammen. Dies gilt auch für die Sichelzellenanämie innerhalb der afro-amerikanischen Bevölkerung. Wenn eine schwarze Person mit größerer Wahrscheinlichkeit eine andere schwarze Person heiratet und beide das rezessive Sichelzellenmerkmal besitzen, steigt die Wahrscheinlichkeit, daß die aus einer solchen Ehe hervorgehenden Kinder Sichelzellenanämie bekommen werden.

Bei allen vier Patienten Refsums war die Konstellation der klinischen Probleme dieselbe. Gerade deshalb konnte er sie von allen anderen Patienten isolieren und bestimmen, daß sie dieselbe, bisher noch nicht beschriebene Krankheit hatten, eine familiäre Störung, die noch unentdeckt war, ein Syndrom, das noch keinen Namengeber hatte. Als ich ihre Krankengeschichten las, war es, als läse ich wieder in meinem Notizen über Knut Jacobsen: zunehmende Schwierigkeiten mit der Bewegung, wobei die Beine früher betroffen waren als die Arme. Ein *steppage gait* mit distaler Schwäche und Atrophie der Muskeln, mehr in den Beinen als in den Armen. Sensorischer Verlust – Berührung, Nadelstich, Haltungsänderung, Vibrationen, Temperatur, von alldem merkten sie nichts. Alle vier hatten eine periphere Neuropathie. Alle bewegten sich fort, als wären sie betrunken. Bei allen lag ein fortschreitender Verlust des Sehvermögens vor. Als Sigvald Refsum ihnen in die Augen schaute, sah er bei allen Retinitis pigmentosa. Und schließlich hatten sie alle Ichthyose.

Auch nachdem die Vorfahren von Knut Jacobsen nach Minnesota ausgewandert waren, kamen sie eher mit anderen norwegischen Einwanderern zusammen und heirateten in diesem Kreis, und so kann man annehmen, daß Knuts Eltern Träger des rezessiven Gens für die Refsum-Krankheit waren.

Die Untersuchung der vier Fälle reichte aus, um eine neue

Krankheit zu identifizieren, aber dabei hatte Refsum es nicht bewenden lassen. Als einer der vier starb, setzte Refsum die Untersuchung an der Leiche fort. In den Nerven hatte sich Fett angesammelt. Refsum folgerte daraus, daß Heredopathia atactica polyneuritiformis ein angeborener Fehler des Fettstoffwechsels war, was bedeutete, daß das rezessive Gen einen Fehler im zellulären Stoffwechsel verursachte. Zu Refsums Zeiten war man sich nicht ganz sicher, worin der Fehler bestand; das wurde erst später erkannt. In den vierziger Jahren des 20. Jahrhunderts nahm man an, daß ein Gen ein Protein kontrolliert, wobei die meisten Proteine als Enzyme fungieren. Ergo: ein Gen, ein Enzym. Jedes anomale Gen führte zu einem Enzym, das seine normale Funktion nicht erfüllen konnte. Der Verlust dieser Stoffwechselfunktion führte zu einer Blockade einer ganz bestimmten Stoffwechselkette, folglich handelte es sich um eine angeborene Stoffwechselstörung. Bei der Tay-Sachs-Krankheit bestand der angeborene Fehler in einer bestimmten Kette des Fettstoffwechsels. Dadurch blähten sich die Neuronen des Gehirns auf und erstickten an dem angehäuften Fett, weil eines der Enzyme, die erforderlich sind, um den Körper von diesem Fett zu befreien, nicht funktionierte.

Aber welches Fett? Und welche Stoffwechselkette? Refsum war so scharfsinnig, diese Fragen aufzuwerfen, doch in seiner ersten Veröffentlichung konnte er sie noch nicht beantworten.

Nach Refsums Bericht erschienen zahlreiche Artikel. Die Krankheit war nicht auf Personen norwegischer Abstammung beschränkt. Nicht jeder Patient hatte Ichthyose. Aber alle hatten periphere Neuropathie sowie Ataxie und eine mehr oder minder schwere Retinitis pigmentosa. Die Neurologen waren sich einig, daß Refsum ein neues klinisches Phänomen beschrieben und daß er ihm den perfekten deskriptiven Namen gegeben hatte, aber der Name war zu umständlich; Latein war nicht mehr die Universalsprache der Wissenschaft, sondern Englisch, und Refsum hatte seinen Originalaufsatz auf englisch verfaßt. Daher nannte man die Diagnose Refsum-Krankheit, und Sigvald Refsum wurde noch zu Lebzeiten zum Eponym, zum Namensgeber, was z.B. James Parkinson nicht gelungen war.

Ich hatte meine Kenntnisse der Refsum-Krankheit vervollständigt und konnte die Ankunft von Dr. Refsum kaum erwarten.

Die Visite fand am 5. Juni 1964 statt. Knut Jacobsen war zwei Abende zuvor wieder ins Krankenhaus aufgenommen worden; so konnte ich ihn nochmals untersuchen und mich auf die Vorstellung vorbereiten. Als ich in sein Zimmer trat, um ihn zu begrüßen, erkannte ich seine Stimme kaum wieder. Er sprach undeutlich und leise, wahrscheinlich, weil die mit dem Sprechen zusammenhängenden Muskeln geschwächt waren, und er konnte mich offenkundig nicht sehen. Er berichtete mir, daß er vor dem hellen Hintergrund der Tür lediglich den Umriß eines Menschen sehen könne. Knut konnte kaum stehen, ohne hinzufallen, von vorsichtigem Gehen oder selbständigem Laufen ganz zu schweigen. Die drastische Verschlimmerung seiner Symptome erschreckte mich. Er hatte sein Leben lang die Refsum-Krankheit gehabt. Warum jetzt der rasche Verfall? Ich erinnerte mich, daß einer der ersten vier Patienten Refsums nach einem rapiden Krankheitsverlauf gestorben war. Stand dies nun auch Knut bevor?

Ich hoffte, daß Sigvald Refsum diese Fragen beantworten konnte.

Das Ritual der Gastvisiten ist in Stein gemeißelt. Es soll dem Gastprofessor einen glanzvollen Auftritt ermöglichen. Es ist, als würde ein ganzes Basketballspiel nur gespielt, damit Michael Jordan eine Sekunde vor Spielende den letzten Wurf macht und die Bulls um einen Punkt schlägt. Ich würde die Krankengeschichte vortragen, dann käme der Patient herein, und Professor Refsum würde ihn untersuchen. Er würde dazu übergehen, uns vorzuführen, was er gefunden hatte und was ihn veranlaßte, die Diagnose bei seinen ersten Patienten zu stellen, und dann würde er uns etwas über seine oder genauer, die nach ihm benannte Krankheit vortragen. Meine Aufregung war nicht mehr so groß wie noch drei Monate zuvor. Ich glaubte nicht mehr, daß er Knut Jacobsen helfen konnte.

Die Gastvisite fand in einem Hörsaal statt. Professor Sigvald Refsum saß in der ersten Reihe neben meinem Mentor Abe Baker. Refsum war ein schmächtiger Mann. Sein Alter war schwer einzuschätzen. Wahrscheinlich war er um die Sechzig, aber möglicherweise gehörte er zu denen, die schon vor zehn Jahren ausgesehen hatten, als seien sie sechzig, und noch weitere fünfzehn Jahre lang so aussehen würden. Ich holte tief Luft und trug die Krankengeschichte vor. Ich brauchte dafür nicht einmal fünf Minuten. Ich stellte die wichtigsten Punkte heraus und mied solche Wörter wie »Retinitis pigmentosa« und »Ichthyose«. Ich hatte Dias von Knut Jacobsens Haut und Augenhintergrund parat, die ich vorführen würde, wenn Professor Namensgeber – Mr. Eponym –, mich dazu aufforderte. Ich wandte mich zum Ausgang, um Knut Jacobsen hereinzuholen, der vor dem Hörsaal wartete, als Professor Refsum mich unterbrach.

»Wie ich höre, hat dieser Patient einen Spitznamen.«

»Das stimmt. Man nennt ihn den Einsiedler. Den Einsiedler von Thief River Falls.«

Der Gastprofessor nickte und gab mir ein Zeichen zum Weitermachen. Ich holte Knut Jacobsen herein. Er saß in einem Rollstuhl. Ich hatte ihm gesagt, was er zu erwarten hatte. Knut wollte nur eines wissen: ob dieser Doktor ihm helfen konnte.

Professor Refsum stellte sich vor. Er war der bescheidenste Gastprofessor, den ich jemals bei einer Visite beobachtet habe. Er begann, Knut Jacobsen auf überaus freundliche Art Fragen zu stellen – nicht nach seinen Symptomen, nicht nach seinem Familienstammbaum oder nach dem Vorkommen denkbarer neurologischer Symptome in seiner Familie. Keine Fragen, die ich erwartet hatte. Er fragte nach seiner Ernährung, und zwar bis ins letzte Detail.

Knut ernährte sich von Gemüse. Was für Gemüse? Blattgemüse. Eine Hauptquelle von Phytansäure, dachte ich bei mir. Und was noch? Nüsse. Ebenfalls eine reiche Quelle von Phytansäure.

Ich wußte, worauf Refsum hinauswollte. Er überlegte sich, was in Knuts Ernährung dafür verantwortlich war, daß Phytansäure sich in den letzten drei Monaten rascher angereichert hatte. Aß er Fleisch? Überhaupt nicht. Aber er war doch Jäger und Fischer. Er konnte Fisch nicht ausstehen. Er verkaufte ihn. Und das Fleisch?

Er konnte nicht mehr auf die Jagd gehen, aber er hatte riesige Vorräte an Fleisch. Seine Gefrierkammer war eine Konzession an das, was wir zivilisierte Gesellschaft nennen würden. Aber er machte es nur bratfertig und verkaufte es. Und was machte er mit dem Abfall? Mit dem Fett, das er abtrennte? Das aß er. Aber das war ja kein Fleisch.

Dr. Refsum war meisterhaft. In fünfzehn Minuten hatte er die ganze Geschichte der besonderen Eßgewohnheiten des Einsiedlers herausgearbeitet, die Geschichte einer Ernährung, die ans Licht zu bringen keiner von uns auch nur erwogen hatte. Einer Ernährung, die vor Phytansäure nur so strotzte.

Vielleicht konnte der Körper die Phytansäure, eine Fettsäure, nicht umwandeln oder verarbeiten, und diese reicherte sich dann an. So wirkte der angeborene Stoffwechselfehler. In irgendeiner unbekannten Stoffwechselkette war ein Enzym nicht normal. In diesem Fall war es ein Enzym, das die Phytansäure nicht wie normal zerlegte, die sich dann in den Nervenzellen, in der Haut und in der Netzhaut ansammelte.

Ließ sich das beweisen? Und woher kam die Phytansäure? Wie wurde sie vom Stoffwechsel verarbeitet, und warum war es gerade Phytansäure, die sich bei der Refsum-Krankheit anreicherte?

Der menschliche Körper stellt Phytansäure nicht selbst her. Sie stammt aus der Nahrung. Zum größten Teil wird sie aus Phytol gewonnen, das mit dem Chlorophyll verwandt ist und in Laub, Blattgemüsen und Früchten vorkommt. Phytansäure selbst wird ebenfalls in Gemüse und besonders in Nüssen gespeichert. Sie wird auch in tierischen Fetten gespeichert, aber niemand ißt soviel tierisches Fett, um genügend Phytansäure anzureichern. Die meisten Fettsäuren werden von Enzymen zerlegt, die am »Kopfende« des Moleküls anfangen. Nicht so die Phytansäure. Ihre Verarbeitung beginnt am hinteren Ende, weshalb man von Omega-Oxidation spricht.

Ich wandte meine Aufmerksamkeit wieder dem Vortrag des Gastes zu. Als nächstes, dachte ich, würde Dr. Refsum Knut untersuchen und die Diagnose erhärten.

Nichts dergleichen geschah.

»Wissen Sie, was Sie haben, wie Ihre Krankheit heißt?« wollte er von Knut Jacobsen wissen. Knut nickte. »Ich habe Re . . .« »Sie haben Heredopathia atactica polyneuritiformis«, sagte er. Und das bestimmte den Stil seiner Diskussion. Nicht ein einziges Mal sagte er »Refsum-Krankheit«. Nicht ein einziges Mal verband er seinen Namen mit der Krankheit, sondern verwandte immer nur den originalen deskriptiven Namen. »Und«, fuhr er fort, »da Dr. Klawans die Diagnose gestellt hat, sollte er derjenige sein, der Sie untersucht.« Mit diesen Worten lehnte er sich zurück, und ich mußte die Untersuchung demonstrieren.

Ich erhob mich rasch und ging auf meinen Patienten zu. Ich führte den Muskelschwund und den sensorischen Verlust seiner peripheren Neuropathie vor Augen, und indem ich ihn ein paar Schritte gehen ließ, machte ich seine Ataxie deutlich. Danach führte ich die Dias von seinen Hautveränderungen und dem Augenhintergrund vor. Da es keine weiteren Fragen gab, schickte ich mich an, mit Knut im Rollstuhl den Saal zu verlassen. Wieder hielt mich Professor Refsum zurück. »Mr. Jacobsen sollte noch einen Moment bleiben, damit er genau hört, was man tun kann, um ihm zu helfen.«

Ihm zu helfen?

Nun kam Refsum zu seinen eigentlichen Ausführungen, aber es war kein Standardvortrag, den er überall in den Vereinigten Staaten abspulte, von Boston über New York und Philadelphia bis Baltimore, Chicago und Minneapolis. Zunächst gratulierte er mir zu meinem klinischen Scharfsinn, und er dankte mir für die Gelegenheit, sich an der Pflege meines Patienten beteiligen zu können, des wichtigsten Patienten mit Heredopathia atactica polyneuritiformis, den er gesehen hatte, seit die ersten vier es ihm ermöglicht hatten, die Krankheit zu erkennen.

Knut Jacobsen hatte bewiesen, was Dr. Refsum schon immer geahnt hatte. Des weiteren führte der Doktor aus, daß er nicht zur rechten Zeit am rechten Ort gewesen sei, als er seine vier Patienten untersuchte. Während des Zweiten Weltkriegs herrschte in Norwegen unter deutscher Besatzung bittere Not. Weite Teile der Bevölkerung hatten kaum etwas zu essen. Für viele war es die Zeit, »als der Mond untergegangen war«, eine Anspielung auf John

Steinbecks Kurzroman *Der Mond ging unter* über den norwegischen Widerstand. Die vier Patienten von Professor Refsum mußten ihre Ernährungsweise ändern, weil die deutsche Besatzung ihnen Beschränkungen auferlegte, die von der norwegischen Marionettenregierung durchgeführt wurden, an deren Spitze Vidkun Quisling stand, auch ein Norweger, der zu mehr als einem bloßen Eponym geworden war, nämlich zu einem richtiggehenden Adjektiv. Refsum sprach den Namen voller Verachtung aus, ja, er spuckte ihn beinahe aus, so als sei es ihm peinlich, den Namen auch nur in den Mund zu nehmen.

Während des Krieges war der gesamte norwegische Fischfang nach Deutschland geschickt worden, und so hatte sich Norwegen – wie Knut Jacobsen – gezwungenermaßen in ein Land von Vegetariern verwandelt. Deshalb war Knut Jacobsen so wichtig. Auch er hatte seine Ernährungsweise umgestellt. Eine Menge Chlorophyll. Eine Menge Phytol. Für die beiden betroffenen Familien, die ganz woanders lebten und Jahre zuvor genötigt waren, sich umzustellen, bedeutete das ein rasches Fortschreiten ihrer Krankheit, denn sie wurden von der übermäßigen Aufnahme von Phytol und Phytansäure überwältigt. Genau wie Knut Jacobsen. Eine Umstellung der Ernährung konnte, wie die Geschichte bestätigte, zu einem plötzlichen Angriff dieser normalerweise allmählich verlaufenden Erbkrankheit führen.

Wenn also die falsche Kost Heredopathia atactica polyneuritiformis auslösen konnte, dann würde vielleicht die richtige Kost den ganzen Prozeß einfach umkehren können.

Ich schaute Knut an. Er lächelte. Er hatte verstanden, vielleicht nicht jedes Wort, aber doch genug. Eine Änderung seiner Ernährungsweise konnte ihm helfen. Kein Blattgemüse mehr. Keine Nüsse mehr. Nur geschältes Obst. Kein tierisches Fett mehr. Viel Knollenfrüchte. Wurzeln, vor allem Kartoffeln.

Es war eine glanzvolle Diskussion gewesen. In wissenschaftlicher und persönlicher Hinsicht.

Als ich Knut Jacobsen wieder auf sein Zimmer rollte, war er sehr aufgeregt angesichts der Möglichkeit, daß sein Zustand sich bessern könnte. Aber ich wies ihn darauf hin, daß es lange dauern werde, bis sein Körper die ganze überschüssige Phytansäure ausgeschieden hatte.

Zeit hatte er jede Menge. Dann sagte er: »Sie haben den Schweinehund erschossen.« »Wen?« »Quisling. Die Norweger haben ihn erschossen. Gleich nach dem Krieg. Sie haben ihn wegen Kollaboration verurteilt und erschossen. Können Sie sich vorstellen, mit den Scheißkerlen von Nazis zu kollaborieren?«

Der nächste Tag war der 6. Juni 1964, der 20. Jahrestag der Landung der Alliierten in der Normandie, des D-Day. Ich kaufte eine Kiste Zigarren und teilte sie aus. Keiner konnte verstehen, warum ich den Jahrestag des D-Day feierte. Ich gab Knut gerade eine Zigarre, als Professor Refsum in sein Zimmer trat, und so bot ich auch ihm eine an.

»Ich rauche sonst keine Zigarren«, sagte er. »Aber diese werde ich rauchen. Ich werde sie mit Vergnügen rauchen.«

Dann erklärte er Knut sehr ausführlich, wie er sich ernähren sollte und was er davon erwarten konnte. Die Verschlechterung seines Zustandes, so Professor Refsum, würde sofort aufhören, aber auf Besserung werde er länger warten müssen.

Wieviel länger? Das hing davon ab, wieviel Fett in seinen Nerven war. Vielleicht ein Jahr, vielleicht länger. »Sie müssen es ja wissen. Es ist Ihre Krankheit«, sagte Knut und zündete sich die Zigarre an.

Als wir das Zimmer verließen, berichtete ich Refsum, was Knut über Quisling gesagt hatte. Er überreichte mir ein Buch über die neurologische Untersuchung. War meine Untersuchung so schlecht gewesen, daß er meinte, ich müsse noch ein Buch darüber lesen? Nein, meine Untersuchung war fehlerlos gewesen.

Es war ein Buch, für das er jetzt als Herausgeber fungierte. Der Verfasser war Monrad Crohn, der vor ihm den Lehrstuhl für Neurologie an der Universität Oslo innegehabt hatte. Als Refsum den Lehrstuhl übernahm, wurde er auch Herausgeber des Buches. Es war Teil seines Amtes. Jeder Assistenzarzt, der ihm einen Patienten vorstellte, bekam ein Exemplar. Im übrigen, sagte er mit Nachdruck, sei es ein sehr wichtiges Buch, das ich einfach besitzen müsse.

Warum? Weil es ein normales Pneumoenzephalogramm enthielt.

Diese Äußerung war mir rätselhaft. Ein Pneumoenzephalogramm ist eine Methode, um Röntgenbilder vom Gehirn zu erhalten, nachdem in die Liquorräume, die das Gehirn umgeben, Luft injiziert wurde. Sie war grob und schmerzhaft, aber wir hatten keine andere. Ein normales Pneumoenzephalogramm fand sich in jedem Lehrbuch. Weshalb war dieses so wichtig?

»Es ist das von Quisling. Wir mußten sicherstellen, daß sein anomales Verhalten nicht auf einer neurologischen Krankheit beruhte. Wir machten ein Pneumoenzephalogramm von seinem Gehirn. Es war normal.«

»Danach wurde er erschossen?« »Ja.« »Bevor seine Kopfschmerzen weg waren oder danach?« Im Gefolge einer Pneumo traten oft Kopfschmerzen auf. Die Luft reizte die Hirnhäute. Die Kopfschmerzen waren oft sehr stark, und manchmal hielten sie wochenlang an. »Danach habe ich nicht gefragt.«

Am nächsten Tag kehrte Knut nach Thief River Falls zurück. Sein Zustand stabilisierte sich, und rund ein Jahr später begann er sich zu bessern. Ganz normal wurde er nicht mehr, aber das hatte auch niemand erwartet. Die Besserung ging so weit, daß er praktisch machen konnte, was er wollte. Eine weitere Besserung hätte von ihm verlangt, gänzlich auf Nüsse zu verzichten. Aber das war das einzige Vergnügen, das er nicht aufzugeben bereit war.

Sechs Jahre später traf ich mit Sigvald Refsum erneut zusammen, als ich Mitglied der World Federation of Neurology's Research Group on Huntington's Chorea wurde, der er bereits angehörte. Er erkundigte sich bei mir nach Knut Jacobsen. Ich teilte ihm mit, daß die Diät gewirkt habe, daß er sich jedoch weigere, sie so genau zu befolgen, wie er eigentlich sollte.

Sigvald nickte. Es war nicht leicht, die Diät zu befolgen.

Jedesmal wenn wir uns trafen, erkundigte er sich nach meinem Patienten. Dann starb Knut 1980 an einem Herzinfarkt. 14 Jahre später starb Sigvald Refsum. Das Buch, das er mir geschenkt hat, besitze ich noch. Pneumoenzephalogramme machen wir nicht mehr. In weit über zwanzig Jahren habe ich keines angeordnet. Das hat aber nichts zu sagen. Noch immer erzähle ich jedem, daß die zweite Ausgabe von Monrad Crohns Buch über die neurologische Untersuchung ein Klassiker sei, weil es ein normales Pneumoenzephalogramm enthält. das normale Pneumo von Quisling.

GESCHICHTE 12

Wahnsinnige Kühe und verrückte Märkte: Eis 9 und die nicht-darwinistische Evolution von Mensch und Krankheit

Kurt Vonnegut war immer ein Problem. Ist er nur ein Science-fiction-Autor, der zufällig weit besser schreibt als seine Kollegen? Einer, der außerdem genau die richtige Menge philosophischer Verzierungen hinzufügt, um eine Leserschaft zu gewinnen, die normalerweise Science-fiction meidet, als sei sie ein Virus, das offenkundigen Schwachsinn hervorruft? Oder ist er ein großartiger, gedankenvoller Romanautor, der Science-fiction als Hintergrund benutzt, so wie Joseph Conrad die Südsee und Melville eine Walfangreise benutzten? Und wenn er bloß ein Science-fiction-Autor ist, warum schenken ihm dann nur seriöse Leser Beachtung? Weil Science-fiction-Autoren seit Jules Verne eine unheimliche Fähigkeit haben, die Zukunft vorherzusagen. Ich bin nämlich überzeugt, daß Vonnegut einen Krankheitsmechanismus angedeutet haben könnte, der sich außerhalb der Kontrolle der darwinistischen Evolution entwickelt hat und insofern zu einer Bedrohung des Menschen geworden ist. Ist Vonnegut demnach der »Autor« einer nicht-darwinistischen Evolution des Menschen?

Das Ganze beginnt dem Roman *Katzenwiege* von Vonnegut, der seit seinem Erscheinen im Jahr 1963 ständig lieferbar ist. Am Beginn der Handlung stehen Erzählungen von Dr. Felix Hoenikker, einem der Väter der Atombombe. Neben der Atombombe war Dr. Hoenikker eine andere Aufgabe gestellt worden: wie man den Schlamm los wird, der die Lastwagen, Landungsboote und Panzer verstopft, welche die US-Marines benötigten, um die Welt für die Demokratie sicherer zu machen.

Hoenikkers Lösung war ein neuartiges Eis, genauer gesagt eine neue Kristallstruktur, die in der Natur nicht vorkommt. Dieser Kristall behielt bei Temperaturen weit über Null den festen Aggregatzustand bei und diente als Schablone für alle anderen Wassermoleküle, die mit ihm in Berührung kommen, wobei eine nichtnukleare Kettenreaktion in Gang kommt. Ein Marine brauchte nur ein Molekül in den Schlamm zu stecken, und im Handumdrehen war der Schlamm verschwunden. Der Haken ist natürlich, daß alle Meere und Flüsse der Welt miteinander verbunden sind, so daß ein Molekül ausreicht, um die ganze Welt zufrieren zu lassen. Dr. Hoenikker nannte diese Kristallanordnung Eis 9.

Eis 9 ist möglicherweise unser bestes Modell, um mehrere menschliche und tierische Erkrankungen zu beschreiben, die erst in den letzten fünfzig Jahren erkannt wurden, von denen man ständig in den Nachrichten hört und die einen etwas an die zehn biblischen Plagen erinnern.

Niemand ist jemals auf die Idee gekommen, daß Eis 9 an der Zerstörung des Gehirns von Joseph Ward schuld sein könnte, aber ich stieß doch auf eine merkwürdige Theorie über diesen einstmals gesunden Menschen. Mr. Ward kam in meine Praxis, genauer gesagt, seine Frau brachte ihn in meine Praxis, nachdem er zu Hause in Indiana ausgiebig untersucht worden war. Von den Ärzten dort hatte keiner eine Idee, woran es lag, daß sein Gehirn allem Anschein nach in beunruhigendem Tempo zerstört wurde. Joseph war Farmer und baute überwiegend Mais an. Bis kurz vor Weihnachten war er immer bei guter Gesundheit gewesen. Dann fiel seiner Frau auf, daß er offenbar stolperte, sowohl über seine Worte als auch über seine Füße.

Joseph sagte nichts zu mir, nicht einmal Hallo. Das Gespräch führte seine Frau, während er in meinem Untersuchungszimmer im Sessel saß, mit ausdruckslosen, starren Gesichtszügen. Er stierte vor sich hin, und als ich seinen Namen aussprach, reagierte er nicht. Ich nahm seinen rechten Arm und hob ihn langsam. Er war etwas steif, leistete aber ansonsten den normalen Widerstand dagegen, bewegt zu werden. Ich führte den Arm sanft in seine vorherige Lage zurück. Während ich mich an Josephs Frau wandte, ließ ich vor seinen Füßen den *Physician's Desk Reference* fallen, das schwerste Buch, das sich in meinem Untersuchungszimmer befindet. Plötzlich durchfuhr eine massive Zuckung seinen ganzen Körper. Sie hielt weniger als eine Sekunde an. Seine Frau nickte mir zu. Offenbar hatte sie solche Zuckungen schon vorher beobachtet. Sie überraschten oder ängstigten sie nicht mehr. Auf Joseph Ward hatte sie keine Auswirkung. Als die Zuckung vorüber war, saß er wieder stumm und regungslos da, mit demselben nichtssagenden, starren Gesichtsausdruck.

Allem Anschein nach war sein Gehirn am Absterben. Aber ich brauchte mehr Einzelheiten.

»Wie war er, sagen wir, Ende November, zum Beispiel an Thanksgiving?« »Er war ganz normal. Wir hatten die ganze Familie bei uns. Das mache ich immer«, sagte sie mit merklichem Stolz. »Sind Sie ganz sicher?« »Was meinen Sie damit?« »Ist Ihnen etwas aufgefallen?« fragte ich neutral, um sie nicht zu beeinflussen, sie nicht auf eine Fährte zu locken, zu der sie sich dann etwas ausdenken würde. »Was zum Beispiel?« Sie brauchte einen Tip. »War sein Appetit gut?« »Sehr gut.« »Seine Stimmung?« »Er war in glänzender Stimmung. Es machte ihm Freude, all die Enkelkinder um sich zu haben. Das hat er immer sehr gemocht. Stundenlang konnte er mit ihnen spielen.« »Hat ihn das nicht ermüdet?« Übermäßige Ermüdbarkeit tritt bei vielen neurologischen Störungen auf. »Ganz im Gegenteil.«

Ich drängte sie, mehr Einzelheiten zu berichten. Er schien immer weniger Schlaf zu brauchen. Anfangs war es nur so, daß er nicht müde zu sein schien. Dann konnte er kaum schlafen. Schlaflosigkeit hatte er vorher nicht gekannt. Und wenn er dann doch einschlief, zuckte er plötzlich mit dem ganzen Körper und trat um sich. »Wie die Zuckung, die wir eben gesehen haben?« »So ziemlich.« Ich machte mir die erste Notiz auf seinem Krankenblatt: »Schlaflosigkeit und Myoklonus.« »Myoklonus« ist eine geläufige Bezeichnung für plötzliche Zuckungen, an denen viele Muskeln beteiligt sind.

Von seiner zunehmenden Schlaflosigkeit und einem nächtlichen Myoklonus abgesehen, hatte sie bis Weihnachten nichts Ungewöhnliches beobachtet. Dann fiel ihr auf, daß er anfing zu stolpern, fast so, als hätte er zuviel getrunken. Nicht, als ob er so betrunken gewesen wäre, daß er hinfallen würde, aber er wurde wackelig.

Ich dachte an den Einsiedler von Thief River Falls. Ich notierte in seinem Krankenblatt »Ataxie« – Gleichgewichtsstörung.

Außerdem fing Joseph Ward an, langsamer zu gehen und zu schlurfen. Mrs. Ward dachte, er tue das, um nicht hinzufallen. Dieser Ansicht war ich nicht. Man kann zwar absichtlich langsamer gehen, um die Ataxie zu bekämpfen, aber niemand schlurft deshalb mit den Füßen. Und außerdem hatte er einen starren, maskenartigen Gesichtsausdruck und eine Steifheit, als ich seinen Arm zu bewegen versuchte. Das alles – Langsamkeit, Schlurfen, Ausfall der Gesichtsbewegungen, Steifheit – gehört zu einem Parkinson-artigen Zustand. Ich notierte »Parkinson«, wohl wissend, daß Joseph Ward keinen echten Parkinson hatte, sondern lediglich einige seiner Symptome. Seine Erkrankung verlief anders als die meisten neurologischen Krankheiten, bei denen in einem einzigen System die Probleme fortschreitend zunehmen. Besonders bei der Parkinson-Krankheit nehmen motorische Behinderungen zu, die auf einem allmählichen Funktionsverlust eines einzigen Systems beruhen. Aus der Langsamkeit, mit der man sich von einem Stuhl erhebt, wird fortschreitend eine Unfähigkeit, sich überhaupt zu erheben.

Auch die Veränderungen bei der Alzheimer-Krankheit – von einem leichten Gedächtnisverlust bis zu einem Totalverlust der kognitiven Funktion – weisen einen ähnlich fortschreitenden Funktionsverlust in nur einem Bereich auf. Selbst die Huntington-Krankheit, die mit Bewegungsstörungen anfängt und mit Demenz endet, ist immer noch auf nur zwei Systeme begrenzt.

Die Krankengeschichte von Joseph Ward hatte bereits den Beweis geliefert, daß etliche Systeme betroffen waren. Die Schlaflosigkeit deutete auf Veränderungen im Aktivierungssystem des Hirnstamms hin; die Zuckungen zeigten, daß andere Hirnstammstrukturen beteiligt waren; die Ataxie verwies auf das Cerebellum und der Parkinsonismus auf die motorischen Systeme tief im Innern beider Hirnhälften. Kaum ein Teil seines Gehirns, der nicht beteiligt war. Der einzige größere anatomische Bereich, der im ersten Monat verschont geblieben war, war die Großhirnrinde selbst. Das war wichtig, weil es eine Klasse von Krankheiten gibt, die die Großhirnrinde und ihre Funktionen wie etwa die Sprache verschont und nur die Strukturen unterhalb der Rinde befällt.

Aber bis zum Neujahrstag hatte sich auch das geändert. Joseph Ward hatte begonnen, über seine Worte zu stolpern, so als könne er nicht das richtige Wort finden, und oft benutzte er auch das verkehrte Wort. Diese beiden Probleme – Schwierigkeiten der Wortfindung und Wortersetzung, Paraphasie – sind zusammen Bestandteil einer fortschreitenden Aphasie und deuten darauf hin, daß die Großhirnrinde selbst erkrankt ist. Soviel zur Verschonung der Großhirnrinde.

Und dann auf einmal glaubte ich zu wissen, woran Mr. Ward litt: an der Creutzfeldt-Jacob-Krankheit, kurz CJK.

Während ich ihn untersuchte, war ich stärker, als es wünschenswert gewesen wäre, mit meinen Gedanken woanders. Die CJK gehört zu einem neurologischen Detektivroman, der mich fasziniert, seit ich vor dreißig Jahren Assistenzarzt war. Die Krankheit hat sich von den grünen Weiden Islands bis zu den letzten Steinzeitmenschen der Welt in Neuguinea ausgebreitet. Sie hat zumindest für einen Nobelpreis in Medizin und schrille Schlagzeilen in allen Zeitungen der Welt gesorgt, und sie ist der jüngste Anwärter, die eigentliche Apokalypse des 3. Jahrtausends zu werden. Ist sie ein Beispiel für Eis 9 im Gehirn des Menschen?

Es fing alles an mit einem isländischen Tierarzt namens Björn Sigurdsson, der sich für zwei Krankheiten isländischer Schafe interessierte, die mit ihren herkömmlichen isländischen Namen bezeichnet wurden, Visna und Scrapie. In Island war Visna erstmals Ende der dreißiger und Anfang der vierziger Jahre des 20. Jahrhunderts beobachtet worden, und man dachte an einen Zusammenhang mit einer Schafherde, die 1933 aus Deutschland gekommen war.

Die Symptome von Visna traten gewöhnlich bei recht jungen Schafen auf, bei Tieren unter zwei Jahren. Zu den ersten klinischen Anzeichen gehörte Stolpern und Zurückbleiben hinter der

Herde. In der freien Natur, wo der Kampf ums Überleben herrscht, wären solche Schafe als erste von Raubtieren gefressen worden, eine Bedrohung, die für gezüchtete Schafe heute nicht mehr besteht. Bei den von Visna befallenen Schafen zeigten sich nach der anfänglichen Langsamkeit und dem Stolpern eine Lähmung der Hinterbeine, Zittern der Lippen, Schwenken des Kopfes und schließlich, nach einigen Monaten, eine totale Lähmung. Das Fortschreiten der Krankheit war unausweichlich; eine spontane Remission oder Überleben bis ins hohe Alter wurde in keinem Fall beobachtet. Die pathologischen Untersuchungen am Gehirn, die nach dem Tod vorgenommen wurden, zeigten, daß die Hirnzellen praktisch vernichtet worden waren, und es gab Anhaltspunkte für eine Entzündung.

Hatten die deutschen Schafe neue Gene in den isländischen Schafbestand hineingetragen? Das Vorkommen entzündlicher Veränderungen im Gehirn deutete auf etwas anderes hin. Sie sind das Erkennungszeichen von Infektionen und nicht von erblichen »degenerativen Krankheiten«, die gewöhnlich zur Entartung des Gehirns führen, ohne daß eine Entzündung erkennbar wäre.

Ein weiteres Merkmal von Infektionen ist, daß sie übertragbar sind. Die Ausbreitungswahrscheinlichkeit kann hoch sein, wie bei Grippe, oder auch gering, wie bei Lepra – pardon – Hansen-Krankheit. Visna war langsam, fortschreitend und chronisch. Konnte es eine Infektionskrankheit sein? Man begann mit Versuchen, den Erreger der Infektion zu isolieren, aber die Ergebnisse waren enttäuschend. Die Forscher fanden keine Bakterien, keine Pilze, keine Parasiten. Damit blieben nur Viren als mögliche Erreger übrig, aber von ihnen war bekannt, daß sie nur akute Krankheiten verursachen, und Visna war alles andere als akut.

Die Antwort auf die Frage wurde Anfang der fünfziger Jahre gefunden. Teile vom Gehirn eines Schafes, das Visna hatte, wurden in das Gehirn gesunder Schafe eingeimpft. Zunächst geschah nichts. Die geimpften Schafe blieben gesund. Einen, zwei, sechs Monate lang – noch keine der bisher erforschten Infektionen hatte so lange gebraucht, um auszubrechen. Doch die Forscher wollten nicht so rasch aufgeben, und nach einem Jahr fingen die bisher gesunden Schafe an, zu stolpern und hinter den anderen zurückzubleiben. Ihre Krankheit schritt fort: Erst kam das Zittern, dann die Lähmung, schließlich der Tod.

Die Untersuchung ihrer Gehirne bestätigte, daß sie Visna hatten, und damit war bewiesen, daß Visna infektiös ist und von einem Tier auf das andere übertragen werden kann, aber nur bei Schafen. Alle Experimente, Visna auf andere Tiere zu übertragen, schlugen fehl. Weitere Untersuchungen der experimentell übertragenen Krankheit zeigten, daß die Schafe während einer weit längeren Inkubationszeit normal erscheinen können; bis die ersten Anzeichen der lähmenden Krankheit auftreten, können bis zu vier Jahre verstreichen.

Was verursachte diese Krankheit? Diese entscheidende Frage konnte keine Untersuchung beantworten; man stellte lediglich fest, daß die deutschen Schafe kein schlimmes Gen eingeschleppt hatten, sondern ein schlimmes Virus.

Und was war mit Scrapie? Der Name »Scrapie« bezieht sich darauf, daß die Schafe dazu neigen, sich ständig zu kratzen oder sich an Bäumen oder Zäunen zu scheuern, was bei den betroffenen Schafen typische Lücken im Fell zur Folge hat. Scrapie war unter isländischen Schafen nicht neu, und diese Krankheit trat auch nicht nur in Island auf; sie war Schafzüchtern und Tierärzten in verschiedenen Teilen Europas seit über 200 Jahren bekannt. Scrapie ist wie Visna eine Erkrankung ausgewachsener Schafe, deren chronischer Verlauf stets tödlich ist und sich über Monate oder gar Jahre hinzieht: forschreitende Ataxie, Tremores und erhöhte Erregbarkeit. Am Ende werden die Schafe schwach und verfallen; verbreitet sind auch unmäßiger Durst und Blindheit.

Die ersten epidemiologischen Untersuchungen deuteten darauf hin, daß Scrapie erblich war. Merkwürdigerweise waren viele Schafe, die später die Krankheit bekamen, im frühen Erwachsenenstadium ungewöhnlich gut entwickelt, weshalb man sie gern zur Zucht verwendete und damit die Wahrscheinlichkeit der Übertragung eines denkbaren genetischen Merkmals erhöhte. Hierbei handelte es sich natürlich um einen Ausleseprozeß, der nicht den üblichen darwinistischen Zwängen unterlag. Während der Anschein für eine genetische Krankheitsursache sprach, war es Veterinärmedizinern schon 1936 gelungen, Scrapie durch Injektion von Extrakten aus dem Gehirn und dem Rückenmark erkrankter Schafe auf gesunde Schafe zu übertragen.

Scrapie dauert 9–48 Monate bis zum Ausbruch, eine recht lange Inkubationszeit, und ist Visna auffallend ähnlich. Denn wie bei Visna sind die konsistenten pathologischen Veränderungen auf Gehirn und Rückenmark beschränkt. Es gibt jedoch einen entscheidenden Unterschied zwischen beiden Krankheiten. Bei der Untersuchung der Gehirne von Schafen, die an Scrapie litten, fanden Pathologen keinen Anhaltspunkt für Entzündungen. Es gab keine Ansammlungen von weißen Blutkörperchen. Keine Spuren einer Infektion. Alles, was sie fanden, waren tote Neuronen, gefüllt mit winzigen Vakuolen, einer Krankheit, die das Gehirn der verendeten Tiere schwammartig degenerieren ließ und mit dem Fachbegriff »spongiforme Enzephalopathie« bezeichnet wurde. Dennoch war Scrapie, obwohl die typischen entzündlichen Veränderungen im Gehirn fehlten, übertragbar, genau wie Visna, hatte eine lange Inkubationszeit und wurde vermutlich von einem Virus verursacht.

Björn Sigurdsson prägte 1954 den Ausdruck von den sogenannten »langsamen Viren«, um die Organismen zu beschreiben, die diese Krankheiten bei Schafen hervorriefen. Er machte damit einen klaren Unterschied zwischen »chronisch« und »langsam«, was man in der Medizin gern miteinander vermengt hat. »Chronisch« bedeutete seiner Meinung nach, daß die Krankheit einen klinischen Verlauf hatte, der nicht nur langwierig oder langsam war, sondern in vielen Fällen auch irregulär und unvorhersehbar, wie bei Tuberkulose, Syphilis und Malaria. Bei den von Sigurdsson untersuchten Schafen war der Verlauf dagegen weitgehend vorhersehbar, und er verglich ihn mit einer »Zeitlupenaufnahme der Ereignisfolge, die bei der akuten Infektion abläuft«. Er schlug deshalb die folgenden Kriterien für langsame Infektionen vor:

1. Sie haben eine lange Inkubationszeit.
2. Nachdem klinische Zeichen aufgetreten sind, folgt ein vorher-

sehbarer langwieriger Verlauf, der gewöhnlich mit dem Tod endet.

3. Die Infektion ist auf eine einzige Spezies begrenzt, es gibt also nur einen natürlichen Wirt.
4. Bei dieser Spezies finden sich die anatomischen Läsionen in nur einem Organ oder Gewebesystem.

Sigurdsson fügte hinzu: »Bei besserem Kenntnisstand werden diese letzteren Feststellungen möglicherweise modifiziert werden müssen.« Nach seiner Ansicht wurden all diese Infektionen durch Viren verursacht. Inzwischen wissen wir, daß er sich in diesem Punkt irrte und daß viele von ihnen durch eigenartige Proteinformen verursacht werden, die als Prionen bezeichnet werden. Aber damit greifen wir der Geschichte vor.

Es war eine revolutionäre Idee, daß ein »langsamer« Infektionserreger den Tod infolge einer »degenerativen« Hirnerkrankung auslöst. Der Zusammenhang mit menschlichen Krankheiten, sofern es einen gab, war jedoch unklar. Langsame Viren waren ein Problem für Schafe und Tiermediziner, nicht für Menschen und ihre Ärzte. Der menschliche Teil der Geschichte begann am anderen Ende der Welt, im heutigen Papua-Neuguinea. Dort wurde die erste nachgewiesene »langsame« Infektion des menschlichen Gehirns entdeckt.

Kuru – so heißt diese Infektionskrankheit – wurde 1957 erstmals beschrieben. Nachdem die Forscher D. Carlton Gajdusek und Vincent Zigas Berichte über diese seltsame, stark örtlich begrenzte Störung gehört hatten, begaben sie sich in das Stammesgebiet der Fore in Papua-Neuguinea und begannen, die Krankheit intensiv zu erforschen. Natürlich waren sie nicht die Entdecker der Krankheit, ebensowenig wie Columbus der Entdecker der »Neuen Welt« war. Sie machten sie vielmehr – wie Columbus – der Außenwelt bekannt, in diesem Fall der Welt der Medizin und Wissenschaft des 20. Jahrhunderts. Kuru kam in einer sehr begrenzten, annähernd 2600 Quadratkilometer umfassenden Gebirgsgegend Ostneuguineas vor, in der rund 35000 Melanesier noch immer in der Altsteinzeit lebten. Die höchste Inzidenz der Krankheit gab es bei den

Fore sprechenden Eingeborenen, die insgesamt etwa 11 000 zählten; weniger stark betroffen waren acht benachbarte Sprachgemeinschaften. Die Eingeborenen dieser Gegend, die damals noch in kleinen verbarrikadierten Dörfern lebten, führten Stammeskriege und pflegten Kannibalismus und Zauberei.

Den »primitiven Eingeborenen« war durchaus bekannt, daß Kuru eine spezifische Krankheit ist. Sie wußten, daß sie in allen Fällen fortschreitend verläuft und mit dem Tod endet, und sie wußten, daß Kuru die häufigste Todesursache unter den Fore war, von der hauptsächlich Frauen sowie Jungen und Mädchen von über fünf Jahren betroffen waren. Erwachsene Männer waren nur selten unter den Opfern. In den ersten sieben Jahren der Untersuchung wurden über 1400 Todesfälle infolge von Kuru verzeichnet. Das waren über 12 Prozent der Bevölkerung. Da die Eingeborenen glaubten, daß Kuru durch Zauberei hervorgerufen wird, kam die rituelle Tötung von erwachsenen männlichen Zauberern als eine sekundäre Form der mit Kuru zusammenhängenden Sterblichkeit hinzu, denn so wurde partiell der starke Männerüberschuß in einer Bevölkerung abgebaut, in der Frauen infolge von Kuru rar geworden waren.

Die Krankheit begann schleichend mit Kopfzittern und leichten Gleichgewichtsproblemen. Die Fore waren, was die Frühdiagnose betrifft, weit scharfsinniger als die westlichen Ärzte. Eine hochschwangere Frau, die nicht imstande war, mühelos auf einem schmalen Baumstamm eine Schlucht zu überqueren, wußte aufgrund dieser Veränderung ihres Gleichgewichts, daß sie Kuru hatte und daran sterben würde. Die Ärzte untersuchten sie und befanden sie für normal, doch vor Ablauf eines Jahres war sie tot. Die leichte Gleichgewichtsstörung hatte sich zu einer schweren Gleichgewichtsstörung, einer regelrechten Ataxie ausgewachsen, die unablässig fortschritt, bis die Frau überhaupt nicht mehr gehen konnte; am Ende konnte sie nicht einmal die geringste Bewegung ohne heftige Tremores machen. Nicht die kleinste Körperbewegung blieb verschont. Aus undeutlichem Nuscheln wurde schließlich eine völlige Unfähigkeit zu sprechen. Was ihr widerfuhr und die erfahrenen Ärzte in Staunen versetzte, war für den Stamm nichts Neues. Man dachte unwillkürlich an Sigurdsson, Scrapie und Visna. Man dachte an Zauberei. Hatte sie die Avancen eines Zauberers zurückgewiesen? Oder war sie schwanger von ihm, und er wollte das Kind nicht? Und wie alle anderen Opfer von Kuru verhungerte sie, denn zum Schluß kann der Patient nicht mehr schlucken.

Die pathologischen Erscheinungen bei Kuru beschränkten sich auf das Zentralnervensystem – damit war wieder eines von Sigurdssons Kriterien erfüllt. Dem Augenschein nach waren die Gehirne von Kuru-Opfern alle normal. Die mikroskopische Untersuchung zeigte jedoch einen starken Verlust von Neuronen in Verbindung mit winzigen Löchern oder Hohlräumen in den Zellen; eine zunehmende Vakuolisierung war eingetreten. Die Ergebnisse legten erneut eine schwammartige Hirndegeneration nahe, also die sogenannte spongiforme Degeneration, und es gab keine Anhaltspunkte für eine Infektion.

Etwa zwei Jahre später wies Dr. William Hadlow, ein Veterinärmediziner, der über Scrapie forschte, in einem Leserbrief an die Zeitschrift *Lancet* auf bemerkenswerte Ähnlichkeiten zwischen Scrapie und Kuru hin. Ihm fiel eine Ähnlichkeit in der Epidemiologie der beiden Störungen auf; die Krankheiten grassierten in begrenzten Populationen; Individuen aus den isolierten Populationen erkrankten erst Monate oder gar Jahre, nachdem sie die Herde bzw. den Stamm verlassen hatten; die Krankheit wurde in benachbarte Populationen hineingetragen – durch Mischehen im Fall von Kuru, durch Einfuhr eines Mutterschafes oder eines Schafbocks im Fall von Scrapie.

Auch die klinischen Zeichen waren ähnlich. Sowohl Kuru als auch Scrapie verliefen schleichend, manifestierten sich vor allem durch Taumeln und führten innerhalb von drei bis sechs Monaten zum Tod. Bei beiden Störungen war die Rückenmarksflüssigkeit normal. Und das Wichtigste – die pathologischen Veränderungen waren praktisch nicht voneinander zu unterscheiden: neuronale Degeneration mit Vakuolisierung. Die Tatsache, daß Scrapie durch Impfung übertragen worden war und demzufolge als infektiös galt, legte für Hadlow den Schluß nahe, daß auch Kuru eine übertragbare Störung sein könnte, und er regte an, daß man diese Hypothese durch Untersuchungen an Primaten überprüfen sollte.

Aufgrund dieser Anregung impften Gajdusek und Clarence Gibbs Schimpansen mit Material aus den Gehirnen von Fore-Eingeborenen, die an Kuru gestorben waren. Sie injizierten es, und dann warteten sie: Wochen, dann Monate, dann Jahre. Acht Schimpansen, die mit Kuru-Material geimpft worden waren, entwickelten schließlich, nach einer Inkubationszeit von 18–48 Monaten, Ataxie. Die Gleichgewichts- und Bewegungsstörungen der Schimpansen verschlimmerten sich im Laufe von 4–6 Monaten stetig und führten zu einem moribunden Zustand, so daß man die Tiere schließlich einschläferte. Darüber hinaus reproduzierten Gajdusek und seine Mitarbeiter die Krankheit in einer zweiten »Generation« von Schimpansen, indem sie ihnen Suspensionen vom Gehirn erkrankter Tiere einimpften.

Die Kluft war überbrückt worden. Man hatte bewiesen, daß eine degenerative Erkrankung des Menschen zugleich infektiös war. Das war eine umwälzende Idee. Bisher hatte man degenerative Erkrankungen immer als chronisch sich verschlimmernde Leiden betrachtet, die man folglich nicht behandeln und denen man auch nicht vorbeugen konnte. Auch galten sie nicht als übertragbar. Übertragung ist eine Sache des Austauschs. Man glaubte, degenerative Erkrankungen könnten weder verbreitet noch eingefangen werden.

Auf welche Weise wurden die Mitglieder des Fore-Stammes nun infiziert? Der erste Hinweis auf den Mechanismus kam von Robert Glasse, einem Sozialanthropologen, der unter den Fore lebte. Glasse brachte Beweise dafür bei, daß der Fore-Stamm rund sechzig Jahre zuvor zum rituellen Kannibalismus übergegangen war und rund zehn Jahre später erstmals Kuru aufgetreten war. Außerdem wurde Kannibalismus bei den Fore hauptsächlich von den Frauen praktiziert, und in den meisten Fällen aßen nur die Frauen Hirngewebe ihrer verstorbenen Verwandten und Freunde. Die Frauen teilten sich diesen Genuß jedoch mit ihren Kindern, und so ergab sich ein Zusammenhang zwischen der Inzidenz von Kuru und dem Alter und Geschlecht von Fore-Mitgliedern, die Kuru-Opfer kannibalisierten. Da das Gewebe fast roh verzehrt wurde, war es möglich, daß ein Infektionserreger auf diesem Weg übertragen wurde. Dieser Übertragungsweg lieferte auch eine Erklärung dafür, daß Kuru bei benachbarten Stämmen zwar vorkam, aber mit einer geringeren Inzidenz, denn die benachbarten Völker waren zwar auch Kannibalen, aber sie aßen nicht von Toten, die den Kuru-Symptomen zum Opfer gefallen waren.

Seit das Gebiet der Fore unter westliche Kontrolle gekommen war, wurde der Kannibalismus entschieden unterdrückt. Dadurch kam es zu einem auffälligen Rückgang und schließlich zum völligen Verschwinden der Krankheit. Die Zivilisation hat doch ihre Vorteile. Man hatte also eine degenerative Krankheit gefunden, die von Viren ausgelöst und durch wirksame Maßnahmen der Krankheitsbekämpfung ausgerottet wurde.

Was hatte das alles mit meinem Patienten Joseph Ward zu tun? In mancher Hinsicht ist die Creutzfeldt-Jacob-Krankheit das Gegenteil von Kuru. Sie kommt nicht in einer sonderbaren, isolierten Population vor, sondern ist eine seltene Krankheit, die in der ganzen »zivilisierten« Welt hin und wieder zuschlägt. Sie trifft ältere Menschen in Form einer fortschreitenden Demenz, die an die Alzheimer-Krankheit erinnert, schreitet aber rascher fort und geht gewöhnlich mit blitzartigen Muskelzuckungen (Myoklonien) einher. Gelegentlich äußert sie sich als fortschreitende Gleichgewichtsstörung. Der bedeutendste Choreograph des 20. Jahrhunderts, Georges Balanchine, starb an der CJK, die bei ihm als eine fortschreitende Gleichgewichtsstörung begann.

Nur in einer Hinsicht ähneln CJK und Kuru einander: in der Pathologie. Beide sind gekennzeichnet durch spongiforme Veränderungen: Das Gehirn von Patienten mit CJK sieht aus wie das Gehirn von Patienten mit Kuru und wie das Gehirn von Schafen mit Scrapie und Visna. Gleich nach ihrem Erfolg mit Kuru führten Gajdusek und Mitarbeiter dasselbe Untersuchungsprogramm an der CJK durch, mit denselben Ergebnissen. Die Creutzfeldt-Jacob-Krankheit wurde auf Schimpansen übertragen. Bei der Autopsie fand man eine krankhafte, schwammartige Veränderung des Gehirns, eine sogenannte spongiforme Enzephalopathie. Die Krankheit konnte, wie weitere Untersuchungen zeigten, auch vom Schimpansen auf Schimpansen übertragen werden.

Das bedeutete, daß die Creutzfeldt-Jacob-Krankheit, eine degenerative Erkrankung, überhaupt nicht so degenerativ ist; sie ist vielmehr übertragbar und infektiös. Sie kann auf Schimpansen und daher vielleicht auch auf Menschen übertragen werden. Ein Patient, der eine Augen-Hornhaut von einem Patienten mit CJK eingesetzt bekam, entwickelte ein Jahr später die CJK. Ein Neurochirurg, der sich bei der Durchführung einer Hirnbiopsie an einem CJK-Patienten versehentlich an der Hand verletzte, entwickelte eine Demenz und starb in weniger als zwei Jahren.

Das Beunruhigendste an dieser Geschichte – und zugleich das Folgenreichste für Joseph Ward – betraf einen anderen Körperteil, die Hypophyse. Diese Hauptdrüse des endokrinen Systems hat ihren Sitz an der Schädelbasis direkt unter dem Gehirn und bildet die Schnittstelle zwischen dem Gehirn und dem endokrinen System. Die Hypophyse entwickelt sich aus dem Gewebe des Gehirns. Niemand verspeist Hypophysen. Das ist wohl richtig. Aber fast zehn Jahre lang haben wir Kindern mit Wachstumsstörungen – »hypophysärem Minderwuchs« – zur Unterstützung ihres Wachstums hinreichende Mengen von Hypophysenhormonen verabreicht, die aus menschlichen Hypophysen gewonnen wurden. Für eine Charge Wachstumshormon (HGH) wurden rund 10 000 Hypophysen zermahlen. Und von diesen menschlichen Hypophysen kamen einige von Patienten mit CJK oder von Patienten, die das »Virus« für CJK hatten und die Krankheit noch ausbrüteten. Wie viele? Es waren jedenfalls über ein Dutzend Kinder und Jugendliche, die gegen den hypophysären Minderwuchs mit HGH behandelt wurden, die an CJK starben. Genug war in diesem Fall viel zuviel.

»Ihr Mann hat die sogenannte Creutzfeldt-Jacob-Krankheit«, erklärte ich Mrs. Ward. Sie schaute mich an, als spräche ich eine Sprache, die sie noch nie gehört hatte. Was ja auch stimmte. »Ursache ist ein Prion.« »Ein Prion«, wiederholte sie, aber es war offenkundig, daß sie nichts damit anfangen konnte.

Was konnte ich ihr über die Creutzfeldt-Jacob-Krankheit sagen, damit sie nicht Zeit und Geld auf der Suche nach Hilfe vergeudete, wo es keine Hilfe gab? Behandlung ist nicht das einzige, was wir den Patienten und ihren Angehörigen schulden. Nicht nur Behandlung und Mitgefühl, auch die Wahrheit gehört dazu.

Ich erklärte ihr, daß ihr Mann eine rasch fortschreitende Krankheit des Gehirns habe, für die es keine Behandlung gebe. Sie hatte Mühe, mich zu verstehen, vielleicht wollte sie auch die Wahrheit nicht wissen. Es war nicht die rechte Zeit und der rechte Ort für lange Geschichten über Island und Neuguinea. Sie brauchte etwas sehr viel weniger Exotisches.

Dann machte ich einen Fehler. Ich verwendete den einzigen Vergleich, der mir noch geblieben war. Ich erzählte ihr vom Rinderwahnsinn.

Da sie und ihr Mann schon immer Farmer gewesen waren, nahm ich an, daß sie über den Rinderwahnsinn Bescheid wußten. Die wissenschaftliche Bezeichnung lautet bovine spongiforme Enzephalopathie, heute vor allem unter der Abkürzung BSE bekannt, eine infektiöse Degeneration im Gehirn von Kühen. Verursacht wird sie von einem merkwürdigen infektiösen beziehungsweise übertragbaren Teilchen namens »Prion«. Es erhielt diesen Namen von dem Neurologen und Virologen Stanley Prusiner, der somit zum ersten Prionologen der Welt wurde. Prusiner erörterte die mögliche Beteiligung von Prionen an der Verursachung von Krankheiten und beschrieb dabei einen gänzlich neuartigen Krankheitserreger – ein Protein. (»Prion« ist eine Zusammenziehung von »*pro*tein« und »*i*nfectious« mit der angehängten Endung *on*, die »Wesen« bedeutet.) Soweit bekannt, sind Prionen an der Verursachung von über einem halben Dutzend Krankheiten bei Tieren und/oder Menschen beteiligt. Dazu gehören Scrapie, Kuru und die Creutzfeldt-Jacob-Krankheit sowie der Rinderwahnsinn.

All diese Infektionen entsprechen Sigurdssons ursprünglichen Kriterien für eine langsame Infektion. Damit sind sie natürlich alle übertragbar. Aber sie können auch vererbt werden. Es gibt ein

Gen für das Prion-Protein, und man findet es bei Menschen, Nagern und mehreren anderen Arten.

Was hat das alles zu bedeuten? Ein Gen für ein anomales Protein, das zugleich infektiös ist? Schließen sich »erblich« und »infektiös« als Begriffe der Epidemiologie nicht gegenseitig aus?

Die meisten Fälle von CJK sind sporadisch verteilt. Als Epidemie kommt die Krankheit nicht vor. Es gibt keine Creutzfeldt-Jacob-Seuchen. Nur hier und da ein Fall, weltweit jährlich ungefähr einer auf eine Million Menschen. Und dennoch pflanzen sich 15 Prozent der Fälle über Generationen hinweg innerhalb von Familien fort. Wahrscheinlich sind Prionen in unserer Nahrungskette allgegenwärtig, und trotzdem – ich sage das, um unnötiger Beunruhigung über unser Nahrungsangebot vorzubeugen – ist die Wahrscheinlichkeit, daß Prionen eine Infektion auslösen, sehr gering. Klinische Manifestationen der CJK werden sich eher bei Menschen zeigen, die ohnehin das Prion-Gen besitzen, als bei solchen, die die Infektion aus der Nahrungskette bekommen. Aufgrund dieser einander überschneidenden Faktoren kann die CJK degenerativ, übertragbar und familiär sein. Und obwohl es ein spezifisches Prion-Gen gibt, muß erst noch bewiesen werden, daß die CJK rein endogen entstehen kann, also aus dem Körper selbst heraus, ohne einem Erreger ausgesetzt zu sein.

Der beste Beleg für all das sind die wenigen Fälle von CJK, die durch Injektionen von menschlichem Wachstumshormon verursacht wurden. Alle Patienten, die die Injektionen erhalten hatten, wiesen in ihrem Gehirn Prion-Proteine auf – die Prionen waren auf alle übertragen worden –, aber nur ein Bruchteil von ihnen erkrankte an Creutzfeldt-Jacob. Andere, die Injektionen aus denselben Chargen erhalten hatten, bekamen die Krankheit nicht. Die Exposition mit dem Prion reicht also gewöhnlich nicht aus.

Doch alle Schimpansen, denen CJK injiziert worden war, bekamen die CJK. Bedeutete das, daß sie alle das defektive Prion-Gen hatten? Nein, denn der Übertragungsweg ist ein nicht-darwinistischer. Und ebenso wie die Injektion ist auch die rituelle Kannibalisierung kein natürlicher Faktor im Kampf um das Überleben der Tauglichsten. In der Wildnis wurden Männer und Frauen mit Gleichgewichtsstörungen in der Steinzeit sicherlich gefressen – aber von Raubtieren und nicht von anderen Menschen. Was war also in Papua-Neuguinea passiert? War in einer Bevölkerung, die Kannibalismus an sich selbst praktizierte, ein einzelner Fall von CJK aufgetaucht? Ein einzelner Fall, der dann übertragen wurde? Und bieten diese kleinen Stammespopulationen einen besonders günstigen genetischen Hintergrund?

Kehren wir nochmals zu den Grundlagen der Genetik zurück. Es gibt ein Gen, das der Huntington-Krankheit entspricht. Dieser Genort ist bei jedem vorhanden und produziert ein Protein. Bei Patienten mit Huntington-Krankheit sind sowohl das Gen als auch das Proteinprodukt, für das es kodiert, anomal. Wenn wir sowohl das Gen als auch das Produkt als qualitativ anomal betrachten – und im klinischen Sinne sind sie es –, bewegen wir uns in absoluten Unterschieden, doch in der Realität geht es mehr um einen quantitativen Unterschied. Der Genort ist immer schon da. Wenn also eine Exposition in Gestalt einer direkten Einimpfung ins Gehirn stattfindet, gibt es für das Prion eine Art Herd, an dem es sich konzentrieren kann. Auch beim Kannibalismus, der eine massive Exposition mit frischen Prionen bringt, ist immer ein Herd da. Es gibt aber Herde, die gleicher sind als andere.

Wie vermehren sich diese Proteine? Sie müssen sich vermehren, damit man sie im Labor von einem Tier auf ein anderes, von einer Generation auf die andere übertragen kann. Würden sie sich nicht vermehren, würde die anfängliche Konzentration von Prionen so sehr verdünnt, daß in den meisten Impflösungen keine Prionen mehr vorhanden wären. Das war eine der wichtigen Fragen, die durch die Übertragung auf zweite und dritte Generationen von Tieren geklärt wurden.

Für die Replikation von Prionen gibt es mindestens zwei denkbare Mechanismen, von denen der eine die DNA der Zelle auf ähnliche Weise nutzt, wie es Viren tun, und der andere nicht. Denken Sie, was den ersten betrifft, an die übliche Befehlskette: Die DNA enthält den Schlüssel für die Herstellung der RNA, die ihrerseits Protein produziert. Nicht andersherum. Prionen könnten jedoch dem Vorbild des HIV, des AIDS-Virus, folgen.

HIV ist ein RNA-Virus, das mit Hilfe zweier Enzyme (die zusammen reverse Transkriptase genannt werden) die Bildung von DNA synthetisiert. HIV kann also aus RNA DNA machen, eine Umkehrung der natürlichen Reihenfolge. Hier führt der Ablauf von der RNA zur DNA und von da zur Produktion infektiöser viraler RNA.

Analog könnte der Ablauf bei Kuru folgender sein: vom Prion zur DNA (das heißt zu dem Ort auf dem Prion-Gen) und weiter zur RNA und zur Produktion von Prion-Molekülen. Und dieses Gen gibt es überall: bei Menschen, Mäusen, Schafen (was nicht überrascht), Ziegen, Nematoden, Fruchtfliegen, sogar in Hefe – alles Quellen von Prionen für all die miteinander verwandten Krankheiten.

Und wie sieht das andere Szenario aus? Carlton Gajdusek stellte in einem Aufsatz mit dem Titel »Fantasy of a ›Virus‹ from the Inorganic World« die Hypothese auf, daß es sich um ein infektiöses Partikel handele, das eher wie ein Kristall als wie eine organische Spezies agiert. Man denkt an Vonnegut und Eis 9, an eine physikalisch-chemische Vermehrung, die weder sexuell noch asexuell ist. Es müssen bloß die richtigen Aminosäuren in der richtigen Reihenfolge herangezogen werden. Ein Protein dient als seine eigene Schablone und »vermehrt« sich durch Polymerisierung, indem es sich immer mehr von seinen eigenen Molekülen hinzufügt.

Warum ruft diese an Eis 9 erinnernde Aktivität ausschließlich neurologische Krankheiten hervor? Warum nicht eine Lebererkrankung oder Nierenversagen?

Weil sich herausgestellt hat, daß Neuronen im Gehirn praktisch die einzigen Zellen im Körper des Menschen und anderer Säugetierarten sind, die Prionen synthetisieren.

Dafür gibt es mehrere mögliche Erklärungen. Das Gehirn ist immunologisch isoliert. Denkbar ist, daß andere Bereiche des Körpers Abwehrmechanismen besitzen, die eine Replikation von Prionen verhindern. Vielleicht kommt es aber auch auf die besondere Natur der Neuronen an. Im Unterschied zu anderen Zellen haben Neuronen die Fähigkeit eingebüßt, sich zu vermehren, wenngleich sie sich die Fähigkeit zu überleben bewahrt haben. Wir sterben mit denselben Nervenzellen, mit denen wir aufgewachsen sind. Es gibt kein anderes Organ, das auf diese Weise funktioniert. Wie kann ein Neuron hundert Jahre lang leben? Weil es sich ständig selbst repariert und seine Teile ersetzt, seien es Membranen, Enzyme oder seine ganze Struktur. Die Neuronen stellen dauernd Strukturproteine her und ersetzen alte Proteine durch neue. Wenn ein Prion in eine Zelle eindringt – also in eine Maschine, die darauf eingestellt ist, Proteine zu vermehren, und über einen reichen Vorrat an Aminosäuren verfügt –, um sich vermehren zu lassen, dann ist das, wie wenn ein Kind in einen Süßwarenladen hineinspaziert.

Es werden also Prion-Proteine hergestellt. Und sie polymerisieren. Und dann versammeln sie sich. Und sie bilden Ablagerungen, die – genau wie Eis 9 – die Anlage verstopfen und schließlich die Membranen beschädigen, die ersetzt werden sollen. Auf diese Weise zerstören die Prionen den Nerv und werden ins Gehirn freigesetzt. Genau da wollen sie hin, um von einer anderen Nervenzelle aufgenommen zu werden, damit das Ganze wieder von vorn anfangen kann.

Genau dies geschah in Joseph Wards Gehirn, genauer gesagt, in den einzelnen Neuronen seines Gehirns. Aber er hatte kein BSE.

Erstmals trat der Rinderwahnsinn 1986 in England auf. Es war eine neue Krankheit für die englischen Rinder. Sie fingen an zu taumeln und sich merkwürdig zu verhalten, und dann wurden sie innerhalb von Monaten lahm und gingen ein. In der Untersuchung zeigte sich ein ähnliches Bild wie bei Scrapie. Damit sind wir wieder bei Sigurdsson. Erfüllte die Krankheit alle seine Kriterien? Zweifellos. Und die infizierten Gehirne enthielten Prionen.

Woher kamen diese Prionen? Hatte das Scrapie-Prion im Verlauf der Jahrhunderte gelernt, die Artenschranke zu überqueren? Oder gab es eine andere Quelle? Und welche Quelle konnte das sein bei Wiederkäuern, die strikte Vegetarier waren? Aber waren sie reine Vegetarier? Das war die Umweltnische, die auszufüllen sie durch ihre Evolution bestimmt waren. Kühe sind strikte Pflanzenfresser. Ihre Zähne taugen einzig dazu, Pflanzen zu zermahlen und die vorverdaute Nahrung wiederzukäuen. Ihr langer Verdauungstrakt muß länger arbeiten, um die Zellulose in den Pflanzen abzubauen und die benötigte Nahrung aus den pflanzlichen Zellen zu gewinnen.

Doch der Mensch hat das alles geändert. Gras ist keine sonderlich ergiebige Quelle von Kalorien oder Mineralien. Und Mais ist so teuer. Aber Fleischabfälle sind billig. Sie sind voller Protein und haben all die Aminosäuren, die Kühe brauchen, um mehr Kuh aufzubauen. Und dazu noch eine Menge Kalzium. Fleischabfälle sind genau das, als was sie angepriesen werden: ein protein- und kalziumreiches Nebenprodukt des Schlachthauses, entstanden durch Zusammenstampfen all dessen, was von einem Tier, das ein Schlachthaus durchläuft, nicht anderweitig genutzt werden kann. Dazu gehören alle Tiere, die auf den Markt gebracht werden, um geschlachtet zu werden, und dadurch in die menschliche Nahrung gelangen (dies sichert das Überleben unserer Spezies). Zu den Abfällen gehören aber auch Tiere, die nicht für die menschliche Nahrungskette bestimmt sind. Tiere, die aus irgendeinem Grund gestorben sind, darunter kranke Kühe und – Sie haben es erraten – kranke Schafe aus Herden mit Scrapie.

Das heißt Schafe aus Herden, von denen man weiß, daß sie Scrapie haben, Schafe, die durchaus das Prion in ihrem Körper gehabt haben könnten, die aber noch ganz normal wirkten. Die infektiösen Prionen sind nicht in den zermahlenen Muskeln der toten Tiere, der Hauptquelle von Proteinen und Aminosäuren, auch nicht in den Knochen, die als Quelle des so sehr benötigten Kalziums genutzt werden. Die Prionen sind, wo sie immer sind – im Gehirn und im Rückenmark. Das letztere ist wichtig. Das Gehirn ist im Verarbeitungsprozeß leicht abzutrennen. Wenn jedoch die Rückenwirbel zu Knochenmehl verarbeitet werden, bleibt das Rückenmark drin; es herauszuholen, ist angeblich zu umständlich. Die englischen Kühe von 1986 waren sozusagen zu Allesfressern und sozusagen zu Kannibalen geworden.

Das ist ein Szenario, das Darwin nicht für möglich gehalten hatte, eines, gegen das die Kühe keine Abwehr hatten, ebensowenig wie die Schimpansen in Gajduseks Labor. Aber diesmal winkte kein Nobelpreis. Wir haben, indem wir in die Nahrungsaufnahme der Rinder eingriffen, eine neue Krankheit »erschaffen«.

Die Herden wurden rasch dahingerafft. Man braucht nicht viel Futter, um eine Kuh zu töten; ein Gramm prionenverseuchtes Material genügt. Ganze Herden wurden infiziert. Innerhalb weniger Jahre verendeten viele tausend Rinder, und viele weitere Tausende mußten getötet werden, um die Krankheit einzudämmen.

Ein bis zwei Jahre nach dem Auftreten des Rinderwahnsinns trat im Vereinigten Königreich eine neue Form der CJK auf, ein Typ, der sich eindeutig von der schlichten, altmodischen Creutzfeldt-Jacob-Krankheit unterschied. Alle Patienten waren jung, überwiegend Heranwachsende. Sie zeigten nicht das eher typische Taumeln, das man mit CJK in Verbindung bringt. Statt dessen beobachtete man bei diesen jungen Leuten Anzeichen für psychiatrische Probleme und Verhaltensänderungen. Zuerst wurden sie unruhig, dann depressiv und in sich gekehrt. Anschließend traten ihre Störungen noch deutlicher hervor; sie zeigten Verhaltensweisen, die an eine Schizophrenie denken ließen. Am Ende standen ein fortschreitender Neuronenverfall, die *progressive neurological deterioration*, wie die englische Fachbezeichnung heißt, und der Tod. An neurologischen Symptomen entwickelten die Patienten fortschreitende Bewegungsstörungen – oft eine kuru-ähnliche Ataxie –, eine CJK-ähnliche Demenz und Myoklonien. Und alle elf der jung verstorbenen Patienten hatten wiederum krankhafte, schwammartig veränderte Gehirne und litten also an einer spongiformen Enzephalopathie. Deutete dieses neue Leiden darauf hin, daß der Rinderwahnsinn sich auf dafür empfängliche Menschen übertrug?

Hatte Joe Rinderwahnsinn? wollte Mrs. Ward wissen. Nein, eigentlich nicht. Er hatte die Creutzfeldt-Jacob-Krankheit, die eng damit verwandt war. Das konnten die Behörden auf keinen Fall zugeben. Für sie waren es bloß zwei neue Krankheiten, die beide mit Prionen und folglich mit Proteinquellen in der Nahrung zu tun hatten, Krankheiten, die rein zufällig zur selben Zeit in demselben, relativ kleinen geographischen Bereich auftraten und nirgendwo sonst auf der Welt, weder gleichzeitig noch jemals zuvor. Es handelte sich ihres Erachtens um eine bloße Koinzidenz. Aber die Natur verabscheut Koinzidenzen.

War ich denn völlig sicher? Nicht ganz. Dazu mußte man eine Hirnbiopsie vornehmen. Eine was? Eine Untersuchung seines Gehirns. Sie wollte nicht, daß Joe das durchmachte, außer wenn es ihm helfen konnte. Es würde ihm nicht helfen. Es würde lediglich bestätigen, was wir bereits wußten. Eine Hirnbiopsie, murmelte sie ohne Begeisterung. Oder eine Autopsie, dachte ich bei mir. »Eine Hirnwellen-Untersuchung könnte vielleicht helfen«, fügte ich hinzu. Mir würde es nicht helfen. Aber es würde Mrs. Ward helfen, wenn sie mehr als nur meine klinische Beurteilung hatte. Fast 90 Prozent der Patienten mit CJK und Myoklonus haben im EEG charakteristische, für diese Krankheit spezifische Entladungen.

Mrs. Ward und ich schauten zu, während das Gerät ein Bild von Josephs Hirnaktivität aufzeichnete. Immer wenn er eine seiner Zuckungen hatte, kam es zu riesigen Ausschlägen anomaler Aktivität, nach denen überhaupt nichts passierte, nicht die geringste elektrische Aktivität. Das ganze Gehirn hörte auf, Hirnwellen zu erzeugen. Diese plötzlichen Ausbrüche von Aktivität bezeichnet man als *suppression-bursts*. Sie sind typisch für die altmodische CJK. Bei der neuen, in England aufgetretenen Variante der CJK waren sie nicht beobachtet worden. Das heißt, keiner der Patienten, die an der mit dem Rinderwahnsinn verwandten Prionen-Krankheit litten, hatte zugleich *suppression-bursts*. Nicht einmal jene, die Myoklonien entwickelten. Das alles erklärte ich ihr.

Jetzt hatte sie endlich eine Antwort. Sie hatte die anomalen *bursts* gesehen, die das Gehirn ihres Mannes zerstörten. Und das Gehirn reagierte auf die Zerstörung mit der Erzeugung von *suppression-bursts*.

»Und es gibt nichts, was Sie für ihn tun können?« »Es gibt nichts, was irgend jemand tun kann.« »Keine Heilung, keine Behandlung – gar nichts?« »Gar nichts.«

Diese Antwort sagte alles, was gesagt werden konnte. Auf sie wirkte sie schlimmer als jeder *suppression-burst*, den ich je gesehen hatte. Und die Stille, die danach eintrat, war ohrenbetäubend.

Sie nahm Joe wieder mit nach Indiana, auf die Farm. Vier Wochen später starb er. Ich erfuhr davon durch den örtlichen Amtsarzt, der mich anrief. Er wollte eine Autopsie machen, und da Joseph Ward den Rinderwahnsinn gehabt hatte, wollte er wissen, welche Vorsichtsmaßnahmen zu beachten waren.

Joseph Ward hatte doch keinen Rinderwahnsinn, hielt ich ihm entgegen. Mrs. Ward habe gesagt, das hätten die Ärzte in Chicago ihr gesagt. Die Ärzte von der medizinischen Fakultät in Chicago. »Diese Ärzte«, beteuerte ich vergeblich, das sei ich gewesen.

Mrs. Ward hatte dem Amtsarzt auch gesagt, auf welchem Wege Joseph den Rinderwahnsinn bekommen hatte: von dem Knochenmehl, das er bei seinen geliebten Rosensträuchern als Dünger verwendet hatte.

Ich holte tief Luft und setzte noch einmal zur Erklärung an. Joe Ward sei an CJK gestorben, sagte ich. Ob das meine Meinung sei, fragte der Amtsarzt. Das sei meine Diagnose, sagte ich. Daß er die Prionen-Krankheit gehabt habe, stamme nur von mir. Hätte man mich nicht eingeschaltet, wäre niemand darauf gekommen, daß er CJK oder Rinderwahnsinn gehabt habe. Er wäre einfach an einer unbekannten, nicht diagnostizierten Krankheit gestorben. Hatte ich irgendwelche Untersuchungsergebnisse? Ja, das Enzephalogramm. Was man dort gesehen habe, fragte er. *»Suppressionbursts.«* Das sagte ihm nichts, bis ich es ihm erklärte. Das überzeugte ihn.

Doch schon am nächsten Tag brachte eine Lokalzeitung die Geschichte. Joseph Ward, ein Farmer, sei am Rinderwahnsinn gestorben, der erste nachgewiesene Fall von Rinderwahnsinn in den Vereinigten Staaten. Vielleicht sei es der Anfang einer Seuche. Oder zumindest eine Epidemie. Vielleicht stünde, ebenso wie das Millennium, die Apokalypse vor der Tür. So etwas brachte Auflage.

Am Abend desselben Tages griff Associated Press die Geschichte auf, und am nächsten Tag sanken Rindfleisch-, Mais- und Sojabohnen-Aktien auf einen Tiefstand. Mais und Sojabohnen werden als Futter für Rinder verwendet. Rindfleisch-Aktien purzelten innerhalb von Minuten unter die zulässige Tagesmarke.

Und das alles, weil ich Mrs. Ward zu erklären versucht hatte, was mit ihrem Mann war. Im Gesundheitsministerium von Indiana und im US-Landwirtschaftsministerium sowie in den Centers for Disease Control and Prevention in Atlanta strampelten sie sich ab, um die Dinge richtigzustellen. Reporter bemühten sich sogar, den Arzt zu interviewen, der als erster die Diagnose Rinderwahnsinn gestellt hatte – das jedenfalls schienen die meisten Reporter in mir zu sehen.

Einige Tage später erholten sich die Märkte wieder. Ob sich alle individuellen Anleger auch erholt haben, kann ich nicht mit Sicherheit sagen. Etliche meiner Freunde baten mich, sie das nächste Mal, wenn ich Rinderwahnsinn diagnostizierte, rechtzeitig zu informieren, damit sie Rindfleisch-Aktien abstoßen konnten. Ich beteuerte, daß ich diese Diagnose überhaupt nicht gestellt hätte. Ich hätte nie einen Patienten mit Rinderwahnsinn gesehen und würde wahrscheinlich nie einen sehen.

Sag uns beim nächsten Mal gleich Bescheid, wiederholten sie.

Aus diesem Fall kann man einige Lehren ziehen. Eine der Lehren ist, mit Analogien vorsichtig umzugehen.

Wichtiger ist jedoch, daß es bei dieser Geschichte im Grunde um die Evolution geht. Die Evolution besteht in einer kontinuierlichen Folge geringfügiger, nicht ganz zufälliger Veränderungen der chromosomalen DNA, die bei den Mitgliedern der folgenden Generation, die diese geringfügigen Veränderungen erben, gleichfalls geringfügige und gleichfalls nicht ganz zufällige Abänderungen in Struktur und Funktion erzeugen. Diese Abänderungen haben wiederum Einfluß auf die Fähigkeit der nicht ganz zufällig abgeänderten Nachkommen, sich im Kampf um Fortpflanzungserfolg durchzusetzen. Das war – und ist, wenn man nicht hineinpfuscht, noch immer – ein langsamer, mühseliger Prozeß ohne vorgegebene Richtung. Das alles hat der Mensch geändert.

Wir sind jedenfalls die Schöpfer des Rinderwahnsinns. Die Prionen haben wir natürlich nicht geschaffen. Sie gibt es wahrscheinlich schon immer. Das gilt auch für das Gen für das Prion-Protein, das es mindestens seit der Zeit der Dinosaurier gibt, wenn nicht länger. Vor der Schaffung von durch Inzucht genetisch isolierten Schafherden, deren Fortpflanzungstauglichkeit vom Menschen und nicht von der Umwelt bestimmt wurde, konnten die virale Visna- und die prionische Scrapie-Krankheit nicht weitergegeben werden.

Bevor ein isolierter Stamm dazu überging, einen Verwandten zu kannibalisieren, der lange genug gelebt hatte, um hinreichend viele Prionen herzustellen, so daß er – wie ich es nennen würde – »sporadische CJK« hatte, gab es Kuru nicht. Auch hier hatte der Mensch eingegriffen.

Kühe machten die Menschen, die ihr Fleisch verzehrten, nicht verrückt, bevor wir die Kühe nicht in Allesfresser verwandelt und gewissermaßen ihre toten Verwandten an sie verfüttert hatten. Wieder fühlt man sich an Sigurdsson und Vonnegut erinnert.

Aber das sind nicht die einzigen Lehren. Die jüngste »Evolution« und Entwicklung des Menschen findet gänzlich ohne Beteiligung der DNA statt, ja sogar fast vollständig außerhalb des Körpers. Wir können nämlich unsere Umwelt in einer Weise verändern, wie das keiner anderen Spezies möglich ist, und die von uns selbst geschaffene Umwelt spielt eine entscheidende Rolle in der postnatalen Entwicklung des menschlichen Gehirns. Genetisch unterscheiden wir uns nicht nennenswert von dem Höhlenmenschen von vor 50 000 Jahren, doch zwischen seinem Leben und unserem gibt es keinerlei Ähnlichkeit. Das ist eine Veränderung ohne Beispiel, die in Darwins Theorie nicht vorhersehbar war und mit den nicht ganz zufälligen Variationen der DNA auf unseren Chromosomen nichts zu tun hat. Leider findet diese Art von Evolution ohne den Mechanismus statt, der für das Überleben der Tauglichsten sorgt, eine Art von Rückkoppelung, für die wir uns noch einen sinnvollen Ersatz einfallen lassen müssen.

Die allmähliche Evolution der DNA allein hätte uns ein Überleben in so großer Zahl nicht sichern können. Wir laufen nicht sehr schnell. Wir sind nicht besonders stark. Unser Geruchssinn ist miserabel, unser Gehör ist begrenzt, und unser Sehvermögen ist drittklassig. Dennoch sind wir eine Gefahr für das bloße Überleben aller Arten, die schneller und stärker sind und besser entwickelte Sinne haben. Der Grund ist das, was unser Gehirn zwischen dem sensorischen Input und dem motorischen Output zu leisten vermag. Wie kam es dazu, und warum hat das Gehirn sich zu einem Mechanismus des Lernens und der Anpassung entwickelt, der die einfachen Aufgaben, für die es sich natürlicherweise entwickelt hatte, weit hinter sich läßt? Für den natürlichen Vorteil, der das Überleben der Art gesichert hätte, wäre ein Wortschatz von einigen hundert Wörtern ausreichend gewesen. Doch der durchschnittlich gebildete Amerikaner kann über 100 000 Wörter lesen, benutzt in seiner gesprochenen Sprache über 10 000 Wörter und erlernt Jahr für Jahr Hunderte von neuen Wörtern, von »Gigabyte« über »Prozac« bis »Slam Dunk«, ohne auf diesen Vorgang auch nur einen Gedanken zu verschwenden. Und jedes Kleinkind lernt, mit diesen Wörtern Sätze und Gedanken zu bilden, lange bevor es lernt, Blasen- und Darmfunktion zu beherrschen.

Zurück nach Neuguinea. Zurück zu den Fore und der Erforschung von Kuru. Seit wann hatte Kuru diese Menschen heimgesucht? War es eine neue Krankheit, eine erst jüngst aufgetretene Plage wie die spanische Grippe, die unausweichlich ihren Lauf nehmen würde, oder hatte es sie schon immer gegeben? Man fragte die Stammesältesten. Ihre Antwort: seit »vielen« Generationen. Man nahm an, das bedeute eine sehr lange Zeit. Damit schied der Kannibalismus als Verbreitungsmechanismus der Krankheit aus, denn zum Kannibalismus war man vor noch nicht einmal sechzig Jahren übergegangen.

Da kamen zwei Anthropologen – Robert Glasse und Shirley Lindenbaum – und untersuchten die Sprache der nördlichen Fore. Das Zählsystem dieser Stämme umfaßte nur eins, zwei, drei und viele. »Viel« bedeutete für sie alles zwischen einigen wenigen und unendlich. Jetzt kam der Kannibalismus wieder als Verbreitungsweg von Kuru in Betracht. Der Kannibalismus wurde verboten, und die Krankheit verschwand.

Das Verstehen der Sprache der nördlichen Fore war nicht nur entscheidend für die Verhinderung von Kuru – es wirft auch ein Licht auf die fortschrittliche Natur der geistigen Entwicklung des Menschen. Meine Enkeltochter hat gerade ihren zweiten Geburtstag hinter sich. Daß ich sie wunderschön und intelligent finde, versteht sich von selbst. Außerdem ist sie sehr wortgewandt. Sie kennt eins, zwei, drei, vier und fünf, und zwar nicht bloß als Wörter, sondern als symbolische Konzepte. Sie kann »vier« von »drei« und »fünf« von »vier« unterscheiden – und »viel« von all den Zahlen, die ihr Gehirn in seine Schaltungen integriert hat. Die Fore können nur bis »viel« zählen. Doch der Geist meiner Enkeltochter hat, von der Umwelt mit den richtigen Stimuli versehen, innerhalb von zwei Jahren alles hinter sich gelassen, worum Menschen sich 5 Millionen Jahre lang bemüht haben, um es überhaupt zu erreichen. Nicht die langsame, mühselige Veränderung der DNA durch das Überleben des Tauglichsten hat die Evolution meiner Enkeltochter bewirkt, sondern die Einwirkung der Umwelt; es handelt sich um eine nicht-darwinistische Evolution.

Unsere weitere Evolution ist nicht mehr an die DNA gebunden. Daß es uns – und damit meine ich diejenigen von uns, die in entwickelten Ländern leben – so gutgeht, verdanken wir kulturellen Gründen, ausschließlich kulturellen Gründen. Innerhalb weniger Jahrzehnte wurde das Abwasser von der Wasserversorgung getrennt, hat sich die mittlere Lebenserwartung verdoppelt, ist die Kindersterblichkeit zurückgegangen, und das Überleben vieler bis ins fortpflanzungsfähige Alter wirft inzwischen Probleme für die Nahrungsmittelversorgung auf. Es gibt keine Vorteile ohne Nachteile.

Einer der berühmtesten steinzeitlichen Jäger und Sammler Englands ist heute unter der Bezeichnung »Cheddar Man« bekannt. Vor rund 9000 Jahren gestorben, wurde er in einer Höhle in der Cheddar-Schlucht im Südwesten Englands begraben. All seine Jäger-und-Sammler-Kollegen waren kürzlich in der Cheddar-Schlucht, um an einem Film über die Geschichte der Stadt Cheddar teilzunehmen, einem Dokumentarfilm der BBC. Der Produzent stellte eine einfache Frage: »Gibt es in Cheddar noch überlebende Nachkommen des ›Cheddar Man‹?«

Was für ein großartiger Gedanke!

Forscher von der Universität Oxford und vom Londoner Museum für Naturgeschichte machten sich daran, die Frage zu beantworten. Zunächst extrahierten sie DNA aus einem Zahn des »Cheddar Man« und bestimmten die Reihenfolge von Basenpaaren auf einem

Abschnitt dieser DNA. Nach der Sequenzierung des »Cheddar Man« nahmen sie Proben von heutigen Bewohnern der Cheddar-Schlucht. Und sie stießen auf einen Mann mit der gleichen Sequenz. Der »Cheddar Man« lebt fort in Gestalt eines direkten Nachkommen namens Adrian Targett, der an der Kings of Wessex Community School neuere Geschichte unterrichtet.

An der DNA hat sich in Cheddar also nicht viel geändert. Aber im übrigen ist nichts mehr so wie damals. Der direkte Nachkomme des »Cheddar Man« unterrichtet an einer Schule, von der sich sein Urahn nicht einmal eine Vorstellung machen konnte. Das ist doch ein Fortschritt. Und noch etwas: Die Fore zählen nicht mehr »eins, zwei, drei, viel«. Auch sie haben die Steinzeit hinter sich gelassen. Sie haben noch nicht einmal eine Generation benötigt, um aus der Steinzeit ins Informationszeitalter zu gelangen, weit weniger als die 9000 Jahre, die der »Cheddar Man« und seine Nachkommen benötigten.

Was ist eigentlich aus dem Neandertalerbaby geworden? Eine Nachbetrachtung

In dieser Nachbetrachtung möchte ich nochmals mit einigen Bemerkungen auf das herkömmliche Modell des Aufstiegs des modernen Menschen eingehen. Nach diesem Modell, dem Stammbaum, zweigte der Neandertaler vor 500000 Jahren oder früher vom Hauptstamm ab, um in einer Sackgasse zu enden, während die Familie des modernen Menschen ihre Evolution in einer anderen Linie fortsetzte, die sich schließlich in verschiedene »Rassen« aufspaltete. Diese Theorie stützt sich auf die Natur der Mitochondrien-DNA des Menschen. Bei den 37 Genen der Mitochondrien-DNA gibt es zwischen den Individuen, den »Rassen«, zwischen Schwarzafrikanern, amerikanischen Ureinwohnern, Asiaten und pazifischen Inselbewohnern nur geringe Abweichungen. Gleiches gilt für Angehörige von Steinzeitvölkern wie die Fore in Papua-Neuguinea und die Pioniere des Informationszeitalters: Es gibt nur ganz wenige Nukleotide in unserer Mitochondrien-DNA, die nicht miteinander übereinstimmen.

Aus dieser Tatsache hat man gefolgert, daß wir alle Nachkommen einer und derselben Mutter oder einer kleinen Gruppe von Müttern sind, die vor nur 200000 Jahren gelebt hat bzw. gelebt haben.

Hat es nur eine Eva gegeben? Und warum nur Eva und nicht Adam und Eva?

Man denkt, das gesamte Genmaterial und das ganze Erbgut stecke in den Chromosomen und werde von beiden Eltern in einer Zufallsmischung vererbt. Doch es gibt eine Ausnahme von dieser Regel: Die Mitochondrien, in denen der oxidative Stoffwechsel (also die Energieerzeugung) stattfindet, haben ihre eigene DNA. Es ist so, als wären die Mitochondrien einmal bakterienartige Parasiten gewesen, die in einen einzelligen Organismus eingedrungen sind und seitdem in ihm leben. Eizellen und Spermien haben, wie alle anderen Zellen des Menschen, Mitochondrien. Doch nur der *Kern* des Spermiums, der chromosomale DNA, aber keine Mitochondrien enthält, dringt in das Ei ein. Daher stammt unsere Mitochondrien-DNA vollständig von unseren Müttern. Die väterliche Mitochondrien-DNA pflanzt sich nicht fort. Und wenn die von der Mutter stammende DNA bei uns allen so ähnlich ist, dann müssen wir alle tatsächlich von nur einer Mutter stammen.

Und warum vor nur 200 000 Jahren?

Es ist möglich, daß eine einzige Mutter oder eine kleine Gruppe von Müttern einen Engpaß in der Evolution überlebt haben, eine Situation, in der der Kampf ums Überleben extrem hart wurde und nur eine begrenzte Zahl potentieller Mütter zu überleben vermochte. Und die wenigen, die den Engpaß mit intakter Fortpflanzungsfähigkeit überstanden, verdankten das dem Umstand, daß ihre Mitochondrien sich von den Mitochondrien anderer in einer Weise unterschieden, die ihnen einen biologischen Vorteil gewährte.

Es muß solche Engpässe gegeben haben, denn sonst gäbe es für die Paläontologen nur wenig zu erforschen. Das herkömmliche Bild von der Evolution, der sogenannte Gradualismus, nimmt an, daß der Wandel langsam und stetig verlaufen ist, daß ständige kleine Abänderungen bei allen Organismen sich zu deren Evolution summierten. Wenn diese Vorstellung zutrifft, erhebt sich jedoch die Frage, wie eine Dinosaurier-Spezies sich 10 Millionen Jahre lang halten und sich dann innerhalb kurzer Zeit zu einer neuen Spezies entwickeln konnte. Bei einem gleichmäßigen Tempo der Veränderung wäre es fast unmöglich gewesen, daß verschiedene Arten sich ausdifferenzierten. Wahrscheinlich hat es in der Evolution lange Zeiten des Gleichgewichts gegeben, in denen die Umwelt einigermaßen stabil war. Tiere und Pflanzen, die auf das Leben in einer solchen Umwelt eingestellt waren, werden sich im Laufe von Jahrmillionen kaum verändert haben. Dann geschah etwas, und die Umwelt veränderte sich. Das Gleichgewicht verschob sich, andere Varianten wurden vorteilhaft, und neue Merkmale wurden begünstigt. Veränderung! Evolution! Eine neuentstandene Art konnte dann in der neuen Umwelt relativ unverändert gedeihen, bis das Schlachtfeld (die Umwelt) sich erneut veränderte. Niles Eldridge und Stephen Jay Gould haben für dieses auf Engpässen beruhende Bild der Evolution den Ausdruck »unterbrochenes Gleichgewicht« geprägt.

Man hat immer angenommen, der Neandertaler sei von der Evolution des modernen Menschen isoliert gewesen. Nach dieser Vorstellung bildeten beide getrennte Äste des Stammbaums, die zur gleichen Zeit in verschiedenen Räumen oder in ein und demselben Raum zu verschiedenen Zeiten lebten, aber einander nie begegnet sind. Irgendwann starb dann der Neandertaler aus, und an seine Stelle trat der moderne Homo sapiens. Alles gut und schön, aber leider nicht richtig. Wie aktuelle Entdeckungen gezeigt haben, lebten der Neandertaler und der moderne Mensch mindestens 10 000 Jahre lang in denselben Regionen (Südeuropa, Israel) nebeneinander. Sie besaßen dieselben Technologien und teilten sich sogar dieselben Höhlen. Das ist eigentlich zu nah, um von zwei getrennten Ästen zu sprechen.

Ohne die Sitten oder Verhaltensgewohnheiten der Neandertaler verunglimpfen zu wollen, ist es doch unvorstellbar, daß moderne Menschen und Neandertaler nicht geschlechtlich miteinander verkehrt haben. Und es spricht alles dafür, daß ein solcher Verkehr die schlichte, altmodische biblische Zeugung zur Folge hatte. Wo sind nun die Abkömmlinge, die einer solchen Zeugung entsprungen sind? Es gibt keine. Die DNA der Neandertaler ist verschwunden, ohne in der DNA des Homo sapiens die geringste Spur zu hinterlassen.

Was wissen wir über die Neandertaler? Sie hatten einen massigen, untersetzten Körperbau und einen ungeheuer kräftigen Oberkörper. Sie waren offenbar weit stärker als moderne Menschen. Sie hatten ein nach vorn gewölbtes Gesicht und ein fliehendes Kinn. Auch der Kopf insgesamt war vorspringend, und das Loch im Schädel, durch das das Rückenmark aus der Schädelhöhle austritt

– das Foramen magnum –, war ganz anders abgewinkelt als bei uns. Aber das alles war für das Überleben vermutlich unerheblich. Worauf es wahrscheinlich ankam, war das Gehirn. Und ihr Gehirn war größer als das unsere; außerdem war ihr Sprechapparat so ausgebildet, daß sie mit Sicherheit sprechen konnten. Sie müssen folglich über Sprache verfügt haben. Die Neandertaler haben gesprochen, und es waren nicht die Laute, die von Affen ausgestoßen werden, sondern eine richtige symbolische Sprache. Dennoch ist ihre Kultur so vollständig gescheitert, daß selbst der geschlechtliche Umgang nicht eine Spur von Neandertaler-DNA hinterlassen hat.

Warum also waren wir erfolgreich, während sie scheiterten?

Das Gehirn der Neandertaler war schon bei der Geburt weit größer als das unsere. Wir schließen das aus ihrem breiten Becken, das erst jüngst durch den Fund eines vollständigen Neandertaler-Beckens in Israel dokumentiert wurde. Die Neandertaler starben also nicht nur mit einem größeren Gehirn, sie wurden auch schon damit geboren. Und das war, so wenig einleuchtend es erscheinen mag, höchstwahrscheinlich ein großer biologischer Nachteil. Das Gehirn war vermutlich bei der Geburt schon vollständiger entwikkelt, und daher bedurfte es weit weniger einer ausgedehnten postnatalen Entwicklung, in der sich all die komplizierten Interaktionen mit der Umwelt abspielen.

Kurz, die Neandertaler hatten bei der Geburt ein größeres, stärker ausgereiftes Gehirn, woraus sich eine verkürzte, weniger bedeutsame Phase der Juvenilisierung ergab. Ich darf an den Unterschied zwischen Menschen und Schimpansen erinnern. Wir haben wahrscheinlich einen gemeinsamen Vorfahrn gehabt, der vor vier bis fünf Millionen Jahren lebte. Sie erinnern sich an die Stelle, wo ich von der Juvenilisierung des menschlichen Gehirns sprach, davon, daß die langsame Entwicklung einen starken Einfluß der Umwelt ermöglicht. Die Entwicklung des menschlichen Gehirns vollzieht sich größtenteils außerhalb des Mutterleibs, in der realen Welt. Und diese reale Welt hat bestimmenden Einfluß darauf, was das Gehirn überhaupt leisten kann und wie gut es das kann – ein klarer biologischer Vorteil.

Was war mit den Neandertalerbabys?

Was ihre Entwicklung betrifft, standen sie irgendwo zwischen den Schimpansen und den modernen Menschen: mehr Juvenilisierung als bei den Schimpansen, aber weniger als bei den modernen Menschen, entscheidend weniger. Der größere Reifegrad des Neandertaler-Gehirns bei der Geburt war vermutlich nur so lange ein biologischer Vorteil, wie das Überleben stärker vom Überleben des Tauglichsten im klassischen Sinne abhing als vom Wissenserwerb in einer vom Menschen selbst manipulierten Umwelt.

Man hat in unserer Vorstellung vom Aufstieg des Menschen traditionell drei Faktoren miteinander verknüpft: Bipedie – aufrechter Gang auf zwei Beinen –, großes Gehirn und Werkzeugherstellung. Unsere Lehrer pflegten zu sagen, daß diese drei Merkmale Hand in Hand gingen – das Wortspiel war keine Absicht. Inzwischen wissen wir, daß die Bipedie zuerst kam, und zwar einige Millionen Jahre früher. Woher wissen wir das? Die Bipedie wirkt sich nicht nur darin aus, daß sie die Hände zum Werkzeugmachen befreit. Känguruhs sind zweifüßig, doch Werkzeuge stellen sie nicht besonders viele her. Das ist nicht der Hauptvorteil der Bipedie. Die Werkzeugherstellung ist im Grunde das Ergebnis eines Zwickels, der mit einem großen biologischen Vorteil verbunden war und trotzdem nur ein Zwickel ist. Die Bipedie veränderte die Größe und Form des Beckens. Der Beckenausgang wurde enger. Für Schimpansen ist das Gebären eine relativ schmerz- und gefahrlose Angelegenheit. Nicht so für zweifüßige Frauen. Im Mutterleib entwickeln sich Kinder, die einfach nicht durch den Beckenausgang passen. Die Mediziner sprechen von einem absoluten Mißverhältnis zwischen der Kopfgröße des Kindes und den Beckenmaßen der Mutter. Und wenn das heute noch so ist, rund 4 Millionen Jahre nach dem Auftreten der Bipedie, dann muß es anfangs sehr viel häufiger gewesen sein. Das ist eindeutig ein Hindernis für die weitere Fortpflanzung, weil Mutter und Kind die Zerreißprobe nicht zu überleben vermochten, ehe die ärztliche Kunst sich dieses Problems annehmen konnte.

Die biologischen Alternativen waren einfach. Eine Option bestand in kleineren Gehirnen bei der Geburt. Kleinere Gehirne brauchen kleinere Köpfe, und kleine Köpfe passen durch schmalere Beckenausgänge. Das Gehirn bleibt dann nach der Geburt genauso groß wie das Gehirn eines vollentwickelten Schimpansenfötus. Ein zweiter Evolutionsweg besteht darin, massigere Körper mit breiteren Beckenausgängen zu schaffen. Das scheint, zumindest teilweise, die Option der Neandertaler gewesen zu sein. Dann gibt es noch eine dritte Option: ein kleines schimpansenähnliches Gehirn bei der Geburt, aber eine ausgedehnte Phase der postnatalen Abhängigkeit in Verbindung mit einer Juvenilisierung des Gehirns. Dies war die Wahl, welche die Evolution bei den direkten Vorfahren des modernen Menschen traf: erst Bipedie, dann Juvenilisierung des Gehirns mit verstärktem Hirnwachstum und größerer Anpassungsfähigkeit, und in der Folge dann Werkzeugherstellung, Sprache und all das andere.

Wie hat sich diese Entwicklungsfolge abgespielt? In einer Phase des unterbrochenen Gleichgewichts, während irgendeines Engpasses. Wenn damals die gesamte Neandertaler-DNA aus dem menschlichen Genbestand ausgeschieden wurde, dann könnte es sehr wohl einen Zusammenhang zwischen Mitochondrien-DNA und Hirnentwicklung gegeben haben. Und vielleicht hat dabei unsere mütterliche Mitochondrien-DNA eine Rolle gespielt.

Krankheiten wie die Lebersche Optikusatrophie, die auf Fehler in der Mitochondrien-DNA zurückzuführen sind, werden immer von der Mutter ererbt. Davon sind gewöhnlich zwei Systeme des menschlichen Körpers betroffen, und oft rufen sie Muskelschwäche hervor. Das ist alles andere als verwunderlich, sind doch die Muskeln auf den oxidativen Stoffwechsel angewiesen, und für den sind ja die Mitochondrien zuständig. Diese Krankheiten verursachen aber auch Funktionsstörungen im Gehirn, weshalb sie unter dem Rubrum »mitochondriale Enzephalopathien« zusammengefaßt werden – Hirnstörungen, die auf die Mitochondrien zurückgehen. Die Existenz dieser Störungen und die Art und Weise der Verursachung bestimmter zerebraler Funktionsstörungen beweisen, daß die Mitochondrien-DNA in der postnatalen Entwicklung des menschlichen Gehirns eine entscheidende Rolle spielt.

Und das ist der springende Punkt.

Jetzt tritt ein Mann von der modernen Spezies Homo sapiens auf. Er verkehrt mit einer Neandertalerin. Die Sprößlinge der beiden könnten bei der Geburt ein Gehirn haben, das halb neandertalerisch, halb modern ist – kleiner als das Gehirn eines Neandertalers, aber unfähig, sich zum Gehirn des modernen Menschen zu entwickeln. Sie sind dadurch stark benachteiligt, nichts Halbes und nichts Ganzes. Außerdem ist ihre Mitochondrien-DNA zu 100 Prozent neandertalerisch. Sie hilft also nicht, die Juvenilisierung zu verlängern. Das Ergebnis? Aussterben. Spurlos.

Nun tritt eine Frau von der modernen Spezies Homo sapiens auf. Sie verkehrt – freiwillig oder unfreiwillig – mit einem größeren und stärkeren Neandertaler. Er steuert zu ihren gemeinsamen Nachkommen keine Mitochondrien-DNA bei. Doch sie sind von ihrer Mutter mit der vorteilhafteren mütterlichen DNA des modernen Menschen ausgestattet, die ihnen eine ausgedehnte Juvenilisierung ermöglicht und als »moderne« Mitochondrien-DNA an spätere Generationen weitergegeben wird. Gelegentlich kommt es jedoch vor, daß das Gehirn bei der Geburt zu groß ist. Das schmale Bekken, das die Frau möglicherweise sexuell attraktiv gemacht hat, bietet nicht genug Platz für den großen Kopf, dessen Umfang in der Mitte zwischen dem eines Schimpansen oder eines modernen Menschen und dem weit größeren eines vollentwickelten Neandertalerfetus liegt. Es entsteht ein absolutes Mißverhältnis zwischen der Kopfgröße und den Beckenmaßen, dessen Folge der Tod von Mutter und Kind ist. Dieses Baby mit dem größeren Gehirn überlebt nicht. Aber warum haben die Neandertaler in unseren sonstigen Genen keinerlei Spuren hinterlassen?

Die bedeutendste neurologische Funktion, die dem Neandertaler vermutlich gefehlt hat, war eine komplexe Sprache. Dabei könnten Beschränkungen des Kehlkopfs eine Rolle gespielt haben, doch weit bedeutsamer war die Hirnfunktion. Dieser Unterschied ist von den meisten Paläontologen und sogar von Paläoanthropologen übersehen worden. Christopher Stringer vom Londoner Museum für Naturgeschichte hat jüngst die Ansicht geäußert, daß dem Neandertaler eine komplexe Sprache fehlte, weil seine Kultur und Gesellschaft eine solche nicht erforderte. Das ist eine teleologische Argumentation; sie setzt voraus, daß das Bedürfnis nach Sprache existierte, bevor es eine komplexe symbolische Sprache gab – eine Annahme, für die es keinen Beweis und nur eine dürftige logische Grundlage gibt. Weit plausibler ist die Annahme, daß die Neandertaler keine komplexe Sprache entwikkelt haben, weil sie dazu – wegen der Beschränkungen ihres Gehirns – nicht in der Lage waren, und daher ein Gesellschaftssystem hatten, das eine solche Sprache nicht erforderte. Hinge die Entwicklung der Sprache lediglich von einem Bedürfnis nach ihrer Entwicklung ab, würde sich jedenfalls die Frage stellen, ob es ein stärkeres Bedürfnis geben konnte als das, dem drohenden Aussterben zu entgehen. Wenn das kein Bedürfnis ist, dann weiß ich nicht, was man sonst als Bedürfnis bezeichnen könnte. Wenn also die Väter keine mütterliche Mitochondrien-DNA beisteuern konnten, dann konnten die Nachkommen auch nicht von der Juvenilisierung profitieren. Die kleinen Neandertaler waren zwar stärker und aggressiver, aber sie konnten sich nicht anpassen. Den Wettlauf der Evolution gewinnt nicht der stärkere, sondern der anpassungsfähigere, der gerissenere, der juvenilisiertere. Danken wir Gott für die verlängerte Adoleszenz. Und danken wir Darwin.

Denken Sie bitte daran, wenn ihr heranwachsendes Kind wieder einmal beweist, daß es ihm völlig an reifer, erwachsener Einsicht mangelt. Diesem Umstand verdanken wir es, daß wir da sind. Würde sich jugendliches Denken, Handeln und Verhalten nicht über eine so lange Lebensspanne erstrecken, hätten wir die Neandertaler möglicherweise nicht überlebt! Wir würden vielleicht immer noch zusammen mit Neandertalern in den kalten Höhlen hocken, statt die Früchte unseres Fortschritts zu genießen, von Wiederholungen beliebter Radio- und Fernsehserien bis hin zu deren Neuverfilmungen. Wenn das kein Fortschritt ist, was dann?